JN233771

入門 電気・電子工学シリーズ

第 1 巻

入門
電気磁気学

奥野洋一

小林一哉

著

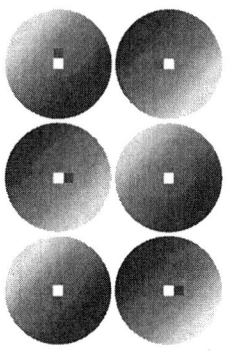

朝倉書店

入門 電気・電子工学シリーズ 編集委員

加 川 幸 雄　岡山大学名誉教授
　　　　　　　富山大学
江 端 正 直　熊本大学名誉教授
山 口 正 恆　千葉大学教授

『入門 電気・電子工学シリーズ』
刊行にあたって

　朝倉書店からは，大学，短大，高専学生のための電気電子情報基礎シリーズ(18巻)がすでに刊行され，テキスト，参考書として多くの学生諸君に利用されてきた．また，朝倉電気電子工学講座(21巻)，電気電子情報工学基礎講座(33巻)も好評を博している．したがって本シリーズの刊行が，屋上屋を架すきらいがないとしない．しかし，電気電子情報工学基礎シリーズは刊行からすでに20年が経ち，学生諸君をとり巻く環境も変わってきている．すなわち多くの大学では，いわゆるセメスター制に移行して，1つの科目，講義に割り当てられる時間が減少している．また，高校における教科のアラカルト化，大学入試科目の減少などにより，学生諸君の基礎科目の未習得，学力低下も昨今話題に上っている．

　本シリーズは，このような状況に対応すべく企画されたものである．従来，事実の記憶が教育の重要な位置を占めていた．大学入試のための数学の勉強が暗記であると言われているのはその最たるものであろう．しかし最も大切なのは，論理的思考の訓練であって記憶ではない．いまやコンピュータ時代である．コンピュータは文字通り計算機ではあるが，大部分は情報端末として，計算以外の記録，検索などに広く利用されている．人間の記憶の部分は，コンピュータの記録にまかせればよい．論理的展開の訓練を通して知恵を養い，新たな発展へつなげていくのが，大学における教育であり，より人間らしい営みではないだろうか．そのような観点から本シリーズでは各科目の内容をしぼり，執筆者の先生方には，勉強の過程で考え方が身につくように工夫していただいたつもりである．

　アメリカ合衆国はご承知のようにイギリスの植民地から分離独立した国である．同一の言葉が話されている国ではあるが，テキストをみると，大きな違いが目につく．アメリカのテキストは厚くて懇切丁寧に書かれており，自習ができるようになっている．そういえば，山ほど宿題がでるという話を聞いたことがある．これに対して日本のテキストは薄いにもかかわらず盛り沢山の内容である．ひいては情報や事実の羅列に陥りがちである．それに対してイギリスのテキストは，薄いが丁寧にわかりやすい論理で書かれてあり，したがって，対象はしぼらざるをえないわけであるが，次の段階へつながる含みを持たせるように構成されている．それが成功したかどうかは読者諸君の判断に委ねるとして，本シリーズはそのようなイギリス式テキストを見習って企画された．

　本シリーズの企画は加川を中心に行い，タイトルと執筆者の選定依頼については，各委員それぞれ，手わけをして行った．いずれにしても本シリーズが，多くの学生諸君に御利用いただけることになれば，それに勝る幸はない．

　本シリーズの企画から刊行までお世話いただいた朝倉書店編集部諸氏に謝意を表する．

　2000年春

編集委員しるす

まえがき

　本書は，大学または高等専門学校で電気系の工学を学ぶ学生を主な対象とした，基礎的な電磁気学の教科書である．

　電磁気学は壮大な体系を持つ学問分野であるが，本書の性格を考えれば，その全体を余すところなく述べることは適当ではない．むしろ，内容を取捨選択して，工学の基礎として必要不可欠な知識を提供し，その範囲で深い理解をうながすことが目的にかなっている．また，予備知識としては高等学校の物理学および大学初年級の数学を予想し，これを越えるものについては，別途付録などでおぎなうことが必要であろう．

　一方，最近問題となっている学生の理科離れに対応するために，電磁気学を含む基礎科目の教科書はもっぱら平易を旨とし，数式の使用は極力ひかえ，ページ数もできるだけおさえようとする動きがある．しかしながら，このような対応は，必ずしも教育上よい効果をもたらすとは考えられないので，本書ではあえてとらない．もちろん本書の内容は基礎的なことがらに限っているが，その説明には，それが効果的であると判断される場合，数式を利用することにした．

　このような考えを具体化するために留意した点をあげ，多少の説明を加え，また読者諸君への希望を述べたい．

1) クーロンの法則に始まり，マクスウエルの方程式に終わる形式をとった．入門書としてはこれ以外の選択は考えられないが，電磁気学を本当に理解するには，一度マクスウエルの方程式に到達した後，そこへ至った路をふりかえることが必要である．このことによって多くの法則の位置づけが明らかになり，理解を深めることに役立つので，読者諸君にはぜひ実行することを勧めたい．

2) 静電界の説明は詳細なものとし，定常電流の界以降は徐々に簡略にした．本文や例題の解において省略してある式の導出は，よい演習問題であるから，必ず読者自身で行って欲しい．

3) 物理学または応用数学の観点からは重要とされていることでも，電気系の工学の基礎としては必ずしも必要ではないと考えられる事柄は，思い切って記述から省いた．たとえば，マクスウエルのテンソル，電磁界の運動量保存則，変数分離法と特殊関数，2次元静電界と関数論の関係などがその例である．このことには批判もあろうかと思うが，常に工学への応用を念頭において，出来るだけ寄り道をせずにマクスウエルの方程式に到達するための選択である．

4) 本文に含めた事柄については，実験法則を述べる場合を除いて，天下り的な記述を避け，その必然性あるいは理由を説明するように努めた．このために式の引用が多少増えたが，引用された式を丁寧にたどることは，勉学上よい効果をもたらすことと思う．

このような考えで著した本書であるが，顧みれば意に満たない部分も多く，また著者らの不明によって思わぬ誤りを犯しているかもしれない．諸賢のご指摘を頂ければ幸いである．

　最後に，本書を執筆する機会を与えられた編集委員の先生方には，心からお礼を申し上げたい．また，本書の構成について貴重なご意見を賜り，図面の作成にもご協力頂いた京都大学理学部の徐迅博士，本書の出版についてなみなみならぬお世話になった朝倉書店編集部に厚く感謝の意を表したい．

2001年8月

奥野洋一

小林一哉

目　次

1. **静電界の基本法則** …………………………………………… 1
   - 1.1　クーロンの法則 (I) ……………………………………… 1
   - 1.2　クーロンの法則 (II)：ベクトル表現 ………………… 2
   - 1.3　電界 (I)：電界の定義 …………………………………… 5
   - 1.4　電界 (II)：電界の求めかた …………………………… 6
   - 1.5　電位 (I)：電位の定義 …………………………………… 11
   - 1.6　電位 (II)：電位の求めかた …………………………… 14
   - 1.7　電位と電界 ………………………………………………… 19
   - 1.8　等電位面と電気力線 …………………………………… 22
   - 1.9　ガウスの法則 ……………………………………………… 24
   - 1.10　ガウスの法則の応用 …………………………………… 30
   - 1.11　電界のエネルギー ……………………………………… 32
   - 1.12　微分形の法則 …………………………………………… 36
   - 1.13　ラプラス–ポアソンの方程式 ………………………… 41
   - 1.14　ラプラス–ポアソンの方程式の境界値問題 ……… 43
   - 1.15　解の積分表現とグリーン関数 ……………………… 45

2. **導体系と誘電体** ……………………………………………… 53
   - 2.1　導体の性質 ………………………………………………… 53
   - 2.2　電界の例 …………………………………………………… 57
   - 2.3　静電容量 …………………………………………………… 61
   - 2.4　コンデンサ ………………………………………………… 68

目次

- 2.5 誘電体の性質 ………………………………………… 73
- 2.6 電界の例 …………………………………………… 81
- 2.7 物体に働く静電気力 ………………………………… 84

3. 定常電流の界 …………………………………………… 91
- 3.1 電流 ………………………………………………… 91
- 3.2 定常電流の界の基本法則 …………………………… 94
- 3.3 電気回路 …………………………………………… 102

4. 定常電流による磁界 …………………………………… 113
- 4.1 静磁界 ……………………………………………… 113
- 4.2 アンペアの力とローレンツの力 …………………… 115
- 4.3 ビオ–サバールの法則 ……………………………… 121
- 4.4 ベクトルポテンシャル ……………………………… 126
- 4.5 アンペアの法則 …………………………………… 132
- 4.6 磁気双極子 ………………………………………… 139
- 4.7 磁性体 ……………………………………………… 145
- 4.8 インダクタンス …………………………………… 156

5. 電磁誘導とマクスウエルの方程式 …………………… 167
- 5.1 電磁誘導 …………………………………………… 167
- 5.2 磁界のエネルギー ………………………………… 173
- 5.3 変位電流 …………………………………………… 181
- 5.4 マクスウエルの方程式 …………………………… 187
- 5.5 定常界 ……………………………………………… 193
- 5.6 準定常電流の界 …………………………………… 195
- 5.7 交流回路 …………………………………………… 200

6. 電磁波 …………………………………………………… 213
- 6.1 波動方程式と平面電磁波 ………………………… 213

6.2	ポインティングのベクトル	217
6.3	ポテンシャル	220
6.4	正弦波状の時間変化をする電磁界	227
6.5	電磁波の放射	234
6.6	境界面における反射と屈折	239

A. ベクトル公式 245
  A.1 線積分と面積分 245
  A.2 微 分 公 式 247
  A.3 積 分 公 式 249

B. 問 題 略 解 253

索　引 257

1

静電界の基本法則

　静止した電荷の間に働く力を与えるクーロンの法則を述べ，その力が1つの電荷から電界を通じて他の電荷に伝わるという近接作用論の考えを紹介する．次に，クーロンの法則から導かれる重要な帰結として，静電界を特徴づける重要な法則である渦無しの法則とガウスの法則を述べる．さらに，これらの法則の微分形を示し，静電界の問題は電位に関するラプラス–ポアソンの方程式の解法に帰着されることを説明する．

1.1　クーロンの法則 (I)

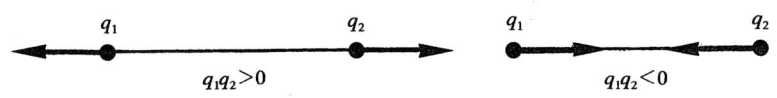

図 1.1　2個の点電荷の間に働く力

　一様な媒質中に大きさが q_1 および q_2 である2個の点電荷が距離 r を隔てて置かれているとき，これらの電荷の間には，q_1 と q_2 の積に比例し，r^2 に反比例する力が働く．すなわち，2個の電荷の間に働く力は，k を比例定数として

$$F = k\frac{q_1 q_2}{r^2} \tag{1.1}$$

となる．力の方向は2つの電荷を結ぶ直線上にあり，積 $q_1 q_2$ が正なら斥力，負なら引力である．これを Coulomb の法則といい，この力を Coulomb 力と呼ぶ．

比例定数 k の値は，単位系によって定まる．現在標準とされている国際単位系 (SI) では，力 F はニュートン [N]，距離 r はメートル [m]，電荷 q はクーロン [C] で計られる．1C は 1 アンペア [A] の電流が 1 秒 [s] 間に運ぶ電荷である（[A] の定義は，第 4 章に譲る）．

このとき，比例定数 k を

$$k = \frac{1}{4\pi\varepsilon} \tag{1.2}$$

と書く習慣である．ε は電荷が置かれた空間を満たしている媒質の誘電率と呼ばれ，その単位は $[\mathrm{C}^2\mathrm{N}^{-1}\mathrm{m}^{-2}]$ となる．後に，静電容量の単位ファラド [F] を定義すると，ε の単位は [F/m] に等しいことをみるであろう．また，(1.2) において分母に 4π（単位半径を持つ球の表面積）を引き出したのは，後に出てくる式から 4π を消去し，表現を簡潔にするためである．

媒質が真空であるとき，その誘電率を特に ε_0 で表す．その値は，

$$\varepsilon_0 = \frac{10^7}{4\pi c^2} \simeq 8.854 \times 10^{-12} \text{ F/m} \tag{1.3}$$

である．ただし，真空中の光速を $c = 2.998 \times 10^8$ m/s とした．真空以外の媒質の誘電率 ε は，ε_s をその媒質の比誘電率として，

$$\varepsilon = \varepsilon_0 \varepsilon_s \tag{1.4}$$

と書ける．比誘電率の値は，たとえば，パラフィン 2.2, プラスチック 2.8—4.5, ガラス 4—7, 純水 80 などである．空気の比誘電率は 1.0006 で，実質的に真空と変わらない．この後，特に断らない限り，媒質は真空であると仮定する．

1.2　クーロンの法則 (II)：ベクトル表現

Coulomb の法則は，電荷の間に働く力を与える．力は大きさと方向を持つベクトル量であるから，(1.1) もベクトルを用いて表現される．

いま，点 P に電荷 q_1 が，点 Q に q_2 が置かれているものとし，P から Q へ向かうベクトルを $\mathbf{r} = \overrightarrow{\mathrm{PQ}}$ としよう．$\mathbf{r}$ 方向の単位ベクトルは，$\mathbf{i}_r = \mathbf{r}/r$ となる．q_2 が q_1 から受ける力 $\mathbf{F}_2$ は直線 PQ 上にあり，$q_1 q_2 > 0$ なら $\mathbf{i}_r$ の向き，

図 1.2 点 Q にある電荷 q_2 が点 P にある電荷 q_1 から受ける力

$q_1 q_2 < 0$ なら $-\mathbf{i}_r$ の向きである．したがって，この力は

$$\mathbf{F}_2 = \frac{1}{4\pi\varepsilon_0}\frac{q_1 q_2}{r^2}\mathbf{i}_r \tag{1.5}$$

と書ける．同様に，q_1 が q_2 から受ける力は下式のようになる．

$$\mathbf{F}_1 = \frac{1}{4\pi\varepsilon_0}\frac{q_1 q_2}{r^2}(-\mathbf{i}_r) = -\mathbf{F}_2 \tag{1.6}$$

2つの点電荷 q_1, q_2 の間に働く Coulomb 力は q_1 と q_2 を結ぶ直線上にある．このような力を中心力という．中心力の特徴は，その力がスカラポテンシャルで表されることにある．静電界では，このポテンシャルを電位または静電ポテンシャルと呼ぶ．電位については，1.5 節以降で説明する．

例 1. 真空中に 1m の距離を隔てて置かれた ± 1C の電荷の間に働く Coulomb 力の大きさを求めよ．また，同じく 1m の距離に置かれた $\pm q$ の間に働く Coulomb 力が 1N であるとき，q の大きさを求めよ．

解． (1.3) より，

$$k = 8.988 \times 10^9 \text{ Nm}^2\text{C}^{-2}$$

であるから，このときの力の大きさは 8.988×10^9N．この力は，約 9.17×10^5 トンの質量に働く重力に等しい．2 番目の問題では，

$$8.988 \times 10^9 \times q^2 = 1$$

より，$q = 1.054 \times 10^{-5}$C $= 10.54\,\mu$C．

3 個以上の点電荷がある場合，それぞれの電荷が受ける力は，その電荷が他の電荷から受ける力の重ね合わせになる．例として，3 点 P, Q, R に点電荷 q_1,

q_2, q_3 が置かれた場合を考えよう．$\overrightarrow{\mathrm{QP}} = \mathbf{r}_{12}$, $\overrightarrow{\mathrm{RP}} = \mathbf{r}_{13}$ と書くと，q_1 が q_2 から受ける力は

$$\mathbf{F}_{12} = \frac{1}{4\pi\varepsilon_0} \frac{q_1 q_2}{r_{12}^2} \frac{\mathbf{r}_{12}}{r_{12}}$$

である．q_1 が q_3 から受ける力 $\mathbf{F}_{13}$ も同様に書ける．したがって，q_1 が他の 2 個の電荷から受ける力は

$$\mathbf{F}_1 = \mathbf{F}_{12} + \mathbf{F}_{13} = \frac{q_1}{4\pi\varepsilon_0} \left(\frac{q_2 \mathbf{r}_{12}}{r_{12}^3} + \frac{q_3 \mathbf{r}_{13}}{r_{13}^3} \right) \tag{1.7}$$

で与えられる．電荷の数が増えても，同様に考えればよい．

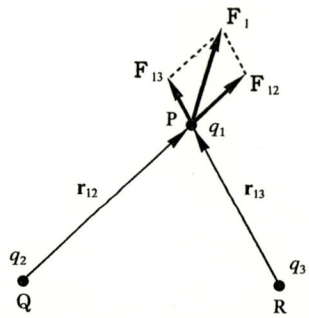

図 1.3　q_1 が受ける力（3 個の電荷は同符号とした）

次に，2 個の点電荷 q_1 および q_2 が，位置ベクトル $\mathbf{r}_1$ および $\mathbf{r}_2$ の場所に置かれている場合を考えよう．すなわち，図 1.2 において，2 点 P および Q の位置ベクトルが $\mathbf{r}_1$ および $\mathbf{r}_2$ で与えられている場合である．このとき，P から Q へ至るベクトルは $\mathbf{r} = \mathbf{r}_2 - \mathbf{r}_1$ であるから，q_2 が受ける力を表す (1.5) は

$$\mathbf{F}_2 = \frac{1}{4\pi\varepsilon_0} \frac{q_1 q_2}{|\mathbf{r}_2 - \mathbf{r}_1|^2} \frac{\mathbf{r}_2 - \mathbf{r}_1}{|\mathbf{r}_2 - \mathbf{r}_1|} \tag{1.8}$$

となることがわかる．同様に，3 個の電荷 q_1, q_2, q_3 が場所 $\mathbf{r}_1$, $\mathbf{r}_2$, $\mathbf{r}_3$ にあるとき，q_1 が受ける力 (1.7) は

$$\mathbf{F}_1 = \frac{q_1}{4\pi\varepsilon_0} \left[\frac{q_2(\mathbf{r}_1 - \mathbf{r}_2)}{|\mathbf{r}_1 - \mathbf{r}_2|^3} + \frac{q_3(\mathbf{r}_1 - \mathbf{r}_3)}{|\mathbf{r}_1 - \mathbf{r}_3|^3} \right] \tag{1.9}$$

と書くことができる．

1.3 電界 (I)：電界の定義

点 $\mathbf{r}_0$ に置かれた電荷 q_0 から点 $\mathbf{r}$ にある電荷 q が受ける力は

$$\mathbf{F}(\mathbf{r}) = \frac{qq_0}{4\pi\varepsilon_0} \frac{\mathbf{r} - \mathbf{r}_0}{|\mathbf{r} - \mathbf{r}_0|^3} \tag{1.10}$$

である．いま，この式を 2 つに分けて

$$\mathbf{F}(\mathbf{r}) = q\mathbf{E}(\mathbf{r}) \tag{1.11}$$

$$\mathbf{E}(\mathbf{r}) = \frac{q_0}{4\pi\varepsilon_0} \frac{\mathbf{r} - \mathbf{r}_0}{|\mathbf{r} - \mathbf{r}_0|^3} \tag{1.12}$$

と書き，(1.12) の $\mathbf{E}(\mathbf{r})$ を，点 $\mathbf{r}_0$ にある電荷 q_0 が点 $\mathbf{r}$ に作る電界と呼ぶ．電界の単位は [N/C] である．後に，これは，電位の単位ボルト [V] を用いて，[V/m] とも書けることがわかる．

　Coulomb の法則を表す (1.10) と，同じものではあるがそれを 2 つに分けた (1.11) および (1.12) の組との間には，思考あるいは概念の飛躍があることに注意しよう．すなわち，前者では q_0 が空間を飛び越えて q に力を及ぼすと考えるのに対し，後者では，q_0 が点 $\mathbf{r}$ に電界 $\mathbf{E}(\mathbf{r})$ を作り，q は $\mathbf{E}(\mathbf{r})$ から力を受けると考える．式 (1.10) では，電荷 q_0 が単独に存在しても，何事も起こらない．第 2 の電荷 q があって，初めて q_0 と q の間に Coulomb 力が働く．これに反して，(1.11) と (1.12) の組では，第 2 の電荷 q のある無しに関係なく，q_0 の周囲には (1.12) で与えられる電界 $\mathbf{E}(\mathbf{r})$ が生じていて，q は $\mathbf{E}(\mathbf{r})$ から (1.11) の力を受けると理解することになる．前者の考えを遠隔作用論，後者を近接作用論と呼ぶ．

　この 2 つの立場については過去に多くの議論があったが，現在では近接作用論が受け入れられている．本書もまた，この立場をとる．近接作用論が採用される主要な理由は，遠隔作用論では電磁波の問題や運動する荷電粒子の問題を扱う際に大きな困難が生じることである．

1.4 電界 (II)：電界の求めかた

式 (1.11) からわかるように，電界は単位の正電荷 (+1C) が受ける力である．ここでは，いくつかの電荷が空間に配置されたときの電界を求める方法を述べる．

1.2 節でみたように，3 個以上の点電荷があるとき，その中の 1 個の電荷が受ける力は，他の電荷がそれぞれ単独に存在する場合の力を重ね合わせたものになる．このことは，複数の電荷が作る電界は，それぞれの電荷が単独に置かれた場合の電界を重ね合わせればよいことを意味する．したがって，M 個の点 $\mathbf{r}_m \, (m=1,2,\ldots,M)$ に点電荷 q_m があるとき，$\mathbf{r}$ 点で観測される電界は

$$\mathbf{E}(\mathbf{r}) = \frac{1}{4\pi\varepsilon_0} \sum_{m=1}^{M} \frac{\mathbf{r}-\mathbf{r}_m}{|\mathbf{r}-\mathbf{r}_m|^3} q_m \tag{1.13}$$

で与えられる．

例 1. 一辺の長さが a である正四面体 ABCD の 3 つの頂点 B, C, および D に等しい量の電荷 q を置いたとき，頂点 A における電界を求めよ．

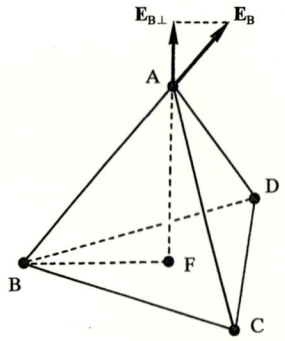

図 1.4 正四面体 ABCD の頂点 B にある電荷が A に作る電界

解． 対称性によって，求める電界は底面 BCD の重心 F と頂点 A を結ぶ直線上にあることがわかる．点 B にある電荷 q が A に作る電界の大きさは，

$$E_{\mathrm{B}} = \frac{1}{4\pi\varepsilon_0}\frac{q}{a^2}$$

である．$\overline{\mathrm{AF}} = \sqrt{2/3}\,a$ であるから，E_{B} の $\overrightarrow{\mathrm{FA}}$ 方向の成分は，

$$E_{\mathrm{B}\perp} = \frac{1}{4\pi\varepsilon_0}\frac{q}{a^2}\sqrt{\frac{2}{3}}$$

となる．これに点 C，D にある電荷からの寄与を加えれば，点 A の電界の大きさは

$$3E_{\mathrm{B}\perp} = \frac{q}{\pi\varepsilon_0 a^2}\sqrt{\frac{3}{8}}$$

と求まる．

例 2. z 軸上の 2 点 $(0,0,d/2)$ と $(0,0,-d/2)$ に電荷 q，$-q$ があるとき，点 **r** における電界を求めよ．$r(=|\mathbf{r}|)$ が d に比べて非常に大きいときはどうなるか．

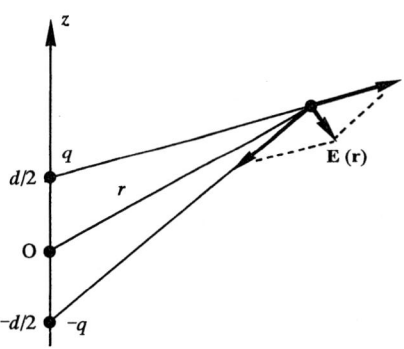

図 1.5　z 軸上に置かれた正負等量の点電荷が作る電界

解． (1.13) により，点 **r** における電界は

$$\mathbf{E}(\mathbf{r}) = \frac{q}{4\pi\varepsilon_0}\left(\frac{\mathbf{r} - \mathbf{i}_z d/2}{|\mathbf{r} - \mathbf{i}_z d/2|^3} - \frac{\mathbf{r} + \mathbf{i}_z d/2}{|\mathbf{r} + \mathbf{i}_z d/2|^3}\right) \tag{1}$$

となる．r が d に比べてあまり大きくないときはこれ以上簡単にならないが，$r \gg d$ が成立する場合は，以下のような近似を行って，簡潔な表現を求めることができる．式 (1) の右辺にある $|\mathbf{r} - \mathbf{i}_z d/2|^{-3}$ について考えよう．この式は，成分で書くと，

$$\left[x^2+y^2+\left(z-\frac{d}{2}\right)^2\right]^{-3/2} = (x^2+y^2+z^2)^{-3/2}\left[1+\frac{(d/2)^2-zd}{x^2+y^2+z^2}\right]^{-3/2}$$

となる．ここで，$x^2+y^2+z^2=r^2$ である．右辺第2因子の分子にある $(d/2)^2$ は分母にくらべて十分小さいから，これを無視する．こうして，

$$\left|\mathbf{r}-\frac{\mathbf{i}_z d}{2}\right|^{-3} \simeq r^{-3}\left(1-\frac{zd}{r^2}\right)^{-3/2} \simeq r^{-3}\left(1+\frac{3zd}{2r^2}\right) \tag{2}$$

が得られる．$|\mathbf{r}+\mathbf{i}_z d/2|^{-3}$ についても同様の近似を行い，これらの結果を (1) に代入すれば，$r \gg d$ において成立する近似式 (3) を得る．

$$\mathbf{E}(\mathbf{r}) = \frac{q}{4\pi\varepsilon_0}\left(-\frac{\mathbf{i}_z d}{r^3}+\frac{3\mathbf{r}zd}{r^5}\right) \tag{3}$$

距離 d を隔てて $\pm q$ の点電荷があるとき，これを電気双極子という．$-q$ から $+q$ へ向かうベクトルを $\mathbf{d}$ とするとき，

$$\mathbf{p} = q\mathbf{d} \tag{1.14}$$

を双極子モーメントと呼ぶ．後にみるように，原点に置かれた電気双極子が遠方 ($r \gg |\mathbf{d}|$) に作る電界は

$$\mathbf{E}(\mathbf{r}) = \frac{1}{4\pi\varepsilon_0}\left[-\frac{\mathbf{p}}{r^3}+\frac{3\mathbf{r}(\mathbf{p}\cdot\mathbf{r})}{r^5}\right] \tag{1.15}$$

である．式 (3) は，この式で $\mathbf{p} = \mathbf{i}_z qd$ と置いた場合になっている．

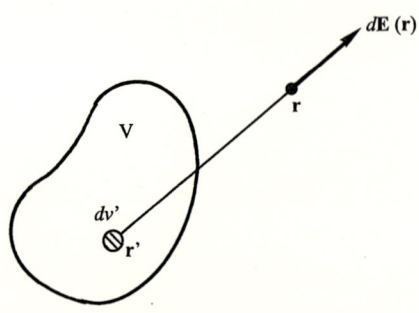

図 1.6　空間に分布した電荷の作る電界

もし電荷が $\rho(\mathbf{r})[\mathrm{C/m^3}]$ の密度で空間に分布していれば，$\mathbf{r}'$ 点にある微小な体積 dv' 中の電荷は $\rho(\mathbf{r}')\,dv'$ である．この電荷は，$\mathbf{r}$ 点に

$$d\mathbf{E}(\mathbf{r}) = \frac{1}{4\pi\varepsilon_0}\frac{\mathbf{r}-\mathbf{r}'}{|\mathbf{r}-\mathbf{r}'|^3}\rho(\mathbf{r}')\,dv'$$

の電界を作る．したがって，分布した電荷の全体が作る電界は，

$$\mathbf{E}(\mathbf{r}) = \frac{1}{4\pi\varepsilon_0}\int_V \frac{\mathbf{r}-\mathbf{r}'}{|\mathbf{r}-\mathbf{r}'|^3}\rho(\mathbf{r}')\,dv' \tag{1.16}$$

で与えられる．ここで，V は電荷が分布する領域の全体を表す．

例 3. z 軸上に一様な線密度 $\lambda\,[\mathrm{C/m}]$ で分布した電荷が作る電界を求めよ．

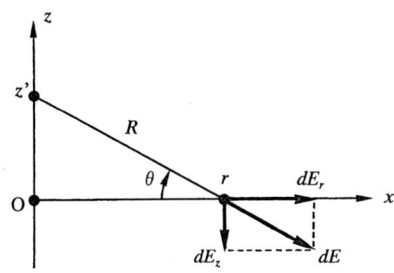

図 1.7　z 軸上に分布した電荷が作る電界の計算

解． 円筒座標系 (r,θ,φ) をとって考える．z 方向の一様性のため，電界の大きさ E は z によらない．また，z 軸回りの対象性により，E は φ にも無関係である．そこで，xy 平面上の点 $x=r,\ y=z=0$ における電界を調べる．z 軸上の点 z' にある微小な電荷 $\lambda\,dz'$ は，この点に

$$dE = \frac{1}{4\pi\varepsilon_0}\frac{\lambda}{R^2}\,dz' \tag{1}$$

の電界を作る．ここで，$R=\sqrt{r^2+(z')^2}$ である．この電界は，r 方向の成分

$$dE_r = \frac{r}{R}\,dE = \frac{1}{4\pi\varepsilon_0}\frac{\lambda}{R^2}\frac{r}{R}\,dz' \tag{2}$$

と，z 方向の成分

$$dE_z = -\frac{z'}{R}\,dE = -\frac{1}{4\pi\varepsilon_0}\frac{\lambda}{R^2}\frac{z'}{R}\,dz' \tag{3}$$

に分けられる.したがって,この場合に xy 平面上の点 $(r, 0, 0)$ で観測される電界は,

$$E_r = \int_{z'=-\infty}^{\infty} dE_r = \frac{\lambda}{4\pi\varepsilon_0} \int_{-\infty}^{\infty} \frac{r}{R^3} dz' = \frac{\lambda}{2\pi\varepsilon_0 r} \tag{1.17}$$

および

$$E_z = \int_{z'=-\infty}^{\infty} dE_z = \frac{\lambda}{4\pi\varepsilon_0} \int_{-\infty}^{\infty} \frac{z'}{R^3} dz' = 0$$

と求まる.E_r の計算においては,例えば,図 1.7 の θ を用いて,$z' = r\tan\theta$,$R = r\sec\theta$ という変数変換を行えばよい.また,E_z を与える積分は,被積分項が z' の奇関数だから,結果は 0 である.

例 4. xy 平面上の一様な電荷分布 σ [C/m^2] が作る電界を求めよ.

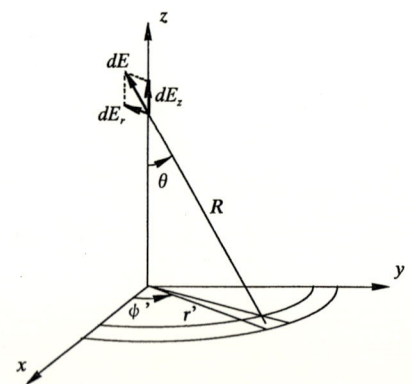

図 1.8 平面上の電荷分布が作る電界の計算

解. x と y についての一様性のため,この電界は x または y に無関係である.そこで,z 軸上の点 $(0, 0, z)$ における電界を求める.
xy 平面上に,原点を中心とする半径 r' と $r' + dr'$ の同心円を描く.この同心円と方位角 φ' および $\varphi' + d\varphi'$ の 2 本の動径に囲まれた部分の面積は $r' dr' d\varphi'$ である.この微小な面積の上の電荷 $\sigma r' dr' d\varphi'$ が点 $(0, 0, z)$ に作る電界の大きさは,

$$dE(z) = \frac{1}{4\pi\varepsilon_0} \frac{\sigma}{R^2} r' dr' d\varphi' \tag{1}$$

となる.ただし,$R = \sqrt{(r')^2 + z^2}$ である.この微小な電界は,z 軸方向の成分

$$dE_z(z) = \frac{z}{R} dE(z) = \frac{1}{4\pi\varepsilon_0} \frac{\sigma}{R^2} \frac{z}{R} r'\, dr'\, d\varphi' \tag{2}$$

と，z 軸に垂直な成分

$$dE_r(z) = \frac{r'}{R} dE(z) = \frac{1}{4\pi\varepsilon_0} \frac{\sigma}{R^2} \frac{r'}{R} r'\, dr'\, d\varphi' \tag{3}$$

に分けられる．求める電界は，これらの微小な電界成分の全平面にわたる積分である．まず，φ' についての積分を実行する．(2) の右辺の各項は φ' に依存しないから，

$$\int_{\varphi'=0}^{2\pi} dE_z(z) = \frac{\sigma}{2\varepsilon_0} \frac{z}{R^3} r'\, dr' \tag{4}$$

となる．一方，(3) を積分すると，図の φ' にある電荷からの寄与と $\varphi' + \pi$ にある電荷からの寄与が互いに相殺するので，

$$\int_{\varphi'=0}^{2\pi} dE_r(z) = 0$$

である．つまり，この電界は z 成分以外の成分を持たない．

次に，(4) を r' について積分する．図の θ を用いて $r' = z\tan\theta$, $dr' = z\sec^2\theta\, d\theta$ と変数変換すれば，

$$E_z(z) = \frac{\sigma}{2\varepsilon_0} \int_{\theta=0}^{\pi/2} \cos\theta\, d\theta = \frac{\sigma}{2\varepsilon_0} \tag{1.18}$$

が得られる．観測点の z 座標が負である場合も同様に考えて，$E_z(z) = -\sigma/2\varepsilon_0$ を得る．結局，平面上に一様に分布する電荷は，その分布の外部に，距離に無関係に，一様な電界を作ることがわかった．

1.5　電位 (I)：電位の定義

原点に点電荷 q_0 があると，この回りには電界

$$\mathbf{E}(\mathbf{r}) = \frac{q_0}{4\pi\varepsilon_0} \frac{\mathbf{r}}{r^3} \tag{1.19}$$

ができている．$|\mathbf{E}(\mathbf{r})|$ は，原点の付近では大きく，原点から離れると r^{-2} に比例して小さくなり，無限遠では 0 となる．

いま，図 1.9 に示す経路 C に沿って，単位の電荷 (+1 C) を無限遠から $\mathbf{r}$ までゆっくりと運ぶことを考えよう．電界は単位の電荷が受ける力であるから，こ

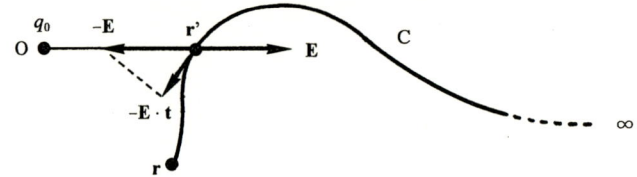

図 1.9 無限遠と点 r を結ぶ経路

の経路上の点 $\mathbf{r}'$ において，電荷は $\mathbf{F}(\mathbf{r}') = \mathbf{E}(\mathbf{r}')$ の力を受けている．この力に逆らって電荷を動かすには，外力 $-\mathbf{E}(\mathbf{r}')$ を加える必要がある．この際に外力がする仕事が，電荷の持つ位置のエネルギーとして蓄えられ，その値は

$$\phi(\mathbf{r}) = \int_C -\mathbf{E}(\mathbf{r}') \cdot \mathbf{t}(\mathbf{r}')\, ds' = \int_C -\mathbf{E}(\mathbf{r}') \cdot d\mathbf{s}' \tag{1.20}$$

で計算できる．ここで，$\mathbf{t}(\mathbf{r}')$ は $\mathbf{r}'$ における C の単位接線ベクトル，ds' は線素，$d\mathbf{s}' = \mathbf{t}(\mathbf{r}')\, ds'$ は線素ベクトルである．

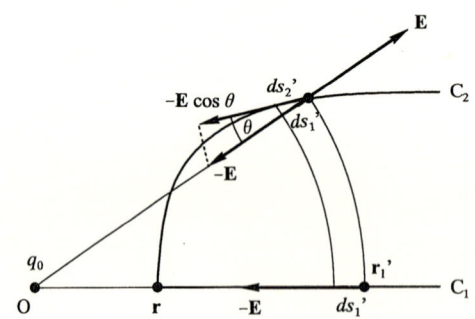

図 1.10 無限遠と点 r を結ぶ 2 つの経路 C_1 と C_2

式 (1.20) の積分は，無限遠から r へ至る経路の取り方によらない．これをみるために，図 1.10 のように，q_0 から r を通って無限遠に至る半直線の r から先の部分を C_1 とし，r から出発して無限遠にのびる C_1 とは異なる経路を C_2 とする．C_1 に沿う微小区間 ds'_1 における積分は，

$$d\phi_1 = -\mathbf{E}(\mathbf{r}'_1) \cdot \mathbf{t}(\mathbf{r}'_1)\, ds'_1 = -E(\mathbf{r}'_1)\, ds'_1$$

1.5 電位 (I)：電位の定義

で与えられる．一方，図を参照すれば，C_2 上では，$\mathbf{E}(\mathbf{r}_2') \cdot \mathbf{t}(\mathbf{r}_2') = E(\mathbf{r}_1') \cos\theta$，$ds_2' = ds_1' \sec\theta$ であるから，

$$d\phi_2 = -\mathbf{E}(\mathbf{r}_2') \cdot \mathbf{t}(\mathbf{r}_2')\, ds_2' = -E(\mathbf{r}_1')\, ds_1'$$

となって，$d\phi_1 = d\phi_2$ を得る．2つの経路上のいたるところで同じことが成り立つから，

$$\int_{C_1} -\mathbf{E}(\mathbf{r}_1') \cdot d\mathbf{s}_1' = \int_{C_2} -\mathbf{E}(\mathbf{r}_2') \cdot d\mathbf{s}_2'$$

であることがわかる．

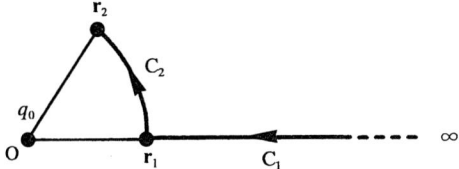

図 1.11　q_0 から等距離にある点 $\mathbf{r}_1$ と $\mathbf{r}_2$ における電位

式 (1.20) の値は $\mathbf{r}$ に至る経路によらないが，この値はまた，O から $\mathbf{r}$ を見た方向にも依存しない．図 1.11 において $|\mathbf{r}_1| = |\mathbf{r}_2| = r$ とし，C_1 を $\mathbf{r}_1$ から無限遠に至る半直線，C_2 を O を中心とする円弧 $\overarc{\mathbf{r}_1\mathbf{r}_2}$ としよう．$\mathbf{r}_2$ における積分値は，そこへ至る経路によらないので，

$$\phi(\mathbf{r}_2) = \int_{C_1} -\mathbf{E}(\mathbf{r}') \cdot d\mathbf{s}' + \int_{C_2} -\mathbf{E}(\mathbf{r}') \cdot d\mathbf{s}'$$

で計算できる．この式の右辺第 1 項の積分は $\phi(\mathbf{r}_1)$ に等しく，第 2 項は，$\mathbf{E}(\mathbf{r}')$ と $d\mathbf{s}'$ が常に直交するから，0 となる．したがって，このとき

$$\phi(\mathbf{r}_1) = \phi(\mathbf{r}_2)$$

が成り立つ．C_2 を円弧以外の曲線に選んでもこの結果が変わらないことは，これまでの議論から明らかであろう．このため，(1.20) の値は原点から見た $\mathbf{r}$ の方向に無関係で，その値は，図 1.10 の C_1 に沿う積分で

$$\phi(\mathbf{r}) = -\frac{q_0}{4\pi\varepsilon_0}\int_\infty^r \frac{dr'}{(r')^2} = \frac{q_0}{4\pi\varepsilon_0 r} \tag{1.21}$$

と求められる．

式 (1.21) は，電界中に置かれた 1C の電荷が無限遠に対して持っている位置のエネルギーである．これを，(無限遠を基準にした) 電位あるいは静電ポテンシャルという．電位の単位はボルト [V] というが，これまでの議論からわかるように，これは [J/C] に等しい．電荷 q が電位 ϕ の場所にあるとき，この電荷は無限遠に対して $q\phi$ の位置のエネルギーを持つことになる．

電位の基準として無限遠を考えたのは，無限遠では Coulomb 力が働かないから，そこの位置エネルギーを 0 と約束することが自然だからである．しかし，実用上は，地球のような十分に大きい導体を基準として，その電位を 0 とみなすことも普通に行われる．

電界が中心力の界であることの帰結として，(1.20) の積分は経路 C によらず，したがって空間の各点で一義的な電位が定まることをみた．このような性質を持つ界を，保存力の界という．静電界は保存力の界である．保存力の界の重要な特徴は，任意の閉曲線 C について，

$$\int_C \mathbf{E}(\mathbf{r})\cdot\mathbf{t}(\mathbf{r})\,ds = \int_C E_t(\mathbf{r})\,ds = 0 \tag{1.22}$$

が成り立つことである．これはエネルギー保存則の 1 つの表現と理解できるが，後にわかるように静電界の重要な特徴であるから，特に渦無しの法則と呼ぶことにしよう．

1.6 電位 (II)：電位の求めかた

ここでは，電荷の配置によって生じる電位の計算法と，いくつかの例を見ることにしよう．すでにみたように，原点に置かれた電荷 q_0 が作る電位は (1.21) によって与えられる．電荷が点 $\mathbf{r}_0$ に置かれたとき，同様の計算を行えば

$$\phi(\mathbf{r}) = \frac{1}{4\pi\varepsilon_0}\frac{q_0}{|\mathbf{r}-\mathbf{r}_0|} \tag{1.23}$$

を得る．

1.6 電位 (II)：電位の求めかた

M 個の電荷 $q_m (m = 1, 2, \ldots, M)$ が点 $\mathbf{r}_m$ に置かれているとき，点 $\mathbf{r}$ で観測される電位は，(1.23) の重ね合わせで求められる．すなわち，

$$\phi(\mathbf{r}) = \frac{1}{4\pi\varepsilon_0} \sum_{m=1}^{M} \frac{q_m}{|\mathbf{r} - \mathbf{r}_m|} \tag{1.24}$$

例1. 原点に置かれたモーメント $\mathbf{p} = q\mathbf{d}$ の電気双極子が作る電位を求めよ．

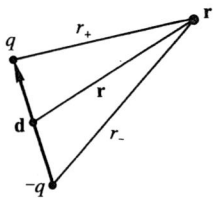

図1.12 電気双極子（r_+ と r_- は $\pm q$ から観測点 $\mathbf{r}$ までの距離を表す）

解． 図1.12において，q と $\mathbf{r}$ の距離を $|\mathbf{r} - \mathbf{d}/2| = r_+$，$-q$ と $\mathbf{r}$ の距離を $|\mathbf{r} + \mathbf{d}/2| = r_-$ とすれば，求める電位は

$$\phi(\mathbf{r}) = \frac{q}{4\pi\varepsilon_0}\left(\frac{1}{r_+} - \frac{1}{r_-}\right) \tag{1}$$

となる．$r \gg |\mathbf{d}|$ の条件のもとで，

$$\frac{1}{r_\pm} \simeq \frac{1}{r}\left(1 \pm \frac{\mathbf{d} \cdot \mathbf{r}}{2r^2}\right) \tag{2}$$

の近似が成り立つので，これを (1) に代入すれば，電位は下式のように求められる．

$$\phi(\mathbf{r}) = \frac{1}{4\pi\varepsilon_0}\frac{\mathbf{p} \cdot \mathbf{r}}{r^3} \tag{1.25}$$

電荷が密度 $\rho(\mathbf{r})$ で領域 V 内に分布している場合は，分布した電荷を微小な電荷 $\rho(\mathbf{r}')\,dv'$ の集まりと考えて，

$$\phi(\mathbf{r}) = \frac{1}{4\pi\varepsilon_0}\int_V \frac{\rho(\mathbf{r}')}{|\mathbf{r} - \mathbf{r}'|}\,dv' \tag{1.26}$$

によって電位を求めることができる．

例 2. 半径 a の球殻上に一様な面密度 $\sigma\,[\mathrm{C/m^2}]$ で分布した電荷が球の内外に作る電位を求めよ．

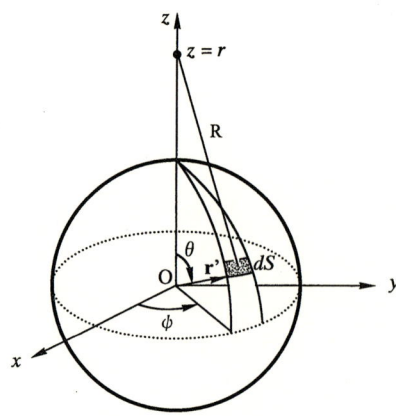

図 **1.13** 球殻上の電荷分布

解．対象性から，電位 $\phi(\mathbf{r})$ は，球の中心からの距離 r だけの関数である．そこで，図 1.13 のように座標系を定め，z 軸上の点 $z=r$ における電位を求める．この場合の電位は，球表面の微小面積 $dS = a^2 \sin\theta\,d\theta\,d\varphi$ 上の電荷 $\sigma\,dS$ が作る電位の重ね合わせで

$$\phi(r) = \frac{1}{4\pi\varepsilon_0}\int_{\varphi=0}^{2\pi}\int_{\theta=0}^{\pi}\frac{a^2\sigma\sin\theta}{R}\,d\theta\,d\varphi$$

と書ける．ただし，$R = (a^2 + r^2 - 2ar\cos\theta)^{1/2}$ は dS と観測点 $z=r$ の距離である．被積分項は φ に無関係だから，φ に関する積分は 2π を掛けることになる．θ に関する積分を実行するために，$\cos\theta = t$ とおいて整理すると，

$$\phi(r) = \frac{\sigma a^2}{2\varepsilon_0}\int_{t=-1}^{1}\frac{dt}{\sqrt{a^2 + r^2 - 2art}}$$

となる．この積分は容易に実行できて，結果は，

$$\phi(r) = \begin{cases} \sigma a/\varepsilon_0 & (r < a) \\ \sigma a^2/\varepsilon_0 r & (r > a) \end{cases} \tag{1.27}$$

である．球の表面にある全電荷が $Q = 4\pi a^2\sigma$ であることを用いると，この結果は，

$$\phi(r) = \begin{cases} Q/4\pi\varepsilon_0 a & (r < a) \\ Q/4\pi\varepsilon_0 r & (r > a) \end{cases} \tag{1.28}$$

とも書ける.

例 3. 半径 a の球内に一様な密度 ρ で分布した電荷が作る電位を求めよ.

解. この場合も, 対称性によって, 電位 $\phi(\mathbf{r})$ は球の中心からの距離 r だけの関数である. 観測点が球内にあるとき $(r < a)$ と, 球外にあるとき $(r > a)$ に分けて考える.

$r > a$ のとき: 球を半径 r' 厚さ dr' の薄い球殻に分ける. 球殻上には, 面密度 $\sigma = \rho\, dr'$ で電荷が分布している. この球殻上の電荷による電位は, (1.27) を利用すれば,

$$d\phi(r) = \frac{\rho\, dr'\, (r')^2}{\varepsilon_0 r} \tag{1}$$

と書ける. $\phi(r)$ は, この微小な電位を $r' = 0$ から $r' = a$ まで重ね合わせたものだから,

$$\phi(r) = \frac{\rho}{\varepsilon_0 r} \int_{r'=0}^{a} (r')^2\, dr' = \frac{a^3 \rho}{3\varepsilon_0 r} \tag{2}$$

と求まる.

$r < a$ のとき: この場合の電位は, $r' < r$ である部分からの寄与 $\phi_1(r)$ と, $r < r' < a$ である部分からの寄与 $\phi_2(r)$, に分けることができる. $\phi_1(r)$ は, (2) において $a = r$ とおけば得られる:

$$\phi_1(r) = \frac{r^2 \rho}{3\varepsilon_0} \tag{3}$$

$\phi_2(r)$ を求めるために, (1.27) の $r < a$ の結果を用いて, 半径 $r' (> r)$ の薄い球殻上の電荷による電位を

$$d\phi_2(r) = \frac{\rho\, dr'\, r'}{\varepsilon_0} \tag{4}$$

と表す. $\phi_2(r)$ は, $r' = r$ から $r' = a$ にわたる (4) の重ね合わせだから,

$$\phi_2(r) = \frac{\rho}{\varepsilon_0} \int_{r'=r}^{a} r'\, dr' = \frac{\rho}{2\varepsilon_0}(a^2 - r^2) \tag{5}$$

(3) および (5) から, $r < a$ における電位

$$\phi(r) = \phi_1(r) + \phi_2(r) = \frac{\rho}{6\varepsilon_0}(3a^2 - r^2) \tag{6}$$

が得られた.

以上の結果をまとめると，球内に一様に分布した電荷による電位は

$$\phi(r) = \begin{cases} \rho(3a^2 - r^2)/6\varepsilon_0 & (r < a) \\ a^3\rho/3\varepsilon_0 r & (r > a) \end{cases} \quad (1.29)$$

となる．

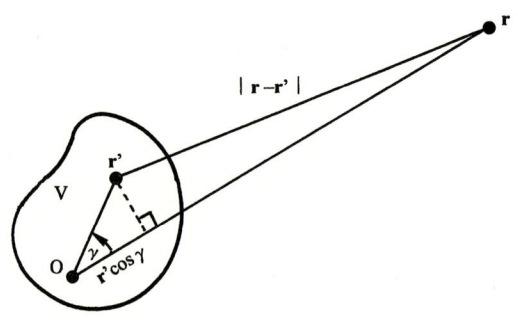

図 1.14 遠方の電位

ここで，原点の付近に局在した電荷による電位の遠方での振る舞いを調べておこう．すべての電荷を含む有界な領域を V とし，原点 O もこの内部にとる．任意の場所での電位は，無限遠の電位を基準として，

$$\phi(\mathbf{r}) = \frac{1}{4\pi\varepsilon_0} \int_V \frac{\rho(\mathbf{r}')}{|\mathbf{r} - \mathbf{r}'|} dv'$$

で与えられる．被積分項中の $|\mathbf{r} - \mathbf{r}'|$ は，図 1.14 に示す γ を用いて

$$|\mathbf{r} - \mathbf{r}'| = \sqrt{r^2 + (r')^2 - 2rr'\cos\gamma}$$

と表され，また，$rr'\cos\gamma = \mathbf{r} \cdot \mathbf{r}'$ であるから，

$$\begin{aligned}\phi(\mathbf{r}) &= \frac{1}{4\pi\varepsilon_0} \int_V \frac{\rho(\mathbf{r}')}{\sqrt{r^2 + (r')^2 - 2\mathbf{r} \cdot \mathbf{r}'}} dv' \\ &= \frac{1}{4\pi\varepsilon_0 r} \int_V \frac{\rho(\mathbf{r}')}{\sqrt{1 - 2\mathbf{r} \cdot \mathbf{r}'/r^2 + (r'/r)^2}} dv'\end{aligned}$$

となる．$r \to \infty$ のとき，分母の $(r'/r)^2$ の項を無視すると，この電位は

$$\phi(\mathbf{r}) \simeq \frac{1}{4\pi\varepsilon_0 r} \int_V \left(1 + \frac{\mathbf{r} \cdot \mathbf{r}'}{r^2}\right) \rho(\mathbf{r}') \, dv' \tag{1.30}$$

$$= \frac{Q}{4\pi\varepsilon_0 r} + \frac{\mathbf{p} \cdot \mathbf{r}}{4\pi\varepsilon_0 r^3}$$

と書けることがわかる．ここで，

$$Q = \int_V \rho(\mathbf{r}') \, dv' \tag{1.31}$$

は分布した電荷の総量であり，

$$\mathbf{p} = \int_V \mathbf{r}' \rho(\mathbf{r}') \, dv' \tag{1.32}$$

は電荷分布の原点からのずれを表す量であって，広義の双極子モーメントと呼ばれている．以上のことから，遠方で観測される電位は，すべての電荷が原点に集中しているときと同じものが主要であり，それは r^{-1} に比例すること，および，詳しくみると r^{-2} に比例する双極子界が現れることがわかる．近似を進めれば，高次の多重極子による界が出現するが，それらは $r \to \infty$ のとき，r^{-2} よりも速く減少する．

ついでに，後の便宜のために，Landau の記号 $O(x)$ および $o(x)$ を導入しておこう．これらは，Landau のオミクロンとも呼ばれ，$x \to 0$ のとき x と同程度の速さで 0 に近づく量および x よりも速く 0 に近づく量を表す．例えば，$x \to 0$ のとき，$\sin x = O(x)$ であり，$\sin x^2 = o(x)$ である．この記号を用いれば，遠方の電位が r^{-1} に比例して減少することを，

$$\phi(\mathbf{r}) = O\left(\frac{1}{r}\right) \quad (r \to \infty) \tag{1.33}$$

のように表現できる．

1.7 電位と電界

電界 $\mathbf{E}(\mathbf{r})$ がわかっているとき，$\phi(\mathbf{r})$ は (1.20) で計算できる．ここでは，逆に，電位 $\phi(\mathbf{r})$ から電界 $\mathbf{E}(\mathbf{r})$ を求める方法を述べる．

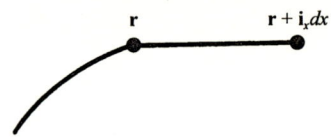

図 1.15　2 点 $\mathbf{r}$, $\mathbf{r}+\mathbf{i}_x dx$ の電位差

点 $\mathbf{r}$ における電位 $\phi(\mathbf{r})$ と，$\mathbf{r}$ から x 方向に微小な距離 dx だけ離れた点 $\mathbf{r}+\mathbf{i}_x dx$ における電位 $\phi(\mathbf{r}+\mathbf{i}_x dx)$ の間には，

$$\phi(\mathbf{r}+\mathbf{i}_x dx) = \phi(\mathbf{r}) + \int_{\mathbf{r}}^{\mathbf{r}+\mathbf{i}_x dx} -\mathbf{E}(\mathbf{r}') \cdot \mathbf{t}(\mathbf{r}')\, ds'$$

の関係がある．点 $\mathbf{r}$ から $\mathbf{r}+\mathbf{i}_x dx$ に至る経路は，図 1.15 に示す線分である．この経路上では，$\mathbf{t}(\mathbf{r}') = \mathbf{i}_x$, $ds' = dx'$ である．また，経路が短いため，この上で $\mathbf{E}(\mathbf{r}')$ は一定であるとすれば，上式は

$$\phi(\mathbf{r}+\mathbf{i}_x dx) - \phi(\mathbf{r}) = -E_x(\mathbf{r})\, dx$$

となる．このことは，

$$E_x(\mathbf{r}) = -\frac{\partial \phi}{\partial x}(\mathbf{r})$$

を意味する．他の直角座標成分についても同様だから，電界は電位の勾配で

$$\mathbf{E}(\mathbf{r}) = -\nabla \phi(\mathbf{r}) = -\mathbf{i}_x \frac{\partial \phi}{\partial x}(\mathbf{r}) - \mathbf{i}_y \frac{\partial \phi}{\partial y}(\mathbf{r}) - \mathbf{i}_z \frac{\partial \phi}{\partial z}(\mathbf{r}) \qquad (1.34)$$

と求められることがわかる．同時に，電界の単位 [N/C] を，電位の単位 [V] を用いて，[V/m] と書けることも理解されよう．

例 1. 式 (1.26) で与えられる電位から (1.34) によって電界を求めよ．

解． (1.26) を (1.34) に代入し，積分と微分の順序を交換すれば，

$$\mathbf{E}(\mathbf{r}) = -\frac{1}{4\pi\varepsilon_0} \int_V \nabla \frac{\rho(\mathbf{r}')}{|\mathbf{r}-\mathbf{r}'|}\, dv'$$

を得る．ここで，∇ は $\mathbf{r}$ 点すなわち (x,y,z) に関する微分であって $\mathbf{r}'$ には無関係で

あること，および $\rho(\mathbf{r}')$ は $\mathbf{r}'$ のみの関数であることを考慮すれば，被積分項は

$$被積分項 = \rho(\mathbf{r}')\nabla\frac{1}{|\mathbf{r}-\mathbf{r}'|}$$

と変形できる．したがって，問題は $|\mathbf{r}-\mathbf{r}'|^{-1}$ の勾配を計算することであるが，直角座標成分を用いてこれを実行しよう．

$|\mathbf{r}-\mathbf{r}'| = [(x-x')^2 + (y-y')^2 + (z-z')^2]^{1/2}$ であるから，

$$\frac{\partial}{\partial x}\frac{1}{|\mathbf{r}-\mathbf{r}'|} = -\frac{x-x'}{|\mathbf{r}-\mathbf{r}'|^3}$$

である．y および z に関する微分も同様に計算できる．よって，

$$\nabla\frac{1}{|\mathbf{r}-\mathbf{r}'|} = -\frac{\mathbf{i}_x(x-x') + \mathbf{i}_y(y-y') + \mathbf{i}_z(z-z')}{|\mathbf{r}-\mathbf{r}'|^3} = -\frac{\mathbf{r}-\mathbf{r}'}{|\mathbf{r}-\mathbf{r}'|^3} \tag{1.35}$$

を得る．これをもとの式に代入すれば，

$$\mathbf{E}(\mathbf{r}) = \frac{1}{4\pi\varepsilon_0}\int_V \frac{\mathbf{r}-\mathbf{r}'}{|\mathbf{r}-\mathbf{r}'|^3}\rho(\mathbf{r}')\,dv'$$

となるが，これは (1.16) に一致する．

例 2. 原点に置かれた電気双極子の作る電位 (1.25) から電界を求めよ．

解． 式 (1.25) を (1.34) に代入すると，

$$\mathbf{E}(\mathbf{r}) = -\frac{1}{4\pi\varepsilon_0}\nabla\frac{\mathbf{p}\cdot\mathbf{r}}{r^3} \tag{1}$$

となる．右辺の微分を

$$\nabla\frac{\mathbf{p}\cdot\mathbf{r}}{r^3} = \frac{1}{r^3}\nabla(\mathbf{p}\cdot\mathbf{r}) + (\mathbf{p}\cdot\mathbf{r})\nabla\frac{1}{r^3} \tag{2}$$

と変形する．(2) の右辺第 1 項にある微分は，ベクトルの微分公式 b) を用いれば，

$$\nabla(\mathbf{p}\cdot\mathbf{r}) = (\mathbf{p}\cdot\nabla)\mathbf{r} + (\mathbf{r}\cdot\nabla)\mathbf{p} + \mathbf{p}\times(\nabla\times\mathbf{r}) + \mathbf{r}\times(\nabla\times\mathbf{p}) \tag{3}$$

となる．(3) の右辺は，第 1 項 ($=\mathbf{p}$) を除いて 0 である．したがって，

$$(2) の右辺第 1 項 = \frac{\mathbf{p}}{r^3} \tag{4}$$

が得られた．(2) の右辺第 2 項は，$\nabla(r^n) = nr^{n-2}\mathbf{r}$ なので，

$$(2) の右辺第2項 = -3\frac{\mathbf{r}}{r^5} \tag{5}$$

となる．(4) および (5) より，求める電界は (1.15) すなわち

$$\mathbf{E}(\mathbf{r}) = \frac{1}{4\pi\varepsilon_0}\left[-\frac{\mathbf{p}}{r^3} + \frac{3\mathbf{r}(\mathbf{p}\cdot\mathbf{r})}{r^5}\right] \tag{1.36}$$

で与えられることがわかる．

1.8　等電位面と電気力線

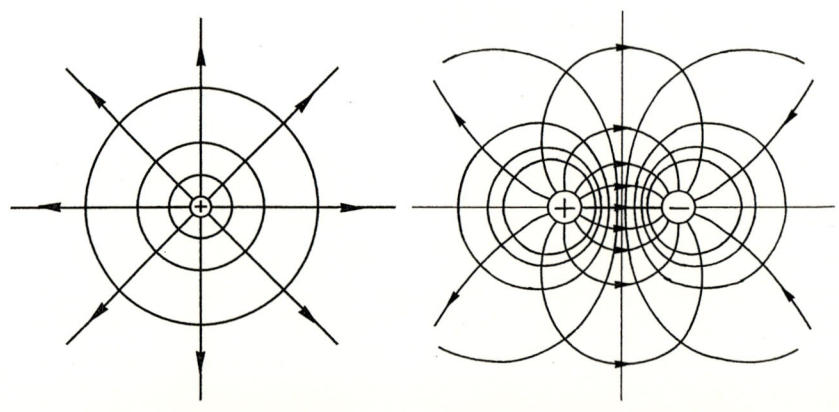

図 1.16　等電位面と電気力線（電気力線の矢印は電界の方向を表す）

電界のようすを視覚的に理解するには，等電位面と電気力線を用いるのが便利である．いま，電位を $\phi(\mathbf{r})$ とし，c を定数として

$$\phi(\mathbf{r}) = c \tag{1.37}$$

とおくと，この関係は3次元空間内の1つの曲面を表す．定数 c の値を変えればこのような曲面は無数に存在するが，これらを等電位面と呼ぶ．また，空間に曲線を考え，その曲線上のすべての点で曲線の接線の方向が電界の方向と一致するとき，この曲線を電気力線と呼ぶ．電界は電位の勾配で与えられるから，電気力線は等電位面に直交する．図1.16は，1個の正電荷の回り（左），およ

び距離を隔てて置かれた正負等量の電荷の回り（右）の等電位面と電気力線のようすを模式的に示したものである．

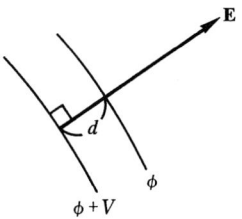

図1.17　間隔 d，電位差 V である2枚の等電位面

等電位面と電界の関係は理解しやすい．すなわち，(1.34) によって，電界は電位の（負の）勾配で与えられるから，等電位面上のある点における電界は，その点における等電位面の法線方向で，電位が減少する向きを持っている．また，電界の大きさは，隣り合う等電位面との距離を d，電位差を V とすれば，

$$|\mathbf{E}| = V/d \tag{1.38}$$

である．もちろん，(1.38) は電界の平均値を与えるに過ぎない．しかし，等電位面間の距離を小さくすればいくらでも正確な $|\mathbf{E}|$ が求められるという意味で，等電位面によって電界を表現することには，原理的には何の問題もない．

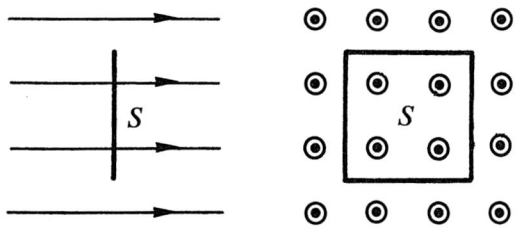

図1.18　電気力線の密度（S は電気力線に垂直な微小な面積である）

次に，電気力線と電界の関係について考えよう．定義によって，電気力線は電界の方向を与える．しかし，電界はベクトル量であるから，方向のほかに大

きさを持っている．この大きさを表すために，電気力線の密度を用いることとし，電界強度 1V/m あたりに電気力線 1 本 /m² を引くものと約束する．ただし，電気力線の密度とは，電気力線に垂直な単位面積あたりの電気力線の数をいう．この約束によれば，電界強度 $\mathbf{E}$ [V/m] の点における電気力線の密度は，$|\mathbf{E}|$ [本/m²] である．この場合も，電界強度は場所の関数であるから，正確には，電気力線に垂直な微小な面積を S, それを貫く電気力線の数を N とするとき，

$$|\mathbf{E}| = N/S \tag{1.39}$$

が電界強度を与える．電気力線の密度をこのように定めれば，電気力線の分布から電界を完全に知ることが可能となる．また，この約束にしたがって引かれた電気力線は，1つの電荷から発生して異符号の電荷に終わるか，または無限遠までのびるかのいずれかであり，電荷のない空間で発生したり消滅したりすることはない．このことは，次節でみるであろう．

例 1. 単位の大きさの正電荷から 1m 離れた場所での電気力線の密度を求めよ．

解． この場所での電界強度は $1/4\pi\varepsilon_0 \simeq 8.988 \times 10^9$ V/m であるから，電気力線の密度は 1m² あたり 8.988×10^9 本である．この数はあまりにも大きいから 1mm² あたりの本数を考えると，8.988×10^3 本となる．ついでながら，1 C の電荷から発生する電気力線の総数は，$1/\varepsilon_0 \simeq 1.13 \times 10^{11}$ 本となる．

1.9 ガウスの法則

静電界が逆 2 乗則である Coulomb の法則によって支配されていることから導かれる重要な帰結の 1 つに，次に述べる Gauss の法則がある：
閉曲面 S の内部に総量 Q の電荷があるとき，

$$\int_S \mathbf{E} \cdot \mathbf{n}\, dS = \frac{Q}{\varepsilon_0} \tag{1.40}$$

ただし，$\mathbf{n}$ は S の外向き単位法線ベクトルを表し，積分の範囲は閉曲面 S の全体である．以下，このことを説明しよう．

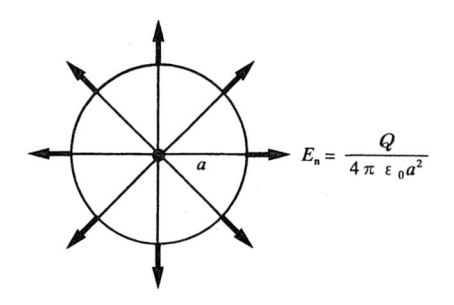

図 1.19 半径 a の球面上での積分

まず,原点に電荷 Q があり,ほかに電荷がない場合を考えよう.このとき,S として原点を中心とする半径 a の球面をとると,この上で

$$\int_S \mathbf{E} \cdot \mathbf{n}\, dS = \frac{Q}{4\pi\varepsilon_0} \int_S \frac{dS}{a^2} = \frac{Q}{\varepsilon_0}$$

となり,a に無関係に (1.40) が成り立つ.

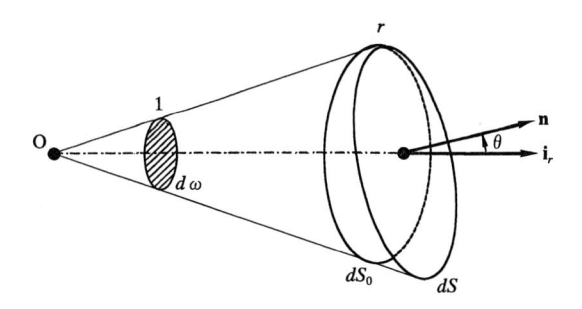

図 1.20 立体角の定義

S が球面でない場合はどうであろう.この考察を進めるために,ここで立体角の概念を導入しておこう.上式中の dS/a^2 を,dS が O に対して張る(微小)立体角といい,$d\omega$ で表す.立体角は無銘数であるが,その単位をステラジアン [Sr] という.S が球面であるとき,

$$\int_S d\omega = 4\pi a^2/a^2 = 4\pi$$

であることは自明であろう.動径と垂直でない図 1.20 のような面分 dS に対し

ては，動径方向の単位ベクトル $\mathbf{i}_r$ と dS の法線 $\mathbf{n}$ のなす角を θ として，

$$d\omega = \frac{\cos\theta dS}{r^2} = \frac{\mathbf{n}\cdot\mathbf{i}_r}{r^2}dS = \frac{dS_0}{r^2} \tag{1.41}$$

を立体角の定義とする．言い換えれば，$|d\omega|$ は，原点と dS の縁にある点を結ぶ半直線が，その点が dS の縁をひと回りするときに，原点を中心とする単位半径の球面から切り取る面積である．ただし，図のように θ が鋭角 $(0 \leq \theta < \pi/2)$ であれば $d\omega > 0$，鈍角 $(\pi/2 < \theta < \pi)$ であれば $d\omega < 0$ と約束する．

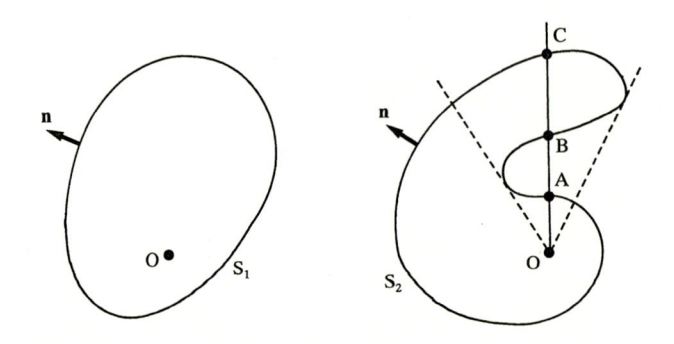

図 1.21 原点から表面全体を見通せる閉曲面 S_1 と，見通せない部分がある閉曲面 S_2

この定義によれば，原点を囲み，かつその上の点がすべて原点から見通せるような任意の閉曲面 S_1 について，

$$\int_{S_1} d\omega = 4\pi \tag{1.42}$$

であることは容易にわかる．しかし，S_2 のように O から見通せない部分 B，C を持つ面ではどうであろう．いま，$\overline{OA} = a$，点 A における面素を dS_A，単位法線ベクトル $\mathbf{n}_A$ と $\mathbf{i}_r$ のなす角を θ_A と表すと，dS_A の立体角は

$$d\omega_A = \frac{\cos\theta_A dS_A}{a^2} = \frac{dS_{A0}}{a^2}$$

となる．ただし，$dS_{A0} = \cos\theta_A dS_A$ は，動径に垂直な微小面積である．同様な記号法を採用すれば，

1.9 ガウスの法則

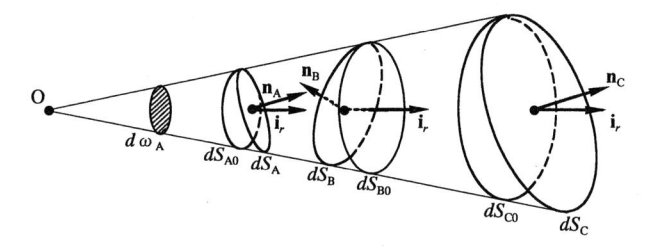

図1.22 立体角の関係

$$d\omega_\mathrm{C} = \frac{\cos\theta_\mathrm{C} dS_\mathrm{C}}{c^2} = \frac{dS_\mathrm{C0}}{c^2}$$

であることがわかる．dS_B の立体角は

$$d\omega_\mathrm{B} = \frac{\cos\theta_\mathrm{B} dS_\mathrm{B}}{b^2}$$

であるが，θ_B は鈍角であるから

$$dS_\mathrm{B0} = -\cos\theta_\mathrm{B} dS_\mathrm{B} \ (>0)$$

とおいて，

$$d\omega_\mathrm{B} = -\frac{dS_\mathrm{B0}}{b^2}$$

と表現する．ここで，図1.22に示す円錐の相似関係を考慮すれば，

$$d\omega_\mathrm{A} = d\omega_\mathrm{C} = -d\omega_\mathrm{B}$$

となることが理解されよう．図1.21の破線で区切った範囲について常にこのことが成立するので，この場合も (1.42) は正しい．

以上の準備を行えば，原点を囲む任意の閉曲面 S について，(1.40) の左辺の積分が計算できる．すなわち原点に置かれた点電荷 Q が作る電界 $\mathbf{E}$ に対して，

$$\int_\mathrm{S} \mathbf{E} \cdot \mathbf{n}\, dS = \frac{Q}{4\pi\varepsilon_0} \int_\mathrm{S} \frac{\mathbf{i}_r \cdot \mathbf{n}}{r^2}\, dS = \frac{Q}{4\pi\varepsilon_0} \int_\mathrm{S} d\omega = \frac{Q}{\varepsilon_0}$$

が得られた．閉曲面の形は球面に限らないから，電荷を置く場所も原点である必要はない．よって，閉曲面 S で囲まれた領域内の1点に電荷 Q があって，他に電荷がないとき，(1.40) が成立することがわかった．

次に，S 内に 2 個の点電荷 q_1 および q_2 があるときを考えよう．それぞれの電荷による電界を $\mathbf{E}_1$ および $\mathbf{E}_2$ とし，全電界を $\mathbf{E} = \mathbf{E}_1 + \mathbf{E}_2$ とすれば，

$$\int_S \mathbf{E} \cdot \mathbf{n}\, dS = \int_S \mathbf{E}_1 \cdot \mathbf{n}\, dS + \int_S \mathbf{E}_2 \cdot \mathbf{n}\, dS = \frac{q_1 + q_2}{\varepsilon_0}$$

のように重ね合わせが成立する．したがって，この場合も (1.40) は正しい．

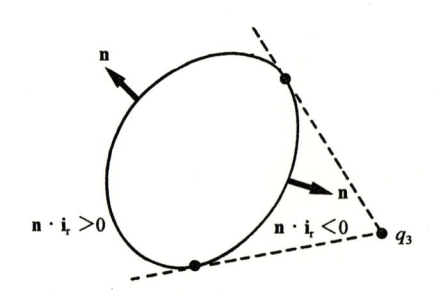

図 1.23 S の外部に第 3 の電荷があるとき

また，S の外部に第 3 の電荷 q_3 があって，全電界が $\mathbf{E} = \mathbf{E}_1 + \mathbf{E}_2 + \mathbf{E}_3$ となっている場合はどうであろうか．このとき，

$$\int_S \mathbf{E} \cdot \mathbf{n}\, dS = \int_S (\mathbf{E}_1 + \mathbf{E}_2) \cdot \mathbf{n}\, dS + \int_S \mathbf{E}_3 \cdot \mathbf{n}\, dS$$

である．この式の右辺第 1 項は $(q_1 + q_2)/\varepsilon_0$ に等しい．第 2 項では，図のように $\mathbf{n} \cdot \mathbf{i}_r > 0$ の部分と $\mathbf{n} \cdot \mathbf{i}_r < 0$ の部分で打ち消しがおこり，結果として

$$\int_S \mathbf{E}_3 \cdot \mathbf{n}\, dS = 0$$

となる．つまり，S の外部にある電荷が作る電界は (1.40) の左辺の積分に寄与しない．

以上の考察は，S 内外の電荷の数が増えても同様に成り立つ．したがって，閉曲面 S 内の電荷の総量を Q とするとき，S の外部の電荷に無関係に (1.40) が成立することがわかった．もし，電荷が密度 ρ で分布しているなら，S 内の電荷 Q を微小な電荷 $\rho\, dv$ の総和と考えればよい．よって，S で囲まれた領域を V とすれば，

$$\int_S \mathbf{E} \cdot \mathbf{n}\, dS = \frac{1}{\varepsilon_0} \int_V \rho\, dv \tag{1.43}$$

を得る．式 (1.40) および (1.43) を Gauss の法則と呼ぶ．

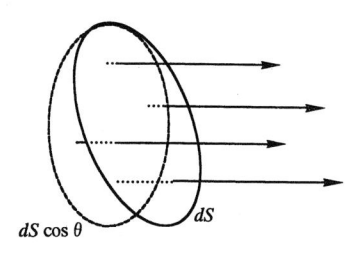

図 1.24 微小な面分 dS を通り抜ける電気力線

ここで，理解を深めるために，以上のことと閉曲面 S を通り抜ける電気力線の数との関係を調べよう．前節で，電界のようすを表すために，電気力線を導入した．定義によって，電気力線の密度は電界強度に等しく，また，ここでいう密度とは，電界に垂直な単位面積当たりの本数のことであった．したがって，(1.40) などにおける積分記号下の

$$\mathbf{E} \cdot \mathbf{n}\, dS = |\mathbf{E}| \cos\theta\, dS$$

は，$\mathbf{E}$ に垂直な微小面積 $dS \cos\theta$ を通り抜ける電気力線の数である．dS は微小だから，この数は dS 自身を通る電気力線の数でもある．このような観点から，(1.40) は次のように解釈できる．すなわち，任意の閉曲面 S を通って出て行く電気力線の総数は，S の内部にある電荷の総量を Q とすると，S の外部の電荷に無関係に Q/ε_0 本である．ただし，S を通って出て行く電気力線の総数とは，出て行く本数を正，入って来る本数を負として合計した数をいう．

空間に正電荷 Q があると，Q を囲む任意の閉曲面からは Q/ε_0 本の電気力線が出て行く．もし，空間にほかの電荷が存在しないなら，閉曲面をいくら大きくしてもその内部には Q のみが含まれるから，出て行く電気力線の数は不変である．したがって，このとき，電気力線は途中で途切れることなく無限遠に達するであろう．また，空間に正の電荷 Q と負の電荷 $-Q'$ があれば，Q だけを囲む閉曲面からは Q/ε_0 本の電気力線が出て行き，$-Q'$ だけを囲む曲面には

Q'/ε_0 本の電気力線が入って行く．Q と $-Q'$ の両方を囲む閉曲面からは，総数として $(Q-Q')/\varepsilon_0$ 本の電気力線が出て行くことになる．

1.10 ガウスの法則の応用

電荷の配置に幾何学的な対称性があり，そのために電界の方向などがあらかじめわかっている場合，Gauss の法則を用いて，簡単な計算で電界を求めることができる．いくつかの例をあげよう．

例 1. z 軸上に一様な線密度 λ で分布した電荷による電界と電位を求めよ．

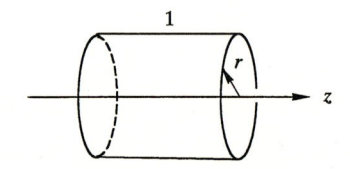

図 1.25 Gauss の法則の適用 (I)

解． z および φ に関する一様性から，この場合の電界は z 軸から遠ざかる方向の成分 E_r だけしか持たず，その値は z または φ に無関係であることがわかる．いま，半径 r，長さ 1m の円筒面を考え，その軸を z 軸に一致させてみる．電気力線は円筒の側面だけから出て行き，その方向は常に側面に垂直であるから，Gauss の法則の左辺の積分は

$$\int_{\text{円筒面}} \mathbf{E}\cdot\mathbf{n}\,dS = \int_{\text{側面}} \mathbf{E}\cdot\mathbf{n}\,dS = \int_{z'=0}^{1} dz' \int_{\varphi'=0}^{2\pi} E_r r\,d\varphi' = 2\pi r E_r$$

となる．一方，この円筒面で囲まれた体積の中にある電荷は λ である．したがって，Gauss の法則により，

$$E_r = \frac{\lambda}{2\pi\varepsilon_0 r}$$

が得られた．この電界を与える電位を (1.20) によって計算しようとすると，$1/r$ の積分が発散するという困難が生じる．これは 2 次元問題を扱う際にしばしば起こること

であるが，この場合には，z 軸から適当な距離 r_0 だけ離れた円筒面上の電位を基準にとることで，困難を避けることができる．すなわち，$r = r_0$ において $\phi(r_0) = 0$ と定めれば，

$$\phi(r) = -\frac{\lambda}{2\pi\varepsilon_0}\int_{r_0}^{r}\frac{dr'}{r'} = -\frac{\lambda}{2\pi\varepsilon_0}\log\frac{r}{r_0}$$

が求める電位である．

例 2. xy 平面上に一様な面密度 σ で分布した電荷が作る電界を求めよ．

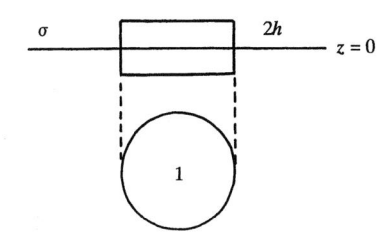

図 1.26 Gauss の法則の適用 (II)

解． 対称性により，電界は z 成分しか持たず，$z > 0$ のとき z の正方向を向き，$z < 0$ のとき z の負方向を向くことがわかる．また，この電界は，x または y によらない．いま，単位面積の底面を持ち高さが $2h$ である円柱を，軸を z 方向に向けて，図のように配置する．$z = h$ と $z = -h$ では電界の大きさは等しいので，これを E_z と書く．円柱の表面について Gauss の法則の左辺の積分を計算すると，側面からの寄与はないので，

$$\int_{\text{円柱面}}\mathbf{E}\cdot\mathbf{n}\,dS = \int_{z=h\,\text{の面}}E_z\,dS + \int_{z=-h\,\text{の面}}E_z\,dS = 2E_z$$

となる．ただし，$z = h$ の面上では $\mathbf{E} = \mathbf{i}_z E_z$，$\mathbf{n} = \mathbf{i}_z$ であることなどを用いた．一方，この円柱面に囲まれた領域にある電荷は σ である．よって，Gauss の法則から，

$$E_z = \frac{\sigma}{2\varepsilon_0}$$

が求まる．

1.11 電界のエネルギー

電荷を空間に配置するために外力がなすべき仕事を求めよう．はじめに，2つの電荷 q_1, q_2 を点 $\mathbf{r}_1$, $\mathbf{r}_2$ に配置する場合を考える．ほかに電荷がないものとすると，電荷に働く Coulomb 力は 0 であるから，点電荷 q_1 を無限遠からゆっくりと移動させて $\mathbf{r}_1$ に配置するために外力がする仕事は 0 である．次に，点電荷 q_2 を無限遠から $\mathbf{r}_2$ まで運ぶことにする．q_2 は q_1 が作る電界 $\mathbf{E}(\mathbf{r})$ から

$$\mathbf{F}(\mathbf{r}) = q_2 \mathbf{E}(\mathbf{r}) = \frac{q_1 q_2 (\mathbf{r} - \mathbf{r}_1)}{4\pi\varepsilon_0 |\mathbf{r} - \mathbf{r}_1|^3}$$

の Coulomb 力を受けているから，このとき，外力は

$$U = \int_C -\mathbf{F}(\mathbf{r}) \cdot \mathbf{t}(\mathbf{r}) \, ds$$

の仕事をする．ここで，C は電荷 q_2 を運ぶ経路である．この積分は (1.23) と同様に計算できて，結果は

$$U = \frac{q_1 q_2}{4\pi\varepsilon_0 |\mathbf{r}_2 - \mathbf{r}_1|} \tag{1.44}$$

となる．点 $\mathbf{r}_1$, $\mathbf{r}_2$ に電荷 q_1, q_2 が配置された系には，これだけのエネルギーが蓄えられている．この式は，$\mathbf{r}_1$ にある q_1 が作る電位を $\phi_1(\mathbf{r})$ のように書けば，

$$U = q_2 \phi_1(\mathbf{r}_2) = q_1 \phi_2(\mathbf{r}_1) \tag{1.45}$$

のように表せることに注意しよう．

さらに，第 3 の電荷 q_3 を無限遠から $\mathbf{r}_3$ まで運ぶことを考える．このとき，q_3 は q_1 および q_2 が作る電界の中を移動するから，外力がする仕事は，

$$\frac{-q_3}{4\pi\varepsilon_0} \int_C \left[\frac{q_1 (\mathbf{r} - \mathbf{r}_1)}{|\mathbf{r} - \mathbf{r}_1|^3} + \frac{q_2 (\mathbf{r} - \mathbf{r}_2)}{|\mathbf{r} - \mathbf{r}_2|^3} \right] \cdot \mathbf{t}(\mathbf{r}) \, ds = \frac{q_2 q_3}{4\pi\varepsilon_0 |\mathbf{r}_2 - \mathbf{r}_3|} + \frac{q_3 q_1}{4\pi\varepsilon_0 |\mathbf{r}_3 - \mathbf{r}_1|}$$

である．したがって，このとき系に蓄えられているエネルギーは，(1.44) を加えて，

$$U = \frac{1}{4\pi\varepsilon_0} \left(\frac{q_1 q_2}{|\mathbf{r}_1 - \mathbf{r}_2|} + \frac{q_2 q_3}{|\mathbf{r}_2 - \mathbf{r}_3|} + \frac{q_3 q_1}{|\mathbf{r}_3 - \mathbf{r}_1|} \right) \tag{1.46}$$

となる．あるいは，(1.45) にならって，

$$U = q_1\phi_2(\mathbf{r}_1)+q_2\phi_3(\mathbf{r}_2)+q_3\phi_1(\mathbf{r}_3) = q_2\phi_1(\mathbf{r}_2)+q_3\phi_2(\mathbf{r}_3)+q_1\phi_3(\mathbf{r}_1) \quad (1.47)$$

と表現してもよい．

この式より，

$$2U = q_1[\phi_2(\mathbf{r}_1)+\phi_3(\mathbf{r}_1)] + q_2[\phi_3(\mathbf{r}_2)+\phi_1(\mathbf{r}_2)] + q_3[\phi_1(\mathbf{r}_3)+\phi_2(\mathbf{r}_3)]$$

となる．右辺第1項の [ ] 内は，q_1 を除く電荷が $\mathbf{r}_1$ に作る電位であるから，これらを ϕ_1' などと書くことにすれば，簡潔な表現

$$U = \frac{1}{2}\sum_{m=1}^{3} q_m \phi_m' \quad (1.48)$$

を得る．ただし，$\sum'$ を $n=m$ となる n を除く総和の記号として，

$$\phi_m' = \frac{1}{4\pi\varepsilon_0}\sum_{n=1}^{3}{}' \frac{q_n}{|\mathbf{r}_m-\mathbf{r}_n|} \quad (m=1,2,3) \quad (1.49)$$

である．式 (1.49) を (1.48) に代入すれば，(1.46) に対応する表現

$$U = \frac{1}{8\pi\varepsilon_0}\sum_{m=1}^{3}\sum_{n=1}^{3}{}' \frac{q_m q_n}{|\mathbf{r}_m-\mathbf{r}_n|} \quad (1.50)$$

を導くことができる．

電荷の数が増えても，同様に考えて系のエネルギーを計算することができる．M 個の点 $\mathbf{r}_m$ $(m=1,2,\ldots,M)$ に電荷 q_m が配置されているとき，これらの電荷が1個づつ無限遠から運ばれたと考えると，m 番目の電荷はすでに配置された $m-1$ 個の電荷が作る電界の中を移動するので，そのための仕事は

$$U_m = q_m \phi_m' = q_m \sum_{n=1}^{m-1} \frac{q_n}{4\pi\varepsilon_0|\mathbf{r}_m-\mathbf{r}_n|} \qquad (m \geq 2)$$

となる．この仕事を $m=2$ から $m=M$ まで加えたものが系のエネルギーである．すなわち，

$$U = \sum_{m=2}^{M} U_m = \frac{1}{4\pi\varepsilon_0} \sum_{m=2}^{M} \sum_{n=1}^{m-1} \frac{q_m q_n}{|\mathbf{r}_m - \mathbf{r}_n|}$$

この総和は，丁寧に調べればわかるように，(1.50) において総和の上限を 3 の代わりに M としたものに等しい：

$$U = \frac{1}{8\pi\varepsilon_0} \sum_{m=1}^{M} \sum_{n=1}^{M}{}' \frac{q_m q_n}{|\mathbf{r}_m - \mathbf{r}_n|} \tag{1.51}$$

この式はまた，(1.48) および (1.49) に対応した形式で

$$U = \frac{1}{2} \sum_{m=1}^{M} q_m \phi'_m \tag{1.52}$$

および，

$$\phi'_m = \frac{1}{4\pi\varepsilon_0} \sum_{n=1}^{M}{}' \frac{q_n}{|\mathbf{r}_m - \mathbf{r}_n|} \tag{1.53}$$

と書くこともできる．

例1. 一様な電界 $\mathbf{E}$ の中に置かれたモーメントが $\mathbf{p} = q\mathbf{d}$ である電気双極子の持つエネルギーを求めよ．

解． 双極子の位置を $\mathbf{r}$，その点の電位を $\phi(\mathbf{r})$ とすると，

$$U = q\phi(\mathbf{r} + \mathbf{d}/2) - q\phi(\mathbf{r} - \mathbf{d}/2)$$

である．d が十分に短ければ，

$$\phi(\mathbf{r} \pm \mathbf{d}/2) \simeq \phi(\mathbf{r}) \pm \nabla\phi(\mathbf{r}) \cdot \mathbf{d}/2$$

が成立するから，これを上式に代入して下式を得る．

$$U = q\nabla\phi(\mathbf{r}) \cdot \mathbf{d} = -\mathbf{E} \cdot \mathbf{p}$$

電荷が密度 $\rho(\mathbf{r})$ で空間に分布している場合は，(1.51) を微小な電荷 $\rho(\mathbf{r})\,dv$ に関する総和と考えて，積分

1.11 電界のエネルギー

$$U = \frac{1}{8\pi\varepsilon_0} \int_V \int_V \frac{\rho(\mathbf{r})\rho(\mathbf{r}')}{|\mathbf{r} - \mathbf{r}'|} \, dv \, dv' \tag{1.54}$$

によって系のエネルギーを計算できる．ただし，V は電荷が分布した領域である．この結果はまた，(1.52) および (1.53) の形で，

$$U = \frac{1}{2} \int_V \rho(\mathbf{r}) \phi(\mathbf{r}) \, dv \tag{1.55}$$

および

$$\phi(\mathbf{r}) = \frac{1}{4\pi\varepsilon_0} \int_V \frac{\rho(\mathbf{r}')}{|\mathbf{r} - \mathbf{r}'|} \, dv' \tag{1.56}$$

と書いてもよい．

例 2. 電荷密度 ρ で満たされた半径 a の球が持つ電界のエネルギーを求めよ．

解． このとき，球の内部の電位は，(1.29) で与えられる．したがって，(1.55) により，

$$U = \frac{1}{2} \int_{r<a} \rho \, \phi(\mathbf{r}) \, dv = \frac{\rho^2}{12\varepsilon_0} \int_{r=0}^{a} (3a^2 - r^2) 4\pi r^2 \, dr = \frac{4\pi\rho^2 a^5}{15\varepsilon_0}$$

と求まる．球の持つ全電荷 $Q = 4\pi a^3 \rho/3$ を用いれば，この結果を

$$U = \frac{3Q^2}{20\pi\varepsilon_0 a} \tag{1.57}$$

と書くこともできる．

ここで，これまで特にことわりなく使ってきた点電荷の概念について，少し考えてみよう．点電荷を大きさを持たない電荷だとすると，そのエネルギーは (1.57) において $a \to 0$ とした極限で無限大となる．これは不可能であるから，現実には，点電荷といっても必ず有限の大きさを持っている．その大きさが，考えている領域の広がりや，他の電荷との位置関係によって，0 とみなしても差し支えのない程度であるとき，われわれはそれを点電荷として扱う．式 (1.29) によれば，半径 a の球内に一様に分布した電荷が球外に作る電位は

$$\phi(r) = \frac{a^3 \rho}{3\varepsilon_0 r} = \frac{Q}{4\pi\varepsilon_0 r}$$

で与えられる．ただし，$Q = 4\pi a^3 \rho/3$ は，球内の全電荷である．これは，$r=0$ に置かれた点電荷 Q が作る電位に等しい．よって，球の外部だけを問題にする限り，球内に一様に分布した電荷は球の中心に置かれた点電荷と等価である．

いくつかの電荷を配置する場合，その配置に要するエネルギーは，個々の電荷が点電荷であっても，あるいは（点電荷とみなせる）大きさを持った電荷であっても同じ値になる．この際，個々の電荷を形成するためのエネルギーはその電荷の幾何学的な大きさによって変わるが，このエネルギーはもともと (1.51) ないし (1.53) では勘定に入っていない．

1.12 微分形の法則

1.5 および 1.9 節において，静電界の基本法則である渦無しの法則と Gauss の法則を導いた．本節では，これらの法則の微分形を求め，いくつかの応用を示す．空間内の電荷分布が与えられ，その分布が作る電界を求めるだけなら，これまでに説明した積分形の法則を用いて目的を達することができ，またその方が便利であることも多い．しかし，たとえば電界の中に導体や誘電体を持ち込み，結果として生じる電界を求める問題などを積分形の法則だけで扱うことは，大変困難である．このような場合には，微分形の法則や，それから導かれる Laplace-Poisson の方程式を基本として，境界値問題の考えを用いることが普通である．

まず，Gauss の法則の微分形を導こう．Gauss の法則 (1.40) あるいは (1.43) は，任意に分布した電荷が作る電界に対して成立する．いま，ある電荷分布 $\rho(\mathbf{r})$ によって作られた電界 $\mathbf{E}(\mathbf{r})$ 中に任意に体積 V を考え，その表面である閉曲面を S とすると，Gauss の法則は

$$\int_S \mathbf{E}(\mathbf{r}) \cdot \mathbf{n}\, dS = \frac{1}{\varepsilon_0} \int_V \rho(\mathbf{r})\, dv \qquad (1.58)$$

となる．この式の左辺をベクトル解析の Gauss の定理で体積分に直せば，

$$\int_V \nabla \cdot \mathbf{E}(\mathbf{r})\, dv = \frac{1}{\varepsilon_0} \int_V \rho(\mathbf{r})\, dv \qquad (1.59)$$

となるが，任意の体積についてこの式が成り立つためには，

1.12 微分形の法則

$$\nabla \cdot \mathbf{E}(\mathbf{r}) = \frac{\rho(\mathbf{r})}{\varepsilon_0} \tag{1.60}$$

でなければならない．ただし，$\nabla \cdot \mathbf{E}(\mathbf{r})$ は電界の発散を表す．電界の代わりに

$$\mathbf{D}(\mathbf{r}) = \varepsilon_0 \mathbf{E}(\mathbf{r}) \tag{1.61}$$

で定義される電束密度 $\mathbf{D}(\mathbf{r})\,[\mathrm{C/m^2}]$ を用いれば，(1.60) は

$$\nabla \cdot \mathbf{D}(\mathbf{r}) = \rho(\mathbf{r}) \tag{1.62}$$

と簡潔な形に書ける．式 (1.60) および (1.62) の関係を，微分形の Gauss の法則と呼ぶ．

電荷密度 $\rho(\mathbf{r})$ が 0 である場所では，(1.60) は

$$\nabla \cdot \mathbf{E}(\mathbf{r}) = 0 \tag{1.63}$$

となる．発散が 0 であるベクトルを，一般に泉無し，回転的，あるいはソレノイダルであるという．すなわち，電荷のない場所で，電界ベクトルは泉無しである．発散は流出積分の体積密度であるから，(1.63) が成り立つ場所では，電気力線が発生したり消滅したりすることはない．

積分形の法則 (1.58) から，必要条件として，微分形の法則 (1.60) または (1.62) を導いた．逆に，考えている空間の各点で微分形の法則が成立しているものとしよう．このとき，(1.60) の両辺を適当な体積 V で積分すれば，(1.59) が得られる．さらに，電界が十分に滑らかであれば，左辺に Gauss の定理を適用して，(1.58) を導出できる．したがって，ここで得た微分形の Gauss の法則は，電界 $\mathbf{E}(\mathbf{r})$ が Gauss の定理の適用条件を満たすとき，積分形の法則と同等である．自然現象では，この条件は常に満たされていると考えてよいので，以後，この種のことは特に断らない．

例 1. 厚さ $2d$ の無限に広い板の内部に一様な密度 ρ で電荷が分布している．板の内外の電界を求めよ．

解． 図のように座標系をとって考える．対称性と y および z についての一様性によっ

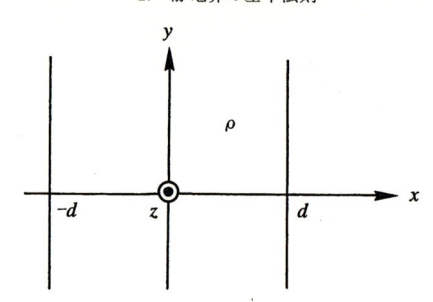

図 1.27 板の内部に分布した電荷と座標系

て，電界は x 成分 E_x だけを持ち，また，E_x は x のみの関数であることがわかる．したがって，微分形の Gauss の法則により，

$$\nabla \cdot \mathbf{E}(\mathbf{r}) = \frac{dE_x(x)}{dx} = \begin{cases} 0 & (x < -d) \\ \rho/\varepsilon_0 & (-d < x < d) \\ 0 & (x > d) \end{cases}$$

を得る．これを積分すれば，c を定数として，

$$E_x(x) = \begin{cases} c_1 & (x < -d) \\ \rho x/\varepsilon_0 + c_2 & (-d < x < d) \\ c_3 & (x > d) \end{cases}$$

となる．x に関する対称性のため，$x=0$ で電界が正負どちらかの方向を向くことはありえない．よって，$c_2 = 0$ である．また，Gauss の法則によれば，電荷密度が有限である点では電界の発散もまた有限であり，したがって電界に不連続が生じることはない．このため，$x = \pm d$ において $E_x(x)$ は連続でなければならない．以上より，

$$c_1 = -\rho d/\varepsilon_0, \quad c_3 = \rho d/\varepsilon_0$$

が得られる．結局，求める電界は

$$E_x(x) = \begin{cases} -\rho d/\varepsilon_0 & (x < -d) \\ \rho x/\varepsilon_0 & (-d < x < d) \\ \rho d/\varepsilon_0 & (x > d) \end{cases}$$

で与えられることがわかる．この式で，$2\rho d = \sigma$ とおけば，板の外部の電界は平面上に分布した電荷が作る電界 (1.18) に一致することに注意しよう．

　静電界におけるもう 1 つの重要な法則は，渦無しの法則 (1.22) である．すな

1.12 微分形の法則

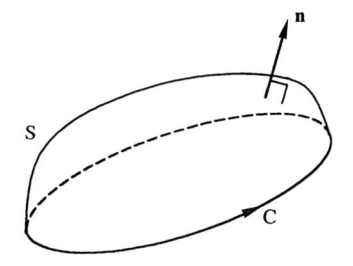

図 1.28 電界中の閉曲線 C とそれを縁とする開曲面 S

わち，$\mathbf{E}(\mathbf{r})$ が静電界であれば，任意の閉曲線 C に沿う接線成分の積分は，

$$\int_C \mathbf{E}(\mathbf{r}) \cdot \mathbf{t}(\mathbf{r}) \, ds = 0 \tag{1.64}$$

となる．この式の左辺を Stokes の定理を用いて面積分に直すと，

$$\int_S \nabla \times \mathbf{E}(\mathbf{r}) \cdot \mathbf{n} \, dS = 0 \tag{1.65}$$

を得る．ここで，S は C を縁とする任意の開曲面であり，$\mathbf{n}$ は S の単位法線ベクトルである．任意の C についてこの関係が成り立つためには，被積分項中の $\mathbf{E}$ の回転が

$$\nabla \times \mathbf{E}(\mathbf{r}) = 0 \tag{1.66}$$

を満たさねばならない．これを，微分形の渦無しの法則という．

式 (1.66) のように回転が 0 であるベクトルを，渦無しあるいは層状（ラメラー）であるという．このことが，(1.64) を渦無しの法則と呼んだ理由である．電界 $\mathbf{E}(\mathbf{r})$ が渦無しであれば，任意の閉曲線に沿った電界の循環積分は 0 となる．したがって，この電界は保存力の界であり，電位 $\phi(\mathbf{r})$ によって，

$$\mathbf{E}(\mathbf{r}) = -\nabla \phi(\mathbf{r}) \tag{1.67}$$

と表現される．

このようにみてくると，静電界の特徴は，「渦無し」にあることが理解されよう．もちろん，これはすべての静電界に共通することであって，個々の静電界を決定するためには，Gauss の法則のような条件が必要である．しかし，あるベクトル界が静電界として存在できるか否かは，そのベクトル界が渦無しの法則を満足するかどうかで判断できる．

例1. 次にあげるベクトルは真空中の静電界とみなせることを示せ．また，それを作るための電荷分布を求めよ．

(a) 直角座標系で $\mathbf{E} = \mathbf{i}_x$.

(b) 円筒座標系で $\mathbf{E} = \mathbf{i}_r \rho r / 2\varepsilon_0 \; (r < a)$ かつ $\mathbf{E} = \mathbf{i}_r \rho a^2 / 2\varepsilon_0 r \; (r > a)$.

(c) $a \, (> 0)$ を定数として，球座標系で

$$\mathbf{E} = \mathbf{i}_r \frac{1}{4\pi\varepsilon_0} \left(\frac{a}{r} + \frac{1}{r^2} \right) e^{-ar}$$

解． (a) の電界が $\nabla \times \mathbf{E} = 0$ を満たすことは容易にわかる．したがって，これは真空中の静電界とみなせる．この場合，$\nabla \cdot \mathbf{E} = 0$ であるから，電界がこの式で表される場所には電荷がない．面 $x = 0$ に $\sigma = 2\varepsilon_0$ の面電荷があるとき，$x > 0$ における電界は $\mathbf{E} = \mathbf{i}_x$ となる．後に述べる平行平板コンデンサの内部の電界は，このような形をしている．

(b) の電界は，円筒座標で r 成分のみを持ち，その r 成分が φ または z の関数でないから $\nabla \times \mathbf{E} = 0$ を満たす．よって，この電界は真空中の静電界とみなせる．この電界を作る電荷分布は，(1.60) より，

$$\rho(\mathbf{r}) = \rho \; (r < a); \; = 0 \; (r > a)$$

と求められる．

(c) の電界は，極座標で r 成分のみを持ち，それは θ または φ の関数でないから，$r = 0$ を除いて $\nabla \times \mathbf{E} = 0$ を満たし，真空中の静電界とみなせる．(1.60) によれば，

$$\rho(\mathbf{r}) = -\frac{a^2}{4\pi} \frac{e^{-ar}}{r} \tag{1}$$

となるが，実はこの分布のみでは (c) の電界を生じない．実際，(1) の電荷分布に対して，Gauss の法則によって電界を計算してみると，

$$E_r(\mathbf{r}) = \frac{1}{4\pi\varepsilon_0} \left(\frac{a}{r} + \frac{1}{r^2} \right) e^{-ar} - \frac{1}{4\pi\varepsilon_0 r^2} \tag{2}$$

となって，右辺第2項の分が余計である．これは，原点に点電荷 1C を置くことによって相殺できる．そこで，試みに与えられた電界について半径 r の球面から出て行く電気力線の数を調べてみると，

$$\frac{1}{4\pi\varepsilon_0} \left(\frac{a}{r} + \frac{1}{r^2} \right) e^{-ar} \times 4\pi r^2 = \frac{1}{\varepsilon_0} (ar + 1) e^{-ar} \to 0 \quad (r \to \infty) \tag{3}$$

だから，全空間の電荷の総量は 0 である．一方，(1) で与えられる分布の電荷の総量は

$$\int_{\text{全空間}} \rho(\mathbf{r})\,dv = -\frac{a^2}{4\pi}\int_{r=0}^{\infty}\frac{e^{-ar}}{r}4\pi r^2\,dr = -1 \tag{4}$$

と求められる．したがって，残りの 1C が点電荷の形で原点にあれば，ちょうどつじつまが合う．結局，題意の電界を作る電荷分布は，$\delta(\mathbf{r})$ を Dirac のデルタ関数として，

$$\rho(\mathbf{r}) = -\frac{a^2}{4\pi}\frac{e^{-ar}}{r} + \delta(\mathbf{r}) \tag{5}$$

となることがわかった．この電荷分布による電位

$$\phi(\mathbf{r}) = \frac{e^{-ar}}{4\pi\varepsilon_0 r} \tag{6}$$

を，シールドされた Coulomb ポテンシャルまたは湯川ポテンシャルと呼ぶ．

1.13 ラプラス–ポアソンの方程式

静電界は渦無しの界であり，電位が存在する．電界は，電位から，(1.67) によって求められる．したがって，静電界の問題は，電位 $\phi(\mathbf{r})$ を求める問題であるということができる．

電位を求めるには，それが満たす方程式を知る必要がある．このために，(1.67) を微分形の Gauss の法則 (1.60) に代入すると，

$$\nabla^2 \phi(\mathbf{r}) = -\frac{\rho(\mathbf{r})}{\varepsilon_0} \tag{1.68}$$

を得る．これは，Poisson の方程式と呼ばれ，静電界の電位 $\phi(\mathbf{r})$ が満足する基本的な関係である．電荷密度が 0 である場所では，この式は，

$$\nabla^2 \phi(\mathbf{r}) = 0 \tag{1.69}$$

となる．これは，Poisson の方程式の特別の場合であるが，特に Laplace の方程式と呼ばれている．あわせて Laplace-Poisson の方程式ということもある．今後は，例えば次の例のような Laplace の方程式に固有のことがらを述べる場合を除いて，単に Poisson の方程式という名称で両者を代表させることにする．

例 1. ある領域 V で Laplace の方程式を満足する関数 $\phi(\mathbf{r})$ は，その領域内で極大値あるいは極小値をとらないことを示せ．

解. 領域 V 内の 1 点 $\mathbf{r}_0$ で $\phi(\mathbf{r})$ が極大になっていると仮定すると，$\mathbf{r}_0$ を通り x 軸に平行な直線の上で

$$\frac{\partial \phi}{\partial x}(\mathbf{r}_0) = 0, \quad \frac{\partial^2 \phi}{\partial x^2}(\mathbf{r}_0) < 0$$

が成立しなければならない．y および z についても同様であるから，

$$\nabla^2 \phi(\mathbf{r}_0) < 0$$

となるが，これは $\phi(\mathbf{r})$ が V で Laplace の方程式を満足することに矛盾する．したがって，$\phi(\mathbf{r})$ は V 内で極大となり得ない．極小についても同様である．

さて，静電界の問題は，Poisson の方程式を解くことに帰着されるが，この方程式はそれだけでは解を定めることができない．これをみるために，空間にある領域 V を考え，その内部で電荷分布 $\rho(\mathbf{r})$ がわかっているものとしよう．この $\rho(\mathbf{r})$ に対して，何らかの方法で (1.68) を満たす $\phi(\mathbf{r})$ を見出したと仮定する．$\phi(\mathbf{r})$ は，物理的に意味のある電位であろうか．残念ながら，この問いに対する答えは否定的である．なぜなら，$\phi(\mathbf{r})$ に領域 V で Laplace の方程式 (1.69) を満たす任意の関数 $\phi_0(\mathbf{r})$ を加えたものは，$\phi(\mathbf{r})$ と同様に (1.68) を満足し，そのような $\phi_0(\mathbf{r})$ ——領域 V の外部にある電荷が V の内部に作る界——はいくらでも存在するからである．つまり，Poisson（あるいは Laplace）の方程式の解には，Laplace の方程式の解 $\phi_0(\mathbf{r})$ に相当する自由度がある．この自由度は，考えている領域 V の境界あるいは外部における電荷の配置の任意性に対応している．この任意性を取り去ればどうなるか，次の例で検討しよう．

例 2. 原点に置かれた半径 a の球内に一様な密度 ρ で電荷が分布し，他に電荷がないとき，球の内外の電位を求めよ．

解. 対称性によって，$\phi(\mathbf{r})$ は r のみの関数である．したがって，Poisson の方程式は，球座標系で

$$\frac{d^2\phi}{dr^2} + \frac{2}{r}\frac{d\phi}{dr} = \frac{1}{r}\frac{d^2}{dr^2}r\phi = \begin{cases} -\rho/\varepsilon_0 & (r < a) \\ 0 & (r > a) \end{cases} \tag{1}$$

となる．$r < a$ のとき，(1) を 2 回積分して r で割ると，c を積分定数として

$$\phi = -\frac{\rho}{6\varepsilon_0}r^2 + c_1 + \frac{c_2}{r} \tag{2}$$

を得る．また，$r > a$ のとき，同じく (1) を 2 回積分して，

$$\phi = c_3 + \frac{c_4}{r} \tag{3}$$

となる．次に，(2) および (3) における定数 c を定めよう．まず，有限の電荷密度に対して ϕ が無限大となることはないので，$c_2 = 0$ である．また，無限遠の電位を基準として 0 と決めれば，$c_3 = 0$ となる．さらに，$r = a$ で電界が有限かつ連続であるためには，そこで ϕ と $d\phi/dr$ が連続でなければならない．以上のことから，

$$c_1 = \frac{\rho}{2\varepsilon_0}a^2, \quad c_4 = \frac{\rho}{3\varepsilon_0}a^3 \tag{4}$$

が得られる．これらをまとめると，結果は (1.29) に一致する．

　この例でみるように，空間のすべての電荷の配置がわかっていれば，Poisson の方程式を解いて無限遠を基準とする電位を決定することができる．ちなみに，1.6 節の (1.26) はこれを行うものであった．しかし，現実には全空間の電荷分布を知ることは，以下の理由によって不可能である．第一に，空間は無限の広がりを持つから，その全体にわたって電荷分布を知ることはできない．もっとも，このことは，通常あまり大きな問題とはならない．第二の理由は，より深刻である．例えば電界中に導体を持ち込んだとき，後に述べる静電誘導の効果によって導体内の電荷が移動し，新しい電界を作る．この電荷の移動はあらかじめ予測することができず，したがって，問題を解くまでは電荷の配置を知ることができない．結局，与えられた電荷の配置から電位および電界を求めるという考えが適用できるのは，理想化された特別の場合に限られることがわかる．

1.14　ラプラス–ポアソンの方程式の境界値問題

　ある領域で Poisson の方程式を満たす $\phi(\mathbf{r})$ には，Laplace の方程式の解に相当する広い自由度がある．この自由度の中から物理的に意味のある解を決定するためには，考えている領域の境界における条件を与えればよい．以下，このことについて調べてみよう．

いま，閉曲面Sを境界とする内部領域Vを考える．$\phi(\mathbf{r})$はVにおいてPoissonの方程式を満たし，S上の値が

$$\phi(\mathbf{r}_0) = f(\mathbf{r}_0) \quad (\mathbf{r}_0 \in \mathrm{S}) \tag{1.70}$$

と与えられたものとする．このとき，2つの解$\phi_1(\mathbf{r})$および$\phi_2(\mathbf{r})$が可能だと仮定し，それらの差を

$$\psi(\mathbf{r}) = \phi_1(\mathbf{r}) - \phi_2(\mathbf{r})$$

とおく．$\psi(\mathbf{r})$はV内でLaplaceの方程式を満たし，S上では

$$\psi(\mathbf{r}_0) = 0 \quad (\mathbf{r}_0 \in \mathrm{S})$$

となる関数である．これより，Greenの公式を用いて，

$$\int_V [\nabla \psi(\mathbf{r})]^2 dv = 0$$

を得る．この式は$\psi(\mathbf{r})$がV内で定数であることを意味するが，$\psi(\mathbf{r}_0) = 0$なのでこの定数は0でなければならない．したがって，$\psi(\mathbf{r}) \equiv 0$であり，$\phi_1(\mathbf{r}) \equiv \phi_2(\mathbf{r})$であることが結論される．これで，領域V内の電荷分布$\rho(\mathbf{r})$とVの表面S上の境界値$f(\mathbf{r}_0)$を与えれば，V内の電位は一義的に定まることがわかった．

次に，同じく領域VでPoissonの方程式を満たし，境界S上で$\phi(\mathbf{r})$の法線方向微係数が

$$\frac{\partial \phi(\mathbf{r}_0)}{\partial n} = g(\mathbf{r}_0) \quad (\mathbf{r}_0 \in \mathrm{S}) \tag{1.71}$$

のように与えられた場合を考える．ただし，$g(\mathbf{r}_0)$はまったく任意に与えられるものではなく，Gaussの法則による制限

$$\int_S g(\mathbf{r}_0) \, dS = -\frac{1}{\varepsilon_0} \int_V \rho(\mathbf{r}) \, dv \tag{1.72}$$

の範囲で選ばれる必要がある．この場合も2つの解が可能であるとすれば，上と同様の論理で，その2つの解の間には

$$\phi_1(\mathbf{r}) = \phi_2(\mathbf{r}) + c$$

の関係があることを証明できる．ただし，cは定数である．このことは，S上で

電界の法線成分 $E_n(\mathbf{r}_0) = -\partial\phi(\mathbf{r}_0)/\partial n$ を与えれば，V 内の電位は付加定数を除いて一義に定まり，したがって，V 内の電界は一義に定まることを意味する．

上で述べた一義性の検討において，観測点 r は有界な領域 V の内部にあるものとした．しかし，有限の場所に電荷が局在する場合，電位 $\phi(\mathbf{r})$ は，(1.30) からわかるように，c を定数として

$$r\phi(\mathbf{r}) \to c \quad (r \to \infty) \tag{1.73}$$

を満たしている．この式は，Landau の記号を用いれば，$\phi(\mathbf{r}) = O(r^{-1})$ $(r \to \infty)$ とも書かれる．式 (1.73) を満たす電位を，無限遠で正則であるという．無限遠で正則な電位に対しては，無限領域の場合であっても，有界な領域のときと同様に，解の一義性が保証される．

ある領域 V で Poisson の方程式を満足し，V の境界 S で与えられた条件を満たす解 $\phi(\mathbf{r})$ を求める問題を，境界値問題と呼ぶ．領域が無限であれば，無限遠での正則性をあわせて要求する．境界上の条件として $\phi(\mathbf{r}_0) = f(\mathbf{r}_0)$ を与えた場合を第 1 種の境界値問題あるいは Dirichlet 問題といい，$\partial\phi(\mathbf{r}_0)/\partial n = g(\mathbf{r}_0)$ が既知である場合を第 2 種の境界値問題または Neumann 問題と呼ぶ．上で得た 2 つの結論は，それぞれ第 1 種および第 2 種の境界値問題の解の一義性を保証する．このことは，静電界の問題が Poisson の方程式の境界値問題に帰着されることの裏付けを与えるという意味で重要である．すなわち，静電界 $\mathbf{E}(\mathbf{r})$ に伴う電位 $\phi(\mathbf{r})$ は，必要条件として Poisson の方程式を満たすが，逆に Poisson の方程式の解が静電界の電位であるかどうかは，これまでは必ずしも明らかではなかった．しかし，電荷分布と境界条件が与えられれば Poisson の方程式の解は一義に定まるから，与えられた条件の下での静電界は（もしあるとすれば）この解以外にない．

1.15 解の積分表現とグリーン関数

ここで，領域 V において Poisson の方程式を満足する電位 $\phi(\mathbf{r})$ と V 内の電荷分布 $\rho(\mathbf{r})$ の間の一般的な関係を導いておこう．閉曲面 S で囲まれた領域 V の内部で電荷分布 $\rho(\mathbf{r})$ が与えられているものとし，V の内部に電位を考える点

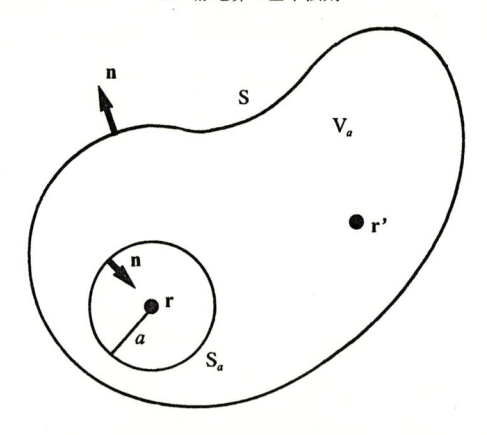

図1.29 (1.75) の証明

$\mathbf{r}$ を置く．また，図 1.29 のように，$\mathbf{r}$ を中心とした十分小さな半径 a を持つ球面 S_a をとり，その全体が S の内部に入るようにする．閉曲面 S と球面 S_a を境界とする領域を V_a とし，その内部に点 $\mathbf{r}'$ を置く．Green の第 2 公式

$$\int_\Sigma \left(\phi \frac{\partial \psi}{\partial n} - \psi \frac{\partial \phi}{\partial n} \right) dS = \int_U (\phi \nabla^2 \psi - \psi \nabla^2 \phi) \, dv \tag{1.74}$$

(ただし U は領域，Σ はその境界) において ϕ を点 $\mathbf{r}'$ における電位，ψ を $1/|\mathbf{r}-\mathbf{r}'|$ とすれば，V_a の境界が 2 つあることに注意して，

$$\text{左辺} = \left(\int_S + \int_{S_a} \right) \left[\phi(\mathbf{r}') \frac{\partial}{\partial n} \frac{1}{|\mathbf{r}-\mathbf{r}'|} - \frac{1}{|\mathbf{r}-\mathbf{r}'|} \frac{\partial \phi(\mathbf{r}')}{\partial n} \right] dS'$$

および

$$\text{右辺} = \int_{V_a} \left[\phi(\mathbf{r}') (\nabla')^2 \frac{1}{|\mathbf{r}-\mathbf{r}'|} - \frac{1}{|\mathbf{r}-\mathbf{r}'|} (\nabla')^2 \phi(\mathbf{r}') \right] dv'$$

を得る．ここで，∇' は $\mathbf{r}'$ 点に関する微分を意味する．

まず，左辺の面積分のうち S_a に関するものについて考える．点 $\mathbf{r}$ を中心とする極座標をとり，$\mathbf{r}'$ をこの座標系で (a, θ, φ) と表せば，$|\mathbf{r}-\mathbf{r}'| = a$ であり，球面 S_a 上での法線は a が減少する方向だから，

$$\frac{\partial}{\partial n} \frac{1}{|\mathbf{r}-\mathbf{r}'|} = \frac{1}{a^2}$$

となる．よって，

$$\int_{S_a} = \int_{\theta=0}^{\pi} \int_{\varphi=0}^{2\pi} \left[\phi(\mathbf{r}')\frac{1}{a^2} - \frac{1}{a}\frac{\partial \phi(\mathbf{r}')}{\partial n}\right] a^2 \sin\theta \, d\theta \, d\varphi$$

である．ここで $a \to 0$ とすると，この式の右辺の積分の第 1 項は $4\pi\phi(\mathbf{r})$ となり，第 2 項は 0 となる．また，Green の公式の右辺の体積分は，V_a において

$$(\nabla')^2 \frac{1}{|\mathbf{r}-\mathbf{r}'|} = 0$$

であり，かつ

$$(\nabla')^2 \phi(\mathbf{r}') = -\frac{\rho(\mathbf{r}')}{\varepsilon_0}$$

だから，

$$右辺 = \frac{1}{\varepsilon_0}\int_{V_a} \frac{\rho(\mathbf{r}')}{|\mathbf{r}-\mathbf{r}'|} dv'$$

と変形できる．この式は，$a \to 0$ としたとき，積分範囲が V_a から V に変わる．S に関する面積分の項はそのままにして，以上のことを整理すれば，求める関係

$$\phi(\mathbf{r}) = \frac{1}{4\pi\varepsilon_0}\int_V \frac{\rho(\mathbf{r}')}{|\mathbf{r}-\mathbf{r}'|} dv' + \frac{1}{4\pi}\int_S \left[\frac{1}{|\mathbf{r}-\mathbf{r}'|}\frac{\partial \phi(\mathbf{r}')}{\partial n} - \phi(\mathbf{r}')\frac{\partial}{\partial n}\frac{1}{|\mathbf{r}-\mathbf{r}'|}\right] dS' \tag{1.75}$$

が得られる．

この式の右辺第 1 項の体積分は，(1.26) と同じもので，V 内の電荷分布の $\mathbf{r}$ 点の電位への寄与を表している．V 外の電荷は，もし存在すれば，S 上の境界値を通して，第 2 項の面積分の形で電位に寄与する．したがって，V の外部に電荷がなければ，電位 $\phi(\mathbf{r})$ は第 1 項だけで決まり，第 2 項は，面 S が有限の場所にあっても，0 となるはずである．以下，このことを示そう．

S の外部に原点 O を中心とする十分大きな半径 R の球面 S_R を描き，S と S_R を境界とする領域を V_R とする．$\mathbf{r} \in V$，$\mathbf{r}' \in V_R$ とすると，$\mathbf{r}'$ が $\mathbf{r}$ に一致することはないから

$$(\nabla')^2 \frac{1}{|\mathbf{r}-\mathbf{r}'|} = 0$$

である．また，V_R には電荷がないから，

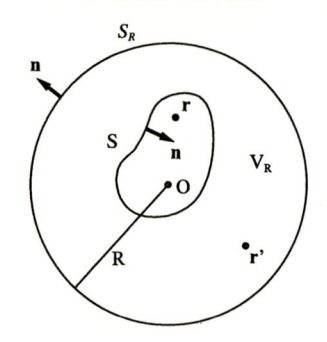

図 1.30 V の外部に電荷がないとき表面積分の項は 0 となる

$$(\nabla')^2 \phi(\mathbf{r}') = 0$$

となる．したがって，(1.74) を V_R に適用したとき，右辺の体積分は 0 となり，

$$\left(\int_S + \int_{S_R} \right) \left[\frac{1}{|\mathbf{r}-\mathbf{r}'|} \frac{\partial \phi(\mathbf{r}')}{\partial n} - \phi(\mathbf{r}') \frac{\partial}{\partial n} \frac{1}{|\mathbf{r}-\mathbf{r}'|} \right] dS' = 0$$

が得られる．この式では S 上の法線を V_R の外向き方向にとっているので，V から外向きになるようにとり直せば，

$$(1.75) \text{の面積分の項} = \frac{1}{4\pi} \int_{S_R} \left[\frac{1}{|\mathbf{r}-\mathbf{r}'|} \frac{\partial \phi(\mathbf{r}')}{\partial n} - \phi(\mathbf{r}') \frac{\partial}{\partial n} \frac{1}{|\mathbf{r}-\mathbf{r}'|} \right] dS'$$

となる．式 (1.30) に示した $\phi(\mathbf{r})$ の遠方での性質により，この式の被積分項中の関数は $R \to \infty$ のとき R^{-3} に比例して減少する．このため，右辺の積分は R^{-1} に比例して 0 となる．以上で，(1.75) の面積分の項は，S の外部に電荷がないとき 0 となることがわかった．

これまでの議論で，$\mathbf{r}$ と $\mathbf{r}'$ の対称な関数

$$\psi(\mathbf{r}, \mathbf{r}') = \frac{1}{|\mathbf{r}-\mathbf{r}'|} \tag{1.76}$$

が重要な役割を演じていることに気づいたはずである．この関数は，$\mathbf{r}' \neq \mathbf{r}$ のとき

$$(\nabla')^2 \psi(\mathbf{r}, \mathbf{r}') = 0 \quad (\mathbf{r}' \neq \mathbf{r}) \tag{1.77}$$

を満足する．また，$\mathbf{r}$ が有限の場所にとどまりかつ $r' \to \infty$ のとき

1.15 解の積分表現とグリーン関数

$$\psi(\mathbf{r},\mathbf{r}') = O[(r')^{-1}] \quad (|\mathbf{r}| < R,\ r' \to \infty) \tag{1.78}$$

を満たす無限遠で正則な電位である．さらに，$\mathbf{r}$ を含む体積を V，その表面を S とするとき，Gauss の定理によって

$$\int_V (\nabla')^2 \psi(\mathbf{r},\mathbf{r}')\,dv' = \int_S \frac{\partial \psi(\mathbf{r},\mathbf{r}')}{\partial n}\,dS' = -4\pi \tag{1.79}$$

となる．（厳密には，Gauss の定理を適用する前に分子の 1 を $1 - \exp(-|\mathbf{r}-\mathbf{r}'|/a)$ と置き換え，後に $a \to 0$ とする操作が必要である．）式 (1.77) および (1.79) は，$(\nabla')^2 \psi(\mathbf{r},\mathbf{r}')$ が Dirac のデルタ関数の性質を持ち，

$$(\nabla')^2 \psi(\mathbf{r},\mathbf{r}') = -4\pi \delta(\mathbf{r}-\mathbf{r}') \tag{1.80}$$

と形式的に表されることを示している．

一般に，(1.78) および

$$(\nabla')^2 G(\mathbf{r},\mathbf{r}') = -\delta(\mathbf{r}-\mathbf{r}') \tag{1.81}$$

を満足する関数は，自由空間における Poisson の方程式の Green 関数と呼ばれ，上で述べたことから，

$$G(\mathbf{r},\mathbf{r}') = \frac{1}{4\pi|\mathbf{r}-\mathbf{r}'|} \tag{1.82}$$

で与えられる．容易にわかるように，これは点 $\mathbf{r}$ にある大きさ ε_0 の電荷が $\mathbf{r}'$ 点に作る電位である．任意の電荷分布が作る電位は (1.82) の重ね合わせで求められるが，それは (1.26) にほかならない．また，この関数を利用すると，次の例のように形式的な演算だけで (1.75) を導くことができる．

例 1. 閉曲面 S で囲まれた領域 V で Poisson の方程式を満足する電位の積分表現を求めよ．

解． 電位 ϕ が満足する Poisson の方程式を，

$$(\nabla')^2 \phi(\mathbf{r}') = -\frac{\rho(\mathbf{r}')}{\varepsilon_0} \quad (\mathbf{r}' \in \mathrm{V}) \tag{1}$$

とし，Green 関数が満たす方程式を

$$(\nabla')^2 G(\mathbf{r},\mathbf{r}') = -\delta(\mathbf{r}-\mathbf{r}') \quad (\mathbf{r},\mathbf{r}' \in V) \qquad (2)$$

とする．(1) の両辺に $G(\mathbf{r},\mathbf{r}')$ を掛け，(2) に $\phi(\mathbf{r}')$ を掛けて辺々引くと，

$$G(\mathbf{r},\mathbf{r}')(\nabla')^2 \phi(\mathbf{r}') - \phi(\mathbf{r}')(\nabla')^2 G(\mathbf{r},\mathbf{r}') = \phi(\mathbf{r}')\delta(\mathbf{r}-\mathbf{r}') - G(\mathbf{r},\mathbf{r}')\frac{\rho(\mathbf{r}')}{\varepsilon_0} \qquad (3)$$

を得る．この両辺を領域 V で積分し，左辺を Green の第 2 公式で面積分に直せば，

$$\phi(\mathbf{r}) = \int_V G(\mathbf{r},\mathbf{r}')\frac{\rho(\mathbf{r}')}{\varepsilon_0} dv' + \int_S \left[G(\mathbf{r},\mathbf{r}')\frac{\partial \phi(\mathbf{r}')}{\partial n} - \phi(\mathbf{r}')\frac{\partial G(\mathbf{r},\mathbf{r}')}{\partial n} \right] dS' \qquad (4)$$

となるが，これは (1.75) にほかならない．

演習問題

1. 一辺 a の立方体の各頂点に 8 個の等しい大きさを持つ点電荷 q が置かれているとき，各点電荷が受ける力を求めよ．
2. 質量 m を持つ 2 個の質点に等しい電荷 q を与え，長さ l の 2 本の糸でつるした．糸が鉛直線に対してなす角を θ とすると，$16\pi\varepsilon_0 mgl^2 \sin^3\theta = q^2 \cos\theta$ の関係があることを示せ．ただし，g は重力の加速度である．
3. 静電界では渦無しの法則 (1.5.4) が成り立つことを示し，この式がエネルギー保存則の表現であることを説明せよ．
4. 半径 a の球内に一様な密度 ρ で分布した電荷による電界を，Gauss の法則を用いて求めよ．
5. 半径 a および $b(>a)$ の同軸円筒に一様な面密度 σ_1 および σ_2 で電荷が分布している．円筒内外の電界を求めよ．
6. モーメントが $\mathbf{p}_1$ および $\mathbf{p}_2$ である 2 つの電気双極子が $\mathbf{r}_1$ および $\mathbf{r}_2$ に置かれている．この系のエネルギーを求めよ．
7. 有界な領域 V 内に密度 $\rho(\mathbf{r}')$ で電荷が分布している．電荷密度が有限で $|\rho(\mathbf{r}')| < M$ であれば，観測点 $\mathbf{r}$ が V 内にあっても (1.16) の積分が存在することを示せ．
8. 直角座標系で $\nabla\phi$，$\nabla\cdot\mathbf{A}$，および $\nabla\times\mathbf{A}$ の表現を求めよ．
9. 円筒座標系および極座標系で前問と同じことを行え．
10. 円筒座標系と極座標系で $\nabla^2\phi = \nabla\cdot\nabla\phi$ を計算せよ．

11. 半径 a の球内に一様な密度 ρ で分布した電荷が作る電位は, (1.29) で与えられる. この電位が Poisson の方程式を満たすことを確かめよ.

12. 次のベクトルのうちスカラの勾配で表せるものを見出し, そのスカラ関数を求めよ.

$$\mathbf{A}_1 = \mathbf{r}, \quad \mathbf{A}_2 = (yz, zx, xy), \quad \mathbf{A}_3 = \mathbf{i}_x y - \mathbf{i}_y x, \quad \mathbf{A}_4 = \frac{\mathbf{i}_x y - \mathbf{i}_y x}{x^2 + y^2}$$

13. 電荷分布が形式的に $\rho(\mathbf{r}) = q_0 \delta(\mathbf{r} - \mathbf{r}_0)$ と与えられるとき, (1.16) および (1.26) を計算して電界と電位を求めよ.

14. 半径 a の球内で $\nabla^2 \phi = 0$ であるとき, 球の中心の ϕ の値は, 球面上の ϕ の値の平均で

$$\phi|_{球の中心} = \frac{1}{4\pi a^2} \int_{球面} \phi\, dS$$

と与えられることを示せ.

2

導体系と誘電体

　導体および誘電体の性質を述べ，これらが存在するときの静電界のようすを調べる．導体表面では電位が一定値をとり，導体の内部には電界が存在しない．また，誘電体の場合，誘電体内部にも電界が生じるが，その表面では，電位と電束密度が連続になる．このことから，Poissonの方程式を用いて，電位と電界を決定することができる．

2.1 導体の性質

　導体とは，その内部に自由に動き回ることのできる電荷を十分多く持った物質である．導体に電荷を与えるか，または導体を電界の中に持ち込むと，電荷の移動がおこり，ごく短い時間の後に定常状態に達する．本節では，この定常状態に達した後の，時間的に変化しない電界について考えてみる．

　この状態の特徴は，導体内部に電界が存在しないことである．もし，電界が0でなければ，電荷にCoulomb力が働き，電荷の移動がおこる．したがって，定常状態では

$$\mathbf{E} = 0 \tag{2.1}$$

でなければならない．この結果，1つの導体の内部および表面では，どのような2点をどのような経路で結んでも

$$\int \mathbf{E} \cdot \mathbf{t}\, ds = 0$$

となるから，電位 ϕ はいたるところで等しい値を持つ．特に，導体の表面は1

つの等電位面になるから，電気力線は導体表面に直交する．また，電界が0であるから，導体の誘電率を仮に真空の誘電率に等しいとすれば，

$$\rho = \frac{1}{\varepsilon_0} \nabla \cdot \mathbf{E} = 0 \tag{2.2}$$

となり，導体内部には電荷が存在しない．これは，導体内部では正負の電荷が極めて高い精度でバランスしていて，マクロには電荷が無いようにみえるという意味である．導体に電荷を与えると，その電荷は，導体内部で (2.1) が満たされるような仕方で，導体の表面に分布する．

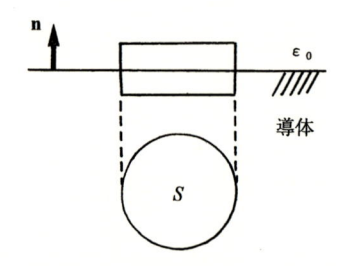

図 2.1 導体表面における Gauss の法則の適用

導体表面に分布した電荷の面密度 $\sigma \, [\text{C/m}^2]$ と表面付近の電界強度 $\mathbf{E}$ の関係を調べよう．上に述べたことから，$\mathbf{E}$ は導体の内部で 0 であり，表面に近い外部では表面の法線方向の成分 E_n のみを持つ．図のような十分小さい円柱領域において，円柱の側面および導体内の底面についての積分は 0 となるから，

$$\int_{\text{円柱表面}} \mathbf{E} \cdot \mathbf{n} \, dS = E_n S$$

である．一方，この領域に含まれる電荷は σS であるから，Gauss の法則により，

$$E_n = \frac{\sigma}{\varepsilon_0} \tag{2.3}$$

を得る．この結果は，表面の考えている場所にある電荷密度が真空中および導体内部に作る界 $\sigma/2\varepsilon_0$ と，残りのすべての電荷がこの場所に作る界 $\sigma/2\varepsilon_0$ の重ね合わせによって生じたものと解釈できる．

例 1. 金属表面の電界が空気の絶縁耐力 $3.0 \times 10^6 \mathrm{V/m}$ に等しいとき，金属表面の電荷密度はいくらか．また，金属表面の 1 原子層の原子密度を $10^{20}\,\mathrm{m}^{-2}$ とするとき，この電荷密度は，およそどの程度の割合の原子が電子を欠いた状態で実現されるか．

解． 金属表面の電荷密度は，(2.3) より，

$$\sigma = \varepsilon_0 E = 2.7 \times 10^{-5}\ (\mathrm{C/m^2})$$

と求まる．金属表面は正に帯電しているものとする．電子の電荷は $-1.6 \times 10^{-19}\mathrm{C}$ だから，この電荷密度を実現するには，単位面積あたり

$$n = 1.7 \times 10^{14}\ (\mathrm{m}^{-2})$$

の電子が欠けている必要がある．一方，ここにある原子の数は 10^{20} 個なので，電子を欠いた原子の割合は 1.7×10^{-6} であって，およそ 100 万個に 2 個程度である．

ところで，空間に 1 個の導体があり，その表面に電荷が分布しているとき，その電荷分布を作るためのエネルギーはどうなるであろうか．式 (1.55) および (1.56) によれば，電荷が存在する領域を V として

$$U = \frac{1}{2}\int_{\mathrm{V}} \rho(\mathbf{r})\phi(\mathbf{r})\,dv$$

であるが，今の場合，電荷は導体表面 S にしか存在しないので

$$U = \frac{1}{2}\int_{\mathrm{S}} \sigma(\mathbf{r})\phi(\mathbf{r})\,dS$$

となる．導体の表面では電位は一定値をとるので，それを ϕ と書き，導体表面に分布した電荷の総量を Q とすれば，この式は

$$U = \frac{\phi}{2}\int_{\mathrm{S}} \sigma(\mathbf{r})\,dS = \frac{1}{2}Q\phi$$

と変形できる．

導体が複数個あるときも同様で，それぞれの導体について上記の議論が成り立つから，M 個の導体の電位が $\phi_1, \phi_2, \ldots, \phi_M$ であり，各導体の電荷が Q_m であるとき，電界のエネルギーは

$$U = \frac{1}{2}\sum_{m=1}^{M} Q_m \phi_m \tag{2.4}$$

で与えられることになる．

後の準備のために，この式をさらに変形しておこう．導体表面の電荷を含めて，電荷は原点の付近に集中していると仮定する．このとき，電界のエネルギーは (1.55) と (2.4) の和で

$$U = \frac{1}{2}\int_V \rho(\mathbf{r})\phi(\mathbf{r})\,dv + \frac{1}{2}\sum_{m=1}^{M} Q_m\phi_m \tag{2.5}$$

となる．ただし，V は原点を中心とする十分大きい半径 R を持つ球の内部から導体が占める部分を取り除いた残りの領域である．また，この式の右辺にある総和の各項は，$\partial/\partial n$ を導体表面の V の内部へ向かう法線方向の微分として，

$$\frac{1}{2}Q_m\phi_m = \frac{\varepsilon_0}{2}\int_{S_m}\phi(\mathbf{r})E_n(\mathbf{r})\,dS = -\frac{\varepsilon_0}{2}\int_{S_m}\phi(\mathbf{r})\frac{\partial\phi(\mathbf{r})}{\partial n}\,dS$$

と書けることに注意しよう．ここで，次の積分

$$I = \frac{\varepsilon_0}{2}\int_V [\mathbf{E}(\mathbf{r})]^2\,dv = \frac{\varepsilon_0}{2}\int_V [\nabla\phi(\mathbf{r})]^2\,dv$$

を考える．V の境界が半径 R の球面 S_R および M 個の導体表面 S_m であることを考慮し，この式を Green の公式で変形すると

$$I = \frac{\varepsilon_0}{2}\int_{S_R}\phi(\mathbf{r})\frac{\partial\phi(\mathbf{r})}{\partial n}\,dS + \frac{\varepsilon_0}{2}\sum_{m=1}^{M}\int_{S_m}\phi(\mathbf{r})\frac{\partial\phi(\mathbf{r})}{\partial n}\,dS - \frac{\varepsilon_0}{2}\int_V \phi(\mathbf{r})\nabla^2\phi(\mathbf{r})\,dv$$

となる．ただし，面 S 上の法線は，領域 V から外向きになるようにとられている．この式の右辺第 1 項は，$R\to\infty$ で 0 となる．第 2 項の和の各項は，法線の向きが逆であることを考慮すれば，上で注意した総和の各項に等しい．また，第 3 項は，Poisson の方程式 $\nabla^2\phi(\mathbf{r}) = -\rho(\mathbf{r})/\varepsilon_0$ によって，

$$-\frac{\varepsilon_0}{2}\int_V \phi(\mathbf{r})\nabla^2\phi(\mathbf{r})\,dv = \frac{1}{2}\int_V \rho(\mathbf{r})\phi(\mathbf{r})\,dv$$

と変形できる．以上のことから，ここで考えた積分 I は U に等しく，(2.5) の別の表現

$$U = \frac{\varepsilon_0}{2}\int_{\text{全空間}} [\mathbf{E}(\mathbf{r})]^2\,dv \tag{2.6}$$

が得られた．これは，電界のエネルギーが

$$u_e(\mathbf{r}) = \frac{\varepsilon_0}{2}[\mathbf{E}(\mathbf{r})]^2 \tag{2.7}$$

の密度で空間に蓄えられることを示すものである．

2.2 電 界 の 例

　これまでに得られた知識を利用して，導体がある場合の電界のようすを調べてみよう．この種の問題を解析的に解くための一般的な方法はなく，問題に応じて適当な手段を用いることが普通である．ここでは，これらの手段のうち，Laplaceの方程式を直接積分する方法と，鏡像法と呼ばれる手法を紹介する．これらのほかに静電界の解法としてよく用いられる解析的あるいは半解析的な方法として，等角写像法や変数分離法が知られている．また，計算機を利用した数値的な解法として，Poissonの方程式の微分を差分で置き換えて，境界条件まで考慮した連立1次方程式を導き，これを解いて電位を決定するという有限差分法も実用的な解法としてしばしば用いられる．

　以下のいくつかの例で，外部電界の影響を受けて導体内の電荷が移動する，静電誘導の現象をみるであろう．この場合，移動した電荷の分布状況はあらかじめわかっているわけではなく，その分布が作る電位が境界条件を満たすように，分布の仕方が決まることに注意しよう．

例 1. 半径 a の導体球に電荷 Q を与えたとき，外部の電位を求めよ．

解．球外の電位を ϕ とする．球の中心を原点とすると，対称性によって，ϕ は r だけの関数である．球の外部には電荷がないので，$\phi(r)$ は Laplace の方程式

$$\frac{1}{r^2}\frac{d}{dr}\left[r^2\frac{d}{dr}\phi(r)\right] = 0 \tag{1}$$

を満足し，球面上の境界条件

$$\phi(a) = \phi_0 \text{ (定数)} \tag{2}$$

および無限遠の正則条件

$$\phi(r) = O(r^{-1}) \tag{3}$$

を満たす. (1) を 2 回積分すれば, c を積分定数として,

$$\phi(r) = \frac{c_1}{r} + c_2 \tag{4}$$

をとなるが, c_2 は (3) によって 0 である. この結果として得られる $\phi(r) = c_1/r$ は, (1), (2), および (3) を満たすからこの問題の解であり, 解の一義性から, これ以外に解はない. 定数 c_1 を求めるには, (2.1.3) によればよい. すなわち, 球面の電荷密度は

$$\sigma = \frac{Q}{4\pi a^2} \tag{5}$$

であるから,

$$E_n = -\frac{\partial \phi}{\partial n} = -\left.\frac{d\phi}{dr}\right|_{r=a} = \frac{\sigma}{\varepsilon_0} \tag{6}$$

より,

$$c_1 = \frac{a^2 \sigma}{\varepsilon_0} \tag{7}$$

となる. したがって, 電位は

$$\phi(r) = \frac{a^2 \sigma}{\varepsilon_0 r} = \frac{Q}{4\pi \varepsilon_0 r} \tag{8}$$

と求まる.

例 2. 平面 $z = 0$ に無限に広い接地された導体板があり, 点 $\mathbf{r}_0 = (0, 0, a)$ に電荷 q があるとき, $z > 0$ における電位と電界はどうなるか. また, 板上の電荷密度および板上の電荷の総量を求めよ.

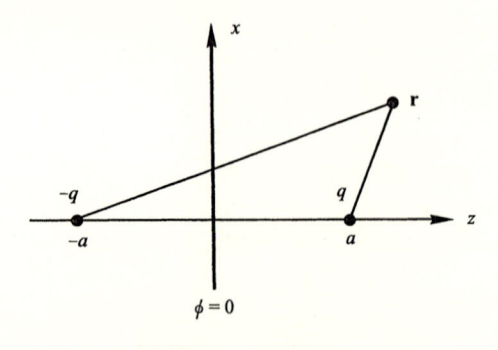

図 2.2 接地された平面導体と点電荷

解. 電位 $\phi(\mathbf{r})$ が満たす条件は，$z > 0$ における Poisson の方程式

$$\nabla^2 \phi(\mathbf{r}) = -\frac{q}{\varepsilon_0} \delta(\mathbf{r} - \mathbf{r}_0) \tag{1}$$

無限遠の正則条件，および $z = 0$ の境界条件

$$\phi(x, y, 0) = 0 \tag{2}$$

である．(1) の条件は，$\mathbf{r}_0$ に置かれた電荷 q が作る電位

$$\phi_1(\mathbf{r}) = \frac{q}{4\pi\varepsilon_0 |\mathbf{r} - \mathbf{r}_0|} \tag{3}$$

が満足している．この界は，同時に，無限遠の正則条件も満たす．そこで，$z > 0$ で Laplace の方程式と無限遠の正則条件を満足する界 $\phi_2(\mathbf{r})$ を $\phi_1(\mathbf{r})$ に付け加えて，$\phi_1(\mathbf{r}) + \phi_2(\mathbf{r})$ が境界条件を満たすようにする．このために，$z = 0$ に関して $\mathbf{r}_0$ と対称な位置 $\overline{\mathbf{r}_0} = (0, 0, -a)$ に仮想的な電荷（鏡像電荷）$-q$ を置き，この電荷が $z \geq 0$ に作る電位を

$$\phi_2(\mathbf{r}) = -\frac{q}{4\pi\varepsilon_0 |\mathbf{r} - \overline{\mathbf{r}_0}|} \tag{4}$$

とおけば，$\phi_2(\mathbf{r})$ はこれらの要求にかなっている．したがって，求める電位は

$$\phi(\mathbf{r}) = \frac{q}{4\pi\varepsilon_0} \left(\frac{1}{|\mathbf{r} - \mathbf{r}_0|} - \frac{1}{|\mathbf{r} - \overline{\mathbf{r}_0}|} \right) \tag{5}$$

であり，解の一義性によってこれ以外にはない．電界は，

$$\mathbf{E}(\mathbf{r}) = -\nabla \phi(\mathbf{r}) = \frac{q}{4\pi\varepsilon_0} \left(\frac{\mathbf{r} - \mathbf{r}_0}{|\mathbf{r} - \mathbf{r}_0|^3} - \frac{\mathbf{r} - \overline{\mathbf{r}_0}}{|\mathbf{r} - \overline{\mathbf{r}_0}|^3} \right) \tag{6}$$

で与えられる．板上の電荷分布は，上式で $z = 0$ とおいて (2.3) を使うと，

$$\sigma = \varepsilon_0 E_n = \frac{-qa}{2\pi(x^2 + y^2 + a^2)^{3/2}} \tag{7}$$

となる．板上の全電荷は，$x^2 + y^2 = t^2$ とおいて (7) を $t = 0$ から ∞ まで積分すれば，

$$\int_{\text{全平面}} \sigma \, dS = -\frac{qa}{2\pi} \int_{t=0}^{\infty} \frac{2\pi t}{(t^2 + a^2)^{3/2}} \, dt = -q \tag{8}$$

と求まる．ここで用いた方法を，鏡像法または電気影像法と呼ぶ．

例 3. 原点を中心とする半径 a の接地された導体球があり，x 軸上の点 A に電荷 q があるとき，球の外部の電位を求めよ．球を接地しないときはどうなるか．ただし，A の座標を $\mathbf{r} = (x_0, 0, 0)$ とする．

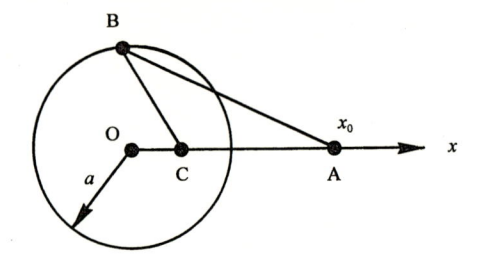

図 2.3 導体球と点電荷

解. 求める電位は，Poisson の方程式

$$\nabla^2 \phi(\mathbf{r}) = -\frac{q}{\varepsilon_0}\delta(\mathbf{r} - \mathbf{r}_0) \tag{1}$$

無限遠の正則条件，および球面での境界条件

$$\phi|_{r=a} = 0 \tag{2}$$

を満足する．この $\phi(\mathbf{r})$ を，$\mathbf{r}_0$ にある点電荷が作る無限遠で正則な電位

$$\phi_1(\mathbf{r}) = \frac{q}{4\pi\varepsilon_0 r_1} \tag{3}$$

と，球の外部で Laplace の方程式を満足し，無限遠で正則な電位 $\phi_2(\mathbf{r})$ の和の形に求めよう．ただし，(3) において

$$r_1 = \overline{\mathbf{r}_0\mathbf{r}} = \sqrt{(x-x_0)^2 + y^2 + z^2} \tag{4}$$

である．$\phi_2(\mathbf{r})$ を求めるために，再び鏡像法を用いる．この場合は，電位を 0 とすべき境界が球面であるから，例 2 のように簡単には映像電荷を求めることができないので多少の工夫を要する．まず，点電荷による電位は電荷からの距離に逆比例することを考慮し，球面上の任意の点を B とするとき，$\overline{\mathrm{AB}}/\overline{\mathrm{BC}} = m$ となるような x 軸上の点 $\mathrm{C}\,(c,0,0)$ を求める．このために，B の座標を (x,y,z) として，

$$(x-x_0)^2 + y^2 + z^2 = m^2[(x-c)^2 + y^2 + z^2] \tag{5}$$

とおき，この式が原点を中心とする半径 a の球面を表すように m と c を決定すれば，

$$m = x_0/a, \quad c = a^2/x_0 \tag{6}$$

となる．次に，点 C に電荷 q' を置くものとし，それが作る電位を $\phi_2(\mathbf{r})$ として境界

条件 (2) に代入すれば

$$\phi|_{r=a} = \phi_1|_{r=a} + \phi_2|_{r=a} = \frac{1}{4\pi\varepsilon_0}\left(\frac{q}{\mathrm{AB}} + \frac{q'}{\mathrm{BC}}\right) = \frac{1}{4\pi\varepsilon_0}\left(\frac{q}{\mathrm{AB}} + \frac{mq'}{\mathrm{AB}}\right) = 0 \quad (7)$$

となる.これより,

$$q' = -q/m = -aq/x_0 \tag{8}$$

を得る.したがって,求める電位は

$$r_2 = \overline{\mathrm{Cr}} = \sqrt{(x-c)^2 + y^2 + z^2} \tag{9}$$

として

$$\phi(\mathbf{r}) = \phi_1(\mathbf{r}) + \phi_2(\mathbf{r}) = \frac{q}{4\pi\varepsilon_0}\left(\frac{1}{r_1} - \frac{a}{x_0}\frac{1}{r_2}\right) \tag{10}$$

で与えられる.次に,導体球が接地されてないときを考えよう.このときは,球面に分布する電荷の総量は 0 でなければならない.一方,球面上の境界条件は (2) の代わりに

$$\phi|_{r=a} = c\,(\text{定数}) \tag{11}$$

となる.この条件を満たすには,これまでの $\phi_1(\mathbf{r})$ および $\phi_2(\mathbf{r})$ に加えて,原点に置かれた点電荷 $-q'(>0)$ が球外に作る電位

$$\phi_3(\mathbf{r}) = \frac{aq}{4\pi\varepsilon_0 x_0 r} \tag{12}$$

を考え,

$$\phi(\mathbf{r}) = \phi_1(\mathbf{r}) + \phi_2(\mathbf{r}) + \phi_3(\mathbf{r}) \tag{13}$$

とすればよいことが分かる.

2.3 静電容量

空間に 1 個の導体があるとき,その電位 ϕ を指定すると,Laplace の方程式の解の一義性から,周囲の電位 $\phi(\mathbf{r})$ は一義的に定まる.その結果,導体表面の電界の法線成分 $E_n(\mathbf{r}) = -\partial\phi(\mathbf{r})/\partial n$,表面電荷密度 $\sigma(\mathbf{r}) = \varepsilon_0 E_n(\mathbf{r})$,および表面に分布した電荷の総量 Q も決まる.静電界では重ね合わせの原理が成り立つから,導体の電位 ϕ と電荷の総量の間には比例関係があり,比例係数を C として,

$$Q = C\phi \tag{2.8}$$

となるはずである．C を，この導体の静電容量という．静電容量の単位は [C/V] であるが，これをファラド [F] と呼ぶ．このことから，簡単な計算で，誘電率 ε の単位が [F/m] に等しいことがわかる．

例 1. 半径 a の導体球の静電容量を求めよ．

解． 導体球に電荷 Q を与えると，その電位は $Q/4\pi\varepsilon_0 a$ となる．定義によって，C は導体球の電位を 1V とするために必要な電荷だから，

$$\frac{C}{4\pi\varepsilon_0 a} = 1$$

より，

$$C = 4\pi\varepsilon_0 a \tag{2.9}$$

である．例えば，半径 1m の球の静電容量は $1.1 \times 10^{-10}\text{F} = 110\text{pF}$ 程度であり，半径 $6.4 \times 10^6\text{m}$ の地球の静電容量は約 $7.1 \times 10^{-4}\text{F} = 710\mu\text{F}$ となる．

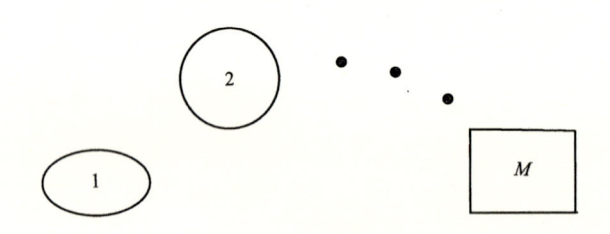

図 2.4 導体系

静電容量は，孤立した導体だけでなく，いくつかの導体の集まりに対しても定義できる．図のような M 個の導体の集まりとそのまわりの電界を考えよう．それぞれの導体の電位を $\phi_m\,(m=1,2,\ldots,M)$ とすると，導体外部の電位 $\phi(\mathbf{r})$ は一義的に定まり，導体表面の電界の法線成分，表面電荷密度，および各導体表面に分布する電荷の総量 Q_m も決まる．

逆に，それぞれの導体に電荷 $Q_m\,(m=1,2,\ldots,M)$ を与えたとき，まわり

の空間の無限遠で正則な電位は一義に定まり,したがって各導体の電位も決まる.このことは,次のようにしてわかる.仮に,導体外部の電位が一義的でなく,$\phi(\mathbf{r})$ と $\phi'(\mathbf{r})$ の2通りが可能だとして,それらの差を

$$\psi(\mathbf{r}) = \phi(\mathbf{r}) - \phi'(\mathbf{r})$$

とおく.$\psi(\mathbf{r})$ は導体の外部で Laplace の方程式を満足するから,Green の第1公式によって

$$\sum_{m=1}^{M} \int_{\mathrm{S}_m} \psi(\mathbf{r}) \frac{\partial \psi(\mathbf{r})}{\partial n} dS = \int_{\mathrm{V}} [\nabla \psi(\mathbf{r})]^2 dv$$

となる.ここで,S_m は m 番目の導体表面,V は全空間から導体が占める部分を取り去った残りである.ここで,導体の表面で電位が一定値をとることを考えると,m 番目の導体の電位を ψ_m と書いて,

$$\int_{\mathrm{S}_m} \psi(\mathbf{r}) \frac{\partial \psi(\mathbf{r})}{\partial n} dS = \psi_m \int_{\mathrm{S}_m} \left[\frac{\partial \phi(\mathbf{r})}{\partial n} - \frac{\partial \phi'(\mathbf{r})}{\partial n} \right] dS = \frac{\psi_m}{\varepsilon_0}(Q_m - Q_m) = 0$$

である.すべての m についてこのことがいえるから,結局,

$$\int [\nabla \psi(\mathbf{r})]^2 dv = 0$$

でなければならない.これは,$\psi(\mathbf{r})$ が定数であることを意味するが,$\psi(\mathbf{r})$ が無限遠で正則であるため,この定数は0である.よって,$\phi(\mathbf{r}) \equiv \phi'(\mathbf{r})$ であり,導体外部の電位は一義的である.$\phi(\mathbf{r})$ は導体表面まで含めて全空間で連続だから,各導体表面の電位は一義に定まる.

これまでの議論で,すべての導体の電位を与えればそれぞれの導体表面の電荷がわかり,逆に電荷を与えればそれぞれの導体の電位がわかることを知った.静電界においては重ね合わせの原理が成り立つから,電位と電荷の関係は線形で,

$$Q_m = \sum_{n=1}^{M} C_{mn} \phi_n \quad (m = 1, 2, \ldots, M) \tag{2.10}$$

および,

$$\phi_m = \sum_{n=1}^{M} P_{mn} Q_n \quad (m = 1, 2, \ldots, M) \tag{2.11}$$

となっているはずである．ここで現れた C_{mn} を容量係数，P_{mn} を電位係数という．なお，容量係数については，C_{mm} を容量係数，$C_{mn}\,(m \neq n)$ を誘導係数と呼んで区別することもある．容量係数を成分とする $M \times M$ の行列

$$\mathrm{C} = [C_{mn}] \tag{2.12}$$

と電位係数を成分とする $M \times M$ の行列

$$\mathrm{P} = [P_{mn}] \tag{2.13}$$

は互いに逆行列の関係にあり，

$$\mathrm{CP} = \mathrm{I}\,(単位行列) \tag{2.14}$$

が成立する．

例1． 導体で作られた3個の同心球殻があり，球殻の半径は内側から a，b，および c である．球殻間の電位係数と容量係数を求めよ．

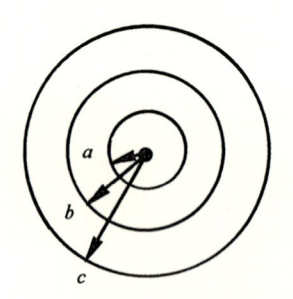

図 2.5　3個の同心球殻

解． 式 (2.11) によれば，電位係数はある導体に 1C の電荷を与えたときの，それぞれの導体の電位である．いま，導体1に 1C を与えたとき，$r \geq a$ における電位は，$\phi(r) = 1/4\pi\varepsilon_0 r$ であるから，各導体の電位は，$\phi_1 = 1/4\pi\varepsilon_0 a$，$\phi_2 = 1/4\pi\varepsilon_0 b$，および $\phi_3 = 1/4\pi\varepsilon_0 c$ となる．これらは，電位係数 P_{11}，P_{21}，および P_{31} である．次に，導体1の電荷を取り去り，導体2に 1C を与えると，$r \geq b$ における電位は前と同じ

2.3 静 電 容 量   65

で $\phi(r) = 1/4\pi\varepsilon_0 r$ となるから，$\phi_2 = 1/4\pi\varepsilon_0 b$，$\phi_3 = 1/4\pi\varepsilon_0 c$ である．$r < b$ では電界が 0 なので，ϕ_1 は ϕ_2 と同じ値をとる．これらが，電位係数 P_{22}, P_{32}, および P_{12} を与える．同様に，導体 3 だけに 1C を与えると，$\phi_1 = \phi_2 = \phi_3 = 1/4\pi\varepsilon_0 c$ となり，これらは電位係数 P_{13}, P_{23}, および P_{33} である．以上をまとめると，

$$\mathrm{P} = \frac{1}{4\pi\varepsilon_0} \begin{bmatrix} 1/a & 1/b & 1/c \\ 1/b & 1/b & 1/c \\ 1/c & 1/c & 1/c \end{bmatrix}$$

となる．容量係数は P の逆行列として，下式のように求まる．

$$\mathrm{C} = 4\pi\varepsilon_0 \begin{bmatrix} ab/(b-a) & -ab/(b-a) & 0 \\ -ab/(b-a) & ab/(b-a) + bc/(c-b) & -bc/(c-b) \\ 0 & -bc/(c-b) & c^2/(c-b) \end{bmatrix}$$

以下，容量係数と電位係数の性質について調べてみよう．まず，上の例にもみられるように，P_{mn} と C_{mn} は対称で，T を転置の記号として，

$$\mathrm{P}^T = \mathrm{P}, \quad \mathrm{C}^T = \mathrm{C} \tag{2.15}$$

が成り立つ．このことを，電位係数および容量係数の相反性といい，次のようにして証明できる．導体 m に電荷 Q_m を与え，他の導体の電荷を 0 としたとき，それぞれの導体の電位が $\phi_1, \phi_2, \ldots, \phi_M$ になり，空間の電位は $\phi(\mathbf{r})$ であったとする．また，導体 n に電荷 Q'_n を与え，他の導体の電荷を 0 としたとき，各導体の電位が $\phi'_1, \phi'_2, \ldots, \phi'_M$ となり，空間の電位は $\phi'(\mathbf{r})$ になったとする．全空間から導体の占める部分を除いた領域において，$\phi(\mathbf{r})$ と $\phi'(\mathbf{r})$ に Green の第 2 公式を適用すれば，電位はこの領域で Laplace の方程式を満足するから，

$$\sum_{\ell=1}^{M} \int_{S_\ell} \left[\phi(\mathbf{r}) \frac{\partial \phi'(\mathbf{r})}{\partial n} - \phi'(\mathbf{r}) \frac{\partial \phi(\mathbf{r})}{\partial n} \right] dS = 0$$

となる．ここで，S_ℓ は ℓ 番目の導体の表面を表す．導体表面で電位は一定であるから，この式は

$$\sum_{\ell=1}^{M} \phi_\ell \int_{S_\ell} \frac{\partial \phi'(\mathbf{r})}{\partial n} dS = \sum_{\ell=1}^{M} \phi'_\ell \int_{S_\ell} \frac{\partial \phi(\mathbf{r})}{\partial n} dS$$

と変形できる．両辺の積分は，Gauss の法則によって Q'_ℓ/ε_0 および Q_ℓ/ε_0 に等しいが，Q'_ℓ は $\ell \neq n$ のとき 0 であり，Q_ℓ は $\ell \neq m$ のとき 0 となる．よって，

$$\phi_n Q'_n = \phi'_m Q_m$$

が得られた．電位係数の定義から $\phi_n = P_{nm} Q_m$ であり，$\phi'_m = P_{mn} Q'_n$ であるから，これらを上式に代入することにより，

$$P_{nm} = P_{mn}$$

であることがわかる．容量係数が対称であることは，(2.14) によって当然であるが，電荷と電位の役割を交換して上と同様の考察を行い，直接証明することもできる．

次に，電位係数および容量係数と電界のエネルギーの関係を述べておこう．導体系が電荷を持っているとき，電界のエネルギーは (2.4)

$$U = \frac{1}{2} \sum_{m=1}^{M} Q_m \phi_m$$

で与えられる．この式は，電位係数を用いれば

$$U = \frac{1}{2} \sum_{m=1}^{M} \sum_{n=1}^{M} Q_m P_{mn} Q_n = \frac{1}{2} \mathbf{Q}^T \mathrm{P} \mathbf{Q} \tag{2.16}$$

となり，容量係数を使えば

$$U = \frac{1}{2} \sum_{m=1}^{M} \sum_{n=1}^{M} \phi_m C_{mn} \phi_n = \frac{1}{2} \boldsymbol{\phi}^T \mathrm{C} \boldsymbol{\phi} \tag{2.17}$$

と書ける．ただし，

$$\mathbf{Q} = (Q_1, Q_2, \ldots, Q_M)^T \tag{2.18}$$

は各導体の持つ電荷を成分とする縦ベクトルであり,

$$\phi = (\phi_1, \phi_2, \ldots, \phi_M)^T \tag{2.19}$$

は電位を成分とするベクトルである.

さて, (2.16) および (2.17) は電界のエネルギーの表現である. このエネルギーは (2.6) によって負になることはないから, 行列 P および C は正定値である. 特に, これらの行列の対角要素は

$$P_{mm} > 0, \quad C_{mm} > 0 \tag{2.20}$$

を満たす.

また, 電位係数の定義によれば, 導体 n に 1C の電荷を与え, 他の導体の電荷を 0 としたときの導体 m の電位が P_{mn} $(m = 1, 2, \ldots, M)$ である. このとき, すべての導体は正の電位を持ち, かつ導体 n の電位が最大であり, 他の導体の電位はそれより低い. すなわち,

$$0 < P_{mn} < P_{nn} \quad (m \neq n) \tag{2.21}$$

である. あとの不等式を示そう. もし, P_{nn} の代わりに P_{mn} $(m \neq n)$ が最大であるとすれば, 導体 m は全空間で最大の電位を持つことになるから, 導体 m だけを囲む閉曲面 S について

$$\int_S \mathbf{E}(\mathbf{r}) \cdot \mathbf{n}\, dS > 0$$

である. これは, 閉曲面 S の内部にある電荷の総量が正であることを意味するので, はじめの仮定に反する. よって, $P_{mn} < P_{nn}$ である. $P_{mn} > 0$ であることも, 同様に考えて証明できる.

さらに, 容量係数の定義から, 導体 n の電位を 1V とし, 他の導体をすべて接地してそれらの電位を 0V としたときに, 導体 m が持つ電荷の総量が C_{mn} である. このことから,

$$C_{mn} \leq 0 \ (m \neq n), \quad \sum_{m=1}^{M} C_{mn} \geq 0 \tag{2.22}$$

が導かれる．まず，第1の不等式を示そう．もし，$m \neq n$ のときに $C_{mn} > 0$ となるものとすれば，導体 m の電荷の総量は正であり，ここから電気力線が発生する．導体 m の電位は 0 であるから，このためには，空間の一部に負の電位を持つ場所が存在しなければならない．ところが，無限遠の電位もまた 0 であるから，このことは，空間のどこかで電位が最小になることを意味する．空間には電荷がないから，これは矛盾である．従って，$C_{mn} \leq 0$ でなければならない．次に，第2の不等式を示す．もしこの不等式が成立せず，

$$\sum_{m=1}^{M} C_{mn} < 0$$

となるものとすると，この導体系全体が持つ電荷の総量は負であるから，導体系全体を囲む適当な閉曲面 S を考えると，

$$\int_S \mathbf{E}(\mathbf{r}) \cdot \mathbf{n}\, dS < 0$$

であって，閉曲面 S は電気力線を吸収する．ところが，S の外部には電気力線の発生源はないから，これは矛盾である．したがって，この総和は負にならない．

2.4 コンデンサ

一個の孤立した導体の静電容量は，(2.8) で定義した．また，いくつかの導体からなる系については，容量係数 (2.10) および電位係数 (2.11) が考えられることを述べた．ここでは，2個の接近した導体に正負等量の電荷を与えた場合の界のようすを調べよう．これは，コンデンサまたはキャパシタと呼ばれ，実用上重要な素子である．

図のような配置で導体1に電荷 q を，導体2に電荷 $-q$ を与えると，おのおのの導体の電位は，

$$\phi_1 = P_{11}q - P_{12}q, \quad \phi_2 = P_{21}q - P_{22}q$$

であるから，両導体の電位差は

$$V = \phi_1 - \phi_2 = (P_{11} - 2P_{12} + P_{22})q \tag{2.23}$$

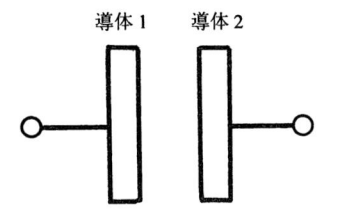

図 2.6 コンデンサ

となる．この式は，容量係数を用いて表現すれば，

$$V = \frac{C_{11} + 2C_{12} + C_{22}}{C_{11}C_{22} - C_{12}^2} q \qquad (2.24)$$

と書けるが，右辺の係数の逆数

$$C = \frac{C_{11}C_{22} - C_{12}^2}{C_{11} + 2C_{12} + C_{22}} \qquad (2.25)$$

をコンデンサの静電容量という．これを用いれば，(2.24) は

$$q = CV \qquad (2.26)$$

となる．C をコンデンサの静電容量という．

以上は正負等量の電荷を持つ2つの導体について一般になりたつことであるが，コンデンサの本質は，このとき2つの導体が接近していることにある．以下，このことについて考えよう．簡単のために，2つの導体は同じ形状を持つものと仮定すると，$P_{11} = P_{22}$ であるから，これを

$$P_{11} = P_{22} = P$$

とおく．導体2は導体1に近いところにあるので，導体1に1Cの電荷を与えたとき，導体2の電位は導体1の電位とほとんど変わらず，わずかに低い値を取るであろう．そこで，h を小さな正数として，

$$P_{12} = P_{21} = P - h$$

としよう．すると，(2.23) などは

$$V = 2hq$$

となる．このことは，小さな電位差で大きな電荷を蓄えることができるという，コンデンサの性質を表している．

例 1. 内導体の半径が a，外導体の半径が $a+d$ である同心球殻コンデンサの静電容量を求めよ．$d \to \infty$ とすればどうなるか．また，$d = a/100$ の場合はどうなるか．

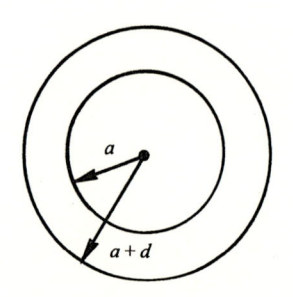

図 2.7　同心球殻コンデンサ

解． 前節の例 1 と同様に考えれば，この場合の容量係数は

$$C = 4\pi\varepsilon_0 \begin{bmatrix} a(a+d)/d & -a(a+d)/d \\ -a(a+d)/d & (a+d)^2/d \end{bmatrix} \tag{1}$$

と求まる．これを (2.25) に代入すれば，

$$C = 4\pi\varepsilon_0 \frac{a(a+d)}{d} \tag{2}$$

を得る．この式で $d \to \infty$ とすれば，

$$C_\infty = 4\pi\varepsilon_0 a \tag{3}$$

となって，孤立した導体球の場合に一致する．また，$d = a/100$ とすれば，

$$C_{a/100} = 101 C_\infty \tag{4}$$

となる.

　実は，コンデンサの静電容量を求めるには，(2.25) を用いるより，2 つの導体に $\pm q$ の電荷を与え，コンデンサ内部の電界を決定し，それから導体間の電位差を求めて (2.26) に代入する方が簡単であることが多い．例をあげよう．

例 2. 極板の面積が A，極板間の間隔が d である平行平板コンデンサの静電容量を求めよ．ただし，端の効果（1 つの極板上の同種の電荷が互いに反発し，極板の端の方に集中する現象）を無視し，極板上の電荷分布は一様であると仮定する．

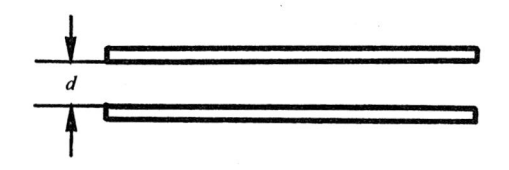

図 2.8　平行平板コンデンサ

解．両極板に $\pm q$ の電荷を与えると，極板上の電荷密度は $\sigma = \pm q/A$ であるから，極板間の電束密度は $D = q/A$ となり，電界強度は

$$E = \frac{D}{\varepsilon_0} = \frac{q}{\varepsilon_0 A}$$

となる．この電界は極板間で一様であるから，両導体の電位差は

$$V = Ed = \frac{qd}{\varepsilon_0 A}$$

である．したがって，(2.26) より,

$$C = \frac{\varepsilon_0 A}{d} \tag{2.27}$$

を得る．

例 3. 図のような断面を持つ同軸円筒コンデンサがある．単位長あたりの静電容量を求めよ．

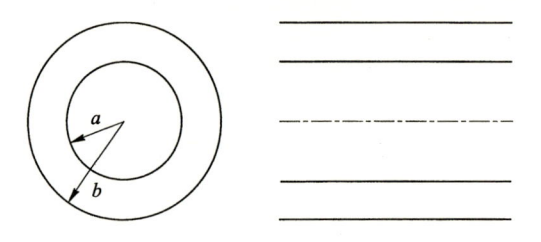

図 2.9　同軸円筒コンデンサ

解． 内側の円筒に単位長あたり q, 外側の円筒に $-q$ の電荷を与えると, 電界は 2 つの円筒の間にだけ存在し, その電界は r 方向の成分 E_r だけを持つ. 単位の長さを持ち, 半径が r である円筒面において Gauss の法則を適用すると, この電界は

$$E_r(r) = \frac{q}{2\pi\varepsilon_0 r}$$

となることがわかる. 外側の円筒の電位を 0 とすれば, 内側の円筒の電位, すなわち円筒間の電位差は

$$V = -\frac{q}{2\pi\varepsilon_0} \int_b^a \frac{dr}{r} = \frac{q}{2\pi\varepsilon_0} \log \frac{b}{a}$$

となる. よって, 単位長あたりの静電容量は, 次のように求まる.

$$C = \frac{2\pi\varepsilon_0}{\log(b/a)}$$

次に, コンデンサに蓄えられる電界のエネルギーを調べよう. 式 (2.4) において $M = 2$, $Q_1 = -Q_2 = q$ とおくと

$$U = \frac{q}{2}(\phi_1 - \phi_2) = \frac{1}{2}qV \tag{2.28}$$

となる. この式はコンデンサに蓄えられた電荷と電位差の関係 (2.26) を用いて

$$U = \frac{1}{2}CV^2 = \frac{q^2}{2C} \tag{2.29}$$

などとも書ける. このエネルギーは, コンデンサ内部の電界に (2.7) の形で蓄えられていると理解できる. 例によって, これを示そう.

例 4. コンデンサ内部に蓄積されたエネルギーを (2.6) によって計算し，その結果が (2.28) あるいは (2.29) に一致することを，(a) 平行平板コンデンサ，および (b) 同心球殻コンデンサの場合について示せ．

解． (a) の場合，コンデンサ内部の電界は $E = q/\varepsilon_0 A$ であるから，(2.7) によって，

$$u_e = \frac{\varepsilon_0}{2} E^2 = \frac{q^2}{2\varepsilon_0 A^2}$$

となる．電界は一様であるから，これに電界の生じている空間の体積 Ad を掛けると，この空間に蓄積されたエネルギーが

$$U = Adu_e = \frac{dq^2}{2\varepsilon_0 A}$$

と求まる．式 (2.29) に (2.27) を代入した結果も，これと一致する．

次に，(b) の場合を考えよう．このとき球殻の間の空間に生じている電界は，r だけの関数で，

$$E(r) = \frac{q}{4\pi\varepsilon_0 r^2}$$

であるから，電界のエネルギー密度は，

$$u_e(r) = \frac{q^2}{32\pi^2 \varepsilon_0 r^4}$$

となる．空間に蓄えられるエネルギーは，u_e をこの空間で積分して，

$$U = \int_{r=a}^{a+d} 4\pi r^2 u_e(r)\, dr = \frac{dq^2}{8\pi\varepsilon_0 a(a+d)}$$

と求められる．コンデンサの静電容量を (2.29) に代入した結果も，これと一致する．

2.5 誘電体の性質

誘電体は，導体と異なり，その内部に自由に動き回れる電荷を持たない．しかし，誘電体を電界の中に持ち込むと，その表面には電荷が現れ，この電荷が作る電界は誘電体内部の電界を弱めるように働く．この現象を誘電分極といい，分極によって生じる電荷を分極電荷と呼ぶ．分極電荷は誘電体の決まった位置に固定されていて，導体表面にある電荷のように移動することはできない．この意味で，分極電荷は，自由に動き回れる電荷（真電荷）と区別される．

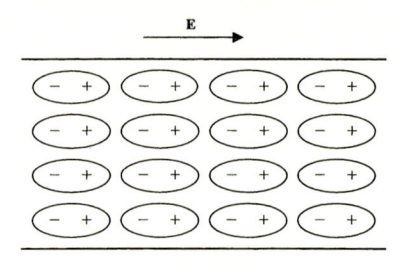

図 2.10 誘電体の分極

　分極の起こる仕組みについて考えてみよう．物質を構成している原子（あるいは分子）には，原子核の正電荷 Ze（Z は原子番号，e は電子の持つ電荷の大きさ）と電子の負電荷 $-Ze$ があり，全体としては電気的に中性である．ここに電界を印加すると，原子核は電界の方向に力を受け，電子は逆方向に力を受ける．しかし，原子や分子を作っている結合力は非常に強いため，原子核と電子は受けた力の方向にわずかに移動して釣合いの状態になる．この結果，誘電体の内部では，巨視的な電荷は存在せず，個々の原子（あるいは分子）が双極子モーメントを持つことになる．特に，誘電体が有限の大きさを持つ場合，その表面には分極電荷が生じることが理解できよう．

　電界の中に置かれた誘電体の状態を記述するために，分極 $\mathbf{P}(\mathbf{r})$ を導入する．これは，正電荷の移動した方向と，その方向に垂直な単位面積を通って移動した正電荷の量に等しい大きさを持つベクトルである．電界があまり強くない範囲では，

$$\mathbf{P}(\mathbf{r}) = \chi_e \mathbf{E}(\mathbf{r}) \tag{2.30}$$

が成立する．χ_e は物質によって決まる正の定数で，電気感受率と呼ばれる．

　誘電体の分極によって電界が受ける影響を調べよう．このために，導体に正電荷 Q を与え，周囲の空間を誘電体で満たした状態を考える．このとき，巨視的な電荷として，導体に与えた真電荷 Q のほかに，分極電荷

$$Q_d = -\int_{導体表面} \mathbf{P}(\mathbf{r}) \cdot \mathbf{n}\, dS$$

があることに注意しよう．電界を $\mathbf{E}(\mathbf{r})$ とすると，Gauss の法則によって，

2.5 誘電体の性質

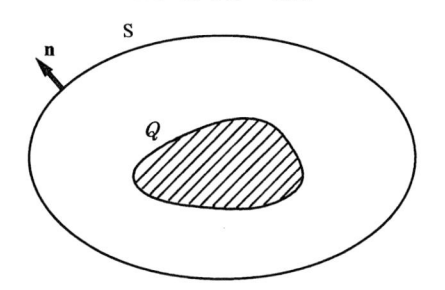

図 2.11 誘電体で満たされた空間に置かれた帯電導体

$$\int_S \mathbf{E}(\mathbf{r}) \cdot \mathbf{n}\, dS = \frac{1}{\varepsilon_0}\left[Q - \int_S \mathbf{P}(\mathbf{r}) \cdot \mathbf{n}\, dS\right]$$

が成立する．ただし，S は導体を囲む任意の閉曲面である．右辺の積分は，誘電体中に電荷がないので，導体表面の分極電荷 Q_d に等しい．この式を変形して，

$$\int_S [\varepsilon_0 \mathbf{E}(\mathbf{r}) + \mathbf{P}(\mathbf{r})] \cdot \mathbf{n}\, dS = Q \tag{2.31}$$

とする．この式から，電界 $\mathbf{E}(\mathbf{r})$ は，媒質が真空である場合より小さくなることがわかる．すなわち，(2.30) によって，この式は

$$\int_S (\varepsilon_0 + \chi_e)\mathbf{E}(\mathbf{r}) \cdot \mathbf{n}\, dS = Q$$

と書き直すことができる．一方，媒質を真空とした場合の電界 $\mathbf{E}_0(\mathbf{r})$ は，上式の代わりに

$$\int_S \varepsilon_0 \mathbf{E}_0(\mathbf{r}) \cdot \mathbf{n}\, dS = Q$$

を満たす．$\varepsilon_0 + \chi_e > \varepsilon_0$ であるから，$|\mathbf{E}(\mathbf{r})| < |\mathbf{E}_0(\mathbf{r})|$ であることが結論される．

さて，(2.31) をみれば，$\varepsilon_0 \mathbf{E}(\mathbf{r}) + \mathbf{P}(\mathbf{r})$ は真電荷 Q が作る界であり，真空中の $\varepsilon_0 \mathbf{E}(\mathbf{r}) = \mathbf{D}(\mathbf{r})$ に対応している．そこで，(1.61) の拡張として

$$\mathbf{D}(\mathbf{r}) = \varepsilon_0 \mathbf{E}(\mathbf{r}) + \mathbf{P}(\mathbf{r}) = (\varepsilon_0 + \chi_e)\mathbf{E}(\mathbf{r}) = \varepsilon \mathbf{E}(\mathbf{r}) \tag{2.32}$$

を定義し，誘電体中の電束密度と呼ぶ．ここで，

$$\varepsilon = \varepsilon_0 + \chi_e = \varepsilon_0 \varepsilon_s \tag{2.33}$$

は誘電率であり，ε_s は 1.1 節で述べた比誘電率である．

このように定義された $\mathbf{D}(\mathbf{r})$ は真空中と同じ Gauss の法則を満たす．すなわち，S を任意の閉曲面，Q を S の内部にある電荷の総量として，

$$\int_S \mathbf{D}(\mathbf{r}) \cdot \mathbf{n}\, dS = Q \tag{2.34}$$

が成立する．また，誘電体内の静電界は，結局のところ真電荷と分極電荷が作る Coulomb 力の界であるから，渦無しの法則

$$\int_C \mathbf{E}(\mathbf{r}) \cdot \mathbf{t}\, ds = 0 \tag{2.35}$$

を満たす．これらの法則の微分形は，形式的には真空の場合と同様で，

$$\nabla \cdot \mathbf{D}(\mathbf{r}) = \rho(\mathbf{r}) \tag{2.36}$$

および

$$\nabla \times \mathbf{E}(\mathbf{r}) = 0 \tag{2.37}$$

となる．また，(2.37) により，電界 $\mathbf{E}(\mathbf{r})$ は電位 $\phi(\mathbf{r})$ を用いて

$$\mathbf{E}(\mathbf{r}) = -\nabla \phi(\mathbf{r}) \tag{2.38}$$

のように表現される．

媒質が等方かつ一様であれば，誘電率 ε は定数だから，(2.36) は

$$\nabla \cdot \mathbf{E}(\mathbf{r}) = \frac{\rho(\mathbf{r})}{\varepsilon} \tag{2.39}$$

となる．式 (2.38) を (2.39) に代入すれば，誘電体中の Poisson の方程式

$$\nabla^2 \phi(\mathbf{r}) = -\frac{\rho(\mathbf{r})}{\varepsilon} \tag{2.40}$$

を得る．この式を真空中で成立する (1.68) と比較すると，右辺の絶対値が $1/\varepsilon_s$ 倍になっていることがわかる．すなわち，誘電体の中では，真空中と比べて，電位および電界が $1/\varepsilon_s$ になる．$\varepsilon_s > 1$ であるから，このこともまた，誘電体中では電界強度が小さくなることを意味する．

2.5 誘電体の性質

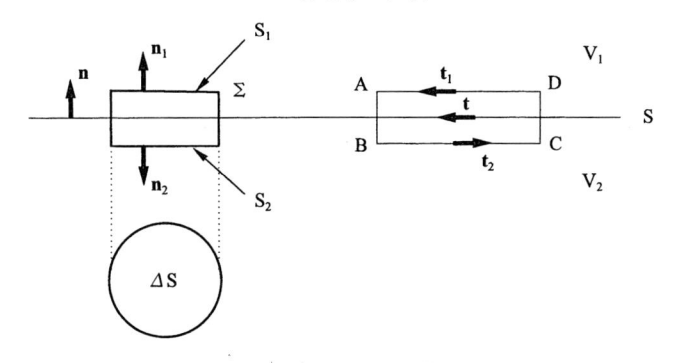

図 2.12 境界条件の導出

　誘電体がある空間の電界を求めることは，(2.40) を解くことに帰着されるが，この方程式の解を決定するには，誘電体表面での境界条件が必要である．図のように 2 つの誘電体が滑らかな曲面 S で接しているものとし，S の上側の領域を V_1，下側の領域を V_2，それぞれの領域を満たしている媒質の誘電率を ε_1 および ε_2 とする．

　まず，電束密度 $\mathbf{D}(\mathbf{r})$ に関する条件を調べよう．図のような境界面に平行な 2 枚の微小面分 S_1 および S_2 を底面とする薄い領域で Gauss の法則を適用すると，境界面に真電荷がなければ，

$$\int_\Sigma \mathbf{D}(\mathbf{r}) \cdot \mathbf{n}\, dS = 0$$

となる．ただし，Σ は薄い領域の表面である．ここで領域の厚さ $\to 0$ とすれば，S_1 および S_2 の面積を ΔS として，

$$\mathbf{D}_1(\mathbf{r}) \cdot \mathbf{n}_1\, \Delta S + \mathbf{D}_2(\mathbf{r}) \cdot \mathbf{n}_2\, \Delta S = 0 \quad (\mathbf{r} \in \mathrm{S})$$

を得る．ここで，$\mathbf{n}_1$ および $\mathbf{n}_2$ は，それぞれ S_1 および S_2 における単位法線であり，$\mathbf{D}_1(\mathbf{r})$ および $\mathbf{D}_2(\mathbf{r})$ は，それぞれ V_1 および V_2 の内部から境界上の点 $\mathbf{r}$ に近づけた極限を意味する．$\mathbf{n}_1$ と $\mathbf{n}_2$ は逆方向を向いているから，改めて面 S の法線ベクトルを $\mathbf{n} = \mathbf{n}_1 = -\mathbf{n}_2$ ととれば，上の式は

$$\mathbf{n} \cdot [\mathbf{D}_1(\mathbf{r}) - \mathbf{D}_2(\mathbf{r})] = 0 \quad (\mathbf{r} \in \mathrm{S}) \tag{2.41}$$

となる．これは，電束密度の法線成分が連続であることを意味する．

次に，電界に関する条件を調べる．図のような境界面に平行な 2 本の辺 BC および DA を持つ微小な矩形の積分路について渦無しの法則を適用すれば，

$$\int_{ABCD} \mathbf{E}(\mathbf{r}) \cdot \mathbf{t}\, ds = 0$$

である．ここで $\overline{AB} = \overline{CD} \to 0$ とすれば，これらの辺からの寄与は無視できて，

$$\mathbf{E}_1(\mathbf{r}) \cdot \mathbf{t}_1 \Delta s + \mathbf{E}_2(\mathbf{r}) \cdot \mathbf{t}_2 \Delta s = 0 \quad (\mathbf{r} \in S)$$

となる．ただし，$\overline{BC} = \overline{DA} = \Delta s$ とした．表面 S 上の単位接線ベクトルを改めて $\mathbf{t} = \mathbf{t}_1 = -\mathbf{t}_2$ とすれば，この式は

$$\mathbf{t} \cdot [\mathbf{E}_1(\mathbf{r}) - \mathbf{E}_2(\mathbf{r})] = 0 \quad (\mathbf{r} \in S)$$

と書ける．これは電界の $\mathbf{t}$ 方向の成分が連続であることを意味する．矩形を $\mathbf{n} \times \mathbf{t} = \mathbf{t}'$ で定義される $\mathbf{t}'$ の方向にとっても，まったく同様の議論が成立して，

$$\mathbf{t}' \cdot [\mathbf{E}_1(\mathbf{r}) - \mathbf{E}_2(\mathbf{r})] = 0 \quad (\mathbf{r} \in S)$$

となる．これらの式から，境界面における電界の接線成分の連続性

$$\mathbf{n} \times [\mathbf{E}_1(\mathbf{r}) - \mathbf{E}_2(\mathbf{r})] = 0 \quad (\mathbf{r} \in S) \tag{2.42}$$

が導かれる．

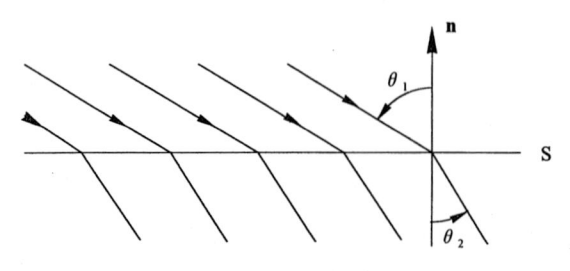

図 2.13 電気力線の屈折

式 (2.41) および (2.42) は誘電体の境界面で成立する条件であるが，これらを用いて境界面における電気力線の屈折の法則を導くことができる．図のよう

2.5 誘電体の性質

に境界面の法線と電気力線がなす角を θ_1 および θ_2 とすると，(2.42) より

$$E_1 \sin\theta_1 = E_2 \sin\theta_2$$

となる．一方，(2.41) は，電界強度で表すと，

$$\varepsilon_1 E_1 \cos\theta_1 = \varepsilon_2 E_2 \cos\theta_2$$

である．これらの式から，θ_1 と θ_2 の関係が

$$\frac{\tan\theta_1}{\tan\theta_2} = \frac{\varepsilon_1}{\varepsilon_2} \tag{2.43}$$

と求まる．

誘電体がある場合の静電界の問題を Poisson の方程式 (2.40) の境界値問題として定式化するためには，上記の条件を電位 $\phi(\mathbf{r})$ を用いて表現しておく必要がある．まず，(2.41) の条件であるが，ε が図 2.12 に示した 2 つの領域の内部で定数だとすれば，例えば上側の領域で

$$\mathbf{D}_1(\mathbf{r}) = -\varepsilon_1 \nabla \phi_1(\mathbf{r})$$

が成立する．ここで，$\phi_1(\mathbf{r})$ は，上側の領域の電位である．これより，境界面上の電束密度の法線成分が，

$$\mathbf{n} \cdot \mathbf{D}_1(\mathbf{r}) = -\varepsilon_1 \frac{\partial \phi_1(\mathbf{r})}{\partial n} \quad (\mathbf{r} \in S)$$

と求まる．下側の領域についても同様であるから，(2.41) は

$$\varepsilon_1 \frac{\partial \phi_1(\mathbf{r})}{\partial n} = \varepsilon_2 \frac{\partial \phi_2(\mathbf{r})}{\partial n} \quad (\mathbf{r} \in S) \tag{2.44}$$

となることが分かる．次に，(2.42) の条件について考える．この条件は，面 S の任意の接線方向の座標を t として，

$$\frac{\partial \phi_1(\mathbf{r})}{\partial t} = \frac{\partial \phi_2(\mathbf{r})}{\partial t} \quad (\mathbf{r} \in S)$$

と書くことができる．しかし，静電界は保存力の界であるから，面 S を隔てて接する 2 つの点に無限遠から電荷を運ぶための仕事は等しくなければならない．

このことは，上の式を含むより強い条件

$$\phi_1(\mathbf{r}) = \phi_2(\mathbf{r}) \quad (\mathbf{r} \in \mathrm{S}) \tag{2.45}$$

を要求する．結局，電位で表した境界条件は，(2.44) および (2.45) で与えられることがわかった．

最後に，誘電体中に蓄えられる電界のエネルギーの表現を求めておこう．式 (1.55) および (1.56) の表現

$$U = \frac{1}{2} \int_V \rho(\mathbf{r}) \phi(\mathbf{r}) \, dv$$

において，$\rho(\mathbf{r}) = \nabla \cdot \mathbf{D}(\mathbf{r})$ の関係を使うと，

$$U = \frac{1}{2} \int_V \phi(\mathbf{r}) \nabla \cdot \mathbf{D}(\mathbf{r}) \, dv$$

となる．この式をベクトルの微分公式 (e) を用いて変形すると，

$$U = \frac{1}{2} \int_V \nabla \cdot [\phi(\mathbf{r}) \mathbf{D}(\mathbf{r})] \, dv - \frac{1}{2} \int_V \nabla \phi(\mathbf{r}) \cdot \mathbf{D}(\mathbf{r}) \, dv$$

を得る．右辺第 1 項の積分は Gauss の定理によって V の表面での面積分になり，この面積分は，V を全空間に広げたとき 0 となる．一方，第 2 項は，$-\nabla \phi(\mathbf{r}) = \mathbf{E}(\mathbf{r})$ であるから，

$$U = \frac{1}{2} \int_V \mathbf{E}(\mathbf{r}) \cdot \mathbf{D}(\mathbf{r}) \, dv \tag{2.46}$$

となる．これは，電界のエネルギーが

$$u_e(\mathbf{r}) = \frac{1}{2} \mathbf{E}(\mathbf{r}) \cdot \mathbf{D}(\mathbf{r}) = \frac{\varepsilon}{2} |\mathbf{E}(\mathbf{r})|^2 \tag{2.47}$$

の密度で空間に分布していることを表す．ここでは，簡単のために，全空間が均質な誘電体で満たされた場合を考えた．誘電体で満たされた空間に導体が置かれている場合や，別の誘電体がある場合にも，(2.6) および (2.7) を導いたときと同様の考察を行えば，(2.46) および (2.47) を得ることができる．

2.6 電界の例

誘電体がある場合の電界の例をあげよう．

例 1. 極板の面積が A，極板間の間隔が d である平行平板コンデンサに誘電率 ε の誘電体を満たしたときの静電容量を求めよ．ただし，端の効果を無視する．

解． 両極板に $\pm q$ の電荷を与えると，極板間の電束密度は $D = q/A$ であるから，電界強度は
$$E = \frac{D}{\varepsilon} = \frac{q}{\varepsilon A}$$
となる．この電界は極板間で一様であるから，極板間の電位差は
$$V = Ed = \frac{qd}{\varepsilon A}$$
である．したがって，(2.26) から，
$$C = \frac{\varepsilon A}{d}$$
を得る．この値は，極板間が真空の場合の静電容量 $C_0 = \varepsilon_0 A/d$ と比べると，$C/C_0 = \varepsilon_s$ 倍になっていることが分かる．

例 2. 半径 a の導体球のまわりを厚さ $d = b - a$ の誘電体で覆った．導体球に電荷 q を与えたとき，球の外部の電位と電界を求めよ．

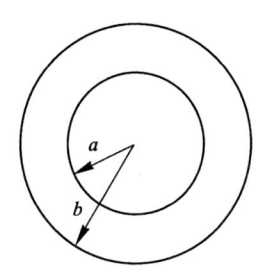

図 2.14 誘電体で覆われた導体球

解． 対称性によって，球外の電位と電界は球の中心からの距離 r だけの関数である．いま，球の外部を $a<r<b$ および $r>b$ の 2 つの領域にわけ，それぞれの部分の電位を $\phi_1(r)$ および $\phi_2(r)$ とする．球の外部には真電荷がないから，これらは Laplace の方程式の解であり，特に $\phi_2(r)$ は無限遠の正則条件を満たす．そこで，2.2 節の例 1 にならって，これらを

$$\phi_1(r) = \frac{c_1}{r} + c_2, \quad \phi_2(r) = \frac{c_3}{r} \tag{1}$$

とおく．積分定数 c を決定するには，$r=b$ での境界条件および導体表面で成り立つ Gauss の法則を用いる．まず，境界面 $r=b$ で $\phi(r)$ が連続であるために

$$\frac{c_1}{b} + c_2 = \frac{c_3}{b} \tag{2}$$

でなければならない．また，$\mathbf{D}(r)$ の法線成分が連続であることから，

$$\varepsilon \frac{c_1}{b^2} = \varepsilon_0 \frac{c_3}{b^2} \tag{3}$$

を得る．さらに，導体表面での真電荷密度 $\sigma = q/4\pi a^2$ と電束密度の間に $D_n = \sigma$ の関係があることと，$D_n = -\varepsilon \partial \phi/\partial n$ から，

$$\frac{c_1}{a^2} = \frac{\sigma}{\varepsilon} \tag{4}$$

となる．(2)，(3)，および (4) を解くと

$$c_1 = \frac{\sigma}{\varepsilon}a^2, \quad c_2 = \frac{\sigma a^2}{b}\left(\frac{1}{\varepsilon_0} - \frac{1}{\varepsilon}\right), \quad c_3 = \frac{\sigma}{\varepsilon_0}a^2 \tag{5}$$

となり，これらを (1)，(2) に代入し，σ を q で表せば，

$$\phi_1(r) = \frac{q}{4\pi\varepsilon r} + \frac{q}{4\pi b}\left(\frac{1}{\varepsilon_0} - \frac{1}{\varepsilon}\right), \quad \phi_2(r) = \frac{q}{4\pi\varepsilon_0 r} \tag{6}$$

が得られる．電界は r 成分のみを持ち，$a<r<b$ および $r>b$ のそれぞれに対して，

$$E_1(r) = \frac{q}{4\pi\varepsilon r^2}, \quad E_2(r) = \frac{q}{4\pi\varepsilon_0 r^2} \tag{7}$$

で与えられる．

(6) および (7) が求める解であるが，ついでに，この問題を解くための別の方法を示しておこう．対称性のために球外の電束密度は r 成分だけを持ち，それは，Gauss の法則 (2.34) から，$D = q/4\pi r^2$ と求まる．これより，電界強度が (7) となることが分かる．誘電体の外部の電位は，$E_2(r)$ を積分して，(6) の第 2 式となる．誘電体内の電位は，

$$\phi_1(r) = \phi_2(b) + \int_{r'=b}^{r} -E_1(r')\,dr'$$

を計算すれば，(6) の第 1 式となる．

2.6 電界の例

例 3. 真空中に一様な電界 $\mathbf{E}_0$ がある．この電界の中に誘電率 ε の誘電体で作られた半径 a の球を置いたとき，球内外の電位と電界を求めよ．

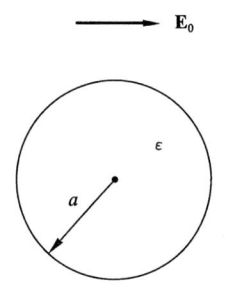

図 2.15 一様電界中の誘電体球

解． 球の中心を原点とし，$\mathbf{E}_0$ の方向に z 座標をとる．この問題では真電荷は存在しないから，球内の電位 $\phi_1(\mathbf{r})$ と球外の電位 $\phi_2(\mathbf{r})$ は，ともに Laplace の方程式を満足する．また，z 軸まわりの対称性のため，これらは φ には無関係である．そこで，電位の形を

$$\phi(\mathbf{r}) = \left(c_1 + \frac{c_2}{r}\right) + \left(c_3 r + \frac{c_4}{r^2}\right)\cos\theta \tag{1}$$

のように仮定してみる．まず，球外の電位について考える．誘電体が置かれたことの効果は遠方では消滅するはずだから，$r \to \infty$ のとき，$\phi_2(\mathbf{r})$ は一様電界の電位

$$\phi_0(\mathbf{r}) = -E_0 z = -E_0 r \cos\theta \tag{2}$$

に漸近しなければならない．このため，(1) において $c_1 = 0$, $c_3 = -E_0$ として，

$$\phi_2(\mathbf{r}) = \frac{c_2}{r} + \left(-E_0 r + \frac{c_4}{r^2}\right)\cos\theta \tag{3}$$

で球外の電位を表す．次に，球内の電位を考える．この電位は有限でなければならないから，(1) において $c_2 = c_4 = 0$ である．さらに，球の中心の電位を 0 とおけば，$c_1 = 0$ である．したがって，球内の電位は

$$\phi_1(\mathbf{r}) = c_3 r \cos\theta \tag{4}$$

と表されることになる．$r = a$ において $\phi(\mathbf{r})$ が連続であることから，

$$\frac{c_2}{a} + \left(-E_0 a + \frac{c_4}{a^2}\right)\cos\theta = c_3 a \cos\theta$$

となるが，この式が θ によらずに成立するためには，$c_2 = 0$ であり，かつ

$$-E_0 a + \frac{c_4}{a^2} = c_3 a \tag{5}$$

でなければならない．一方，電束密度の法線成分の連続条件から，

$$\varepsilon_0\left[-\frac{c_2}{a^2} + \left(-E_0 - \frac{2c_4}{a^3}\right)\cos\theta\right] = \varepsilon c_3 \cos\theta$$

を得るが，この式に $c_2 = 0$ を入れて整理すると，

$$-\varepsilon_0\left(E_0 + \frac{2c_4}{a^3}\right) = \varepsilon c_3 \tag{6}$$

となる．(5) および (6) を解くと，

$$c_3 = -\frac{3\varepsilon_0}{\varepsilon + 2\varepsilon_0}E_0, \quad c_4 = \frac{\varepsilon - \varepsilon_0}{\varepsilon + 2\varepsilon_0}a^3 E_0 \tag{7}$$

を得る．これらを (3) および (4) に代入すれば，

$$\phi_1(\mathbf{r}) = -\frac{3\varepsilon_0}{\varepsilon + 2\varepsilon_0}E_0 r \cos\theta, \quad \phi_2(\mathbf{r}) = \left[-E_0 r + \frac{(\varepsilon - \varepsilon_0)E_0 a^3}{\varepsilon + 2\varepsilon_0}\frac{1}{r^2}\right]\cos\theta \tag{8}$$

となる．この電位は，Laplace の方程式，境界条件，および無限遠の正則条件を満足するので，この問題の解である．球内外の電界 $\mathbf{E}_1(\mathbf{r})$ および $\mathbf{E}_2(\mathbf{r})$ は，

$$\mathbf{E}_1(\mathbf{r}) = \frac{3\varepsilon_0}{\varepsilon + 2\varepsilon_0}\mathbf{E}_0, \quad \mathbf{E}_2(\mathbf{r}) = \mathbf{E}_0 + \frac{1}{4\pi\varepsilon_0}\left[-\frac{\mathbf{p}}{r^3} + \frac{3\mathbf{p}(\mathbf{r}\cdot\mathbf{p})}{r^5}\right] \tag{9}$$

と求まる．ただし，

$$\mathbf{p} = 4\pi\varepsilon_0\frac{(\varepsilon - \varepsilon_0)a^3}{\varepsilon + 2\varepsilon_0}\mathbf{E}_0 \tag{10}$$

とした．結局，この場合の電界は，誘電体球の内部では $\mathbf{E}_0$ と同じ方向を向いた一様電界となり，外部ではもとの一様電界 $\mathbf{E}_0$ と球の中心に置かれた双極子 $\mathbf{p}$ が作る電界の重ね合わせになることがわかった．

2.7 物体に働く静電気力

導体や誘電体が空間に配置され，それぞれの導体の電位または表面電荷の総量が与えられている系を考えよう．この空間には電界のエネルギーが蓄えられ

2.7 物体に働く静電気力

ているが，導体または誘電体の位置を変えると，エネルギーの総量が変化する．このことは，導体および誘電体に力が働いていることを意味する．

まず，それぞれの導体が持つ電荷が一定である場合を考える．このとき，導体の数を M とすれば，系のエネルギーは (2.16) によって，

$$U = \frac{1}{2}\sum_{m=1}^{M}\sum_{n=1}^{M} Q_m P_{mn} Q_n \tag{2.48}$$

で与えられる．式中の電位係数 P_{mn} は，導体や誘電体の配置によって決まる．そこで，配置を指定する変数（一般座標）を $x_1, x_2, \ldots$ とすれば，(2.48) は

$$U = U_Q(Q_1, Q_2, \ldots, Q_M; x_1, x_2, \ldots) \tag{2.49}$$

と書けるであろう．この変数には，直交または曲線座標系の座標や，物体の回転角など，系の幾何学的な配置を指定するための任意のパラメータを採用してよい．

この系の中に働いている力のうち，x_1 が増加する向きに働いている力を F_1 としよう．いま，この系に外力 $-F_1$ を加えて，x_1 座標のみを dx_1 だけ変位させたと仮定する．これを，仮想変位という．このとき，外力がする仕事は $-F_1 dx_1$ である．この仕事をされた結果，系のエネルギーは $dU_Q = (\partial U_Q / \partial x_1) dx_1$ だけ増加する．よって，エネルギー保存則より，

$$F_1 = -\frac{\partial U_Q}{\partial x_1} \tag{2.50}$$

を得る．ただし，右辺の U_Q としては，必ずしも (2.48) の表現を用いる必要はない．系に蓄えられるエネルギーを Q の陽関数として表し，その上で Q を定数として微分を実行すればよい．例を示そう．

例1． 極板の面積が A，極板間の間隔が x である平行平板コンデンサに $\pm q$ の電荷を与えたとき，極板に働く力を求めよ．

解． コンデンサの静電容量は $C = \varepsilon A / x$ であり，蓄積されたエネルギーは

$$U_Q(x) = \frac{q^2}{2C} = \frac{1}{2}\frac{q^2}{\varepsilon A} x \tag{1}$$

であるから，間隔 x を増す方向に働く力は

$$F_x = -\frac{\partial U_Q(x)}{\partial x} = -\frac{1}{2}\frac{q^2}{\varepsilon A} \tag{2}$$

となる．この結果から，極板間には引力が働くことがわかる．

次に，各導体の電位が与えられたときを考える．これは，導体に電池がつながれていたり，導体が接地されていたりして，導体の電位は一定であるが，電荷は自由に移動できる場合にあたる．このときは，式 (2.17)

$$U = \frac{1}{2}\sum_{m=1}^{M}\sum_{n=1}^{M}\phi_m C_{mn}\phi_n \tag{2.51}$$

から，系のエネルギーを

$$U = U_\phi(\phi_1, \phi_2, \ldots, \phi_M; x_1, x_2, \ldots) \tag{2.52}$$

と表現する．しかし，ここで直ちに $F_1 = -\partial U_\phi/\partial x_1$ とすることはできない．x_1 を変えることによって，導体系と電源や大地との間に電荷の移動があり，これに伴うエネルギーの出入りがあるからである．

導体系の電位には変化がないことを考慮して，系のエネルギーの変化を

$$dU = \sum_\ell \left.\frac{\partial U}{\partial x_\ell}\right|_Q dx_\ell + \sum_{m=1}^{M}\left.\frac{\partial U}{\partial Q_m}\right|_x dQ_m$$

と表す．ここで，$|_Q$ などは，Q_m などを一定に保って微分することを意味する．式 (2.50) によれば，右辺の第 1 項は

$$\text{第 1 項} = -\sum_\ell F_\ell dx_\ell$$

に等しい．また，第 2 項は (2.48) を代入して計算することにより，

$$\text{第 2 項} = \sum_{m=1}^{M}\phi_m dQ_m$$

となる．この第 2 項の式は，(2.4) から得られる式

$$2dU = d\sum_{m=1}^{M}\phi_m Q_m = \sum_{m=1}^{M}\phi_m dQ_m + \sum_{m=1}^{M}Q_m d\phi_m$$

および $d\phi_m = 0$ より, $2dU$ に等しい. これらを dU の式に代入して整理すれば,

$$dU = \sum_\ell F_\ell dx_\ell$$

となる. したがって, 導体の電位を一定に保って微分を行うために U の表現として (2.52) を採用すれば, x_1 を増す方向に働く力が

$$F_1 = \frac{\partial U_\phi}{\partial x_1} \tag{2.53}$$

と求められる.

例 2. 例 1 において, コンデンサの極板間に電池をつなぎ, 電位差を V に保ったときの力を求めよ.

解. コンデンサの蓄積エネルギーは

$$U_\phi(x) = \frac{1}{2}CV^2 = \frac{\varepsilon A V^2}{2x} \tag{1}$$

であるから, x を増す方向の力は

$$F_x = \frac{\partial U_\phi(x)}{\partial x} = -\frac{\varepsilon A V^2}{2x^2} \tag{2}$$

となる. この結果は, $V = q/C = qx/\varepsilon A$ を用いて変形すれば, $F_x = -q^2/2\varepsilon A$ となり, 例 1 の結果に一致する. 極板に働く力は, もとをただせば, 極板に分布した電荷の間の Coulomb 力である. したがって, 電源に接続されているかいないかには無関係に, 電位と電荷が同じなら, 極板間に働く力が同じになることは当然である.

例 3. 図 2.16 のような平行平板コンデンサに, 誘電率 ε の誘電体を端から x だけ挿入した. 誘電体に働く x 方向の力を, (a) コンデンサが電源から切り離されているとき, (b) コンデンサに電圧 V_0 の直流電源が接続されているとき, について求めよ.

解. まず, このコンデンサの静電容量を x の関数として求めよう. 極板間の電位差を V とすると, 内部の電界強度は $E = V/d$ である. よって, 誘電体が挿入されている

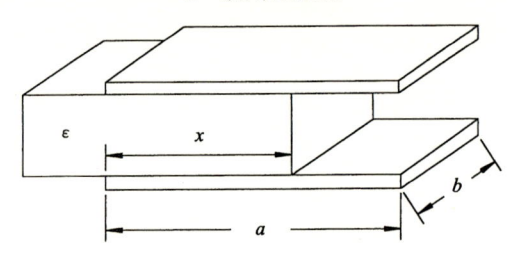

図 2.16 誘電体を挿入した平行平板コンデンサ

部分の電束密度は $\varepsilon E = \varepsilon V/d$ となり，真空の部分では $\varepsilon_0 E = \varepsilon_0 V/d$ となる．これらは，極板上の電荷密度（の大きさ）に等しい．したがって，極板上の全電荷を $\pm q$ とすれば，その値は，

$$q = \frac{\varepsilon bV}{d}x + \frac{\varepsilon_0 bV}{d}(a-x) \tag{1}$$

となる．$q = CV$ の関係から，このコンデンサの静電容量は

$$C(x) = \frac{b}{d}[\varepsilon x + \varepsilon_0(a-x)] \tag{2}$$

と求まる．(a) の場合の力は，例 1 にならえば，

$$F_x = -\frac{\partial U_Q(x)}{\partial x} = -\frac{\partial}{\partial x}\frac{q^2}{2C(x)} = \frac{q^2}{2[C(x)]^2}\frac{\partial C(x)}{\partial x} = \frac{q^2}{2[C(x)]^2}\frac{b}{d}(\varepsilon - \varepsilon_0) \tag{3}$$

となる．また，(b) の場合には，例 2 と同様に計算すれば，

$$F_x = \frac{\partial U_\phi(x)}{\partial x} = \frac{\partial}{\partial x}\frac{C(x)V_0^2}{2} = \frac{V_0^2}{2}\frac{\partial C(x)}{\partial x} = \frac{V_0^2}{2}\frac{b}{d}(\varepsilon - \varepsilon_0) \tag{4}$$

を得る．当然ながら，(3) において $q = C(x)V_0$ とおいたものは (4) に一致する．

例 4. 電界 $\mathbf{E}(\mathbf{r})$ の中に置かれたモーメント $\mathbf{p}$ の電気双極子に働く力を，(a) 電界が一様なとき，および (b) 電界が場所の関数であるとき，について求めよ．

解. 双極子の中心を原点とし，原点における電界の方向に z 軸をとる．双極子は $\mathbf{r} = \mathbf{d}/2$ にある電荷 q と $\mathbf{r} = -\mathbf{d}/2$ にある電荷 $-q$ から構成されているものとする．まず，(a) の場合を考える．この系の持つエネルギーは，1.11 節の例 1 によって，

$$U = -\mathbf{E}\cdot\mathbf{p} = -pE\cos\theta \tag{1}$$

となる．ただし，θ は $\mathbf{p}$ が電界の方向となす角である．したがって，このときは双極子を電界の方向に回転させようとする力が働く．その力の能率は，(2.50) によって

$$N = -\frac{\partial U}{\partial \theta} = pE\sin\theta \quad [\text{Nm}] \tag{2}$$

である．ベクトル表現すれば，この式は

$$\mathbf{N} = \mathbf{p} \times \mathbf{E} \tag{3}$$

と書くことができる．次に，(b) の場合を考えよう．このときは，上で述べた力のほかに，双極子全体を移動させようとする力が働く．x 方向の力は，再び (2.50) によって，

$$F_x = -\frac{\partial U}{\partial x} \tag{4}$$

である．y および z についても同様であるから，結局，一様でない電界の中で働く並進力は，

$$\mathbf{F} = -\nabla U(\mathbf{r}) \tag{5}$$

で与えられることがわかる．

演習問題

1. 平行平板コンデンサにおいて端の効果を考えたとき，電気力線の概略を図示せよ．また，静電容量は (2.27) と比べてどうなるか．
2. 中心に球形の空洞がある導体球 A があり，その空洞の中心に別の導体球 B が入っている．B に電荷 Q を与え，A の電荷の総量を 0 としたとき，電位の分布を求めよ．ただし，B の半径を a，A の内径を b，外径を c とする．
3. 2.3 節の例 1 において，導体 2 を接地し，その電位を $\phi_2 = 0$ とする．このとき，導体 1 の電荷は導体 1 の電位だけで決まり，導体 3 の電位によらないことを示せ．これは，静電遮蔽の原理である．導体 2 の内部および外部に複数個の導体がある場合はどうなるか．
4. 面積 S の矩形導体板 2 枚がわずかに傾いて向き合ったコンデンサがある．四隅の間隔が a, a, b, b であるとして静電容量を求めよ．ただし，a および b は矩形の辺の長さにくらべて十分小さいものとする．
5. z 軸に平行に置かれた一様な電荷密度 λ および $-\lambda$ を持つ 2 本の線電荷が作る電位を求めよ．また，xy 平面内で電位が一定値をとる点の軌跡は円であることを示せ．ただし，線電荷の位置を $(d, 0)$ および $(-d, 0)$ とする．

6. 半径が a である 2 本の長い導体円柱が平行に置かれ、軸間の距離が $2l$ である。単位長あたりの静電容量を求めよ。

7. 接地された無限に広い導体板を直角に曲げ、両方の導体板から a の距離の場所に電荷 q を置いた。電荷が受ける力を求めよ。

8. 一様な電界 E_0 の中に、誘電率が ε で一定の厚さを持つ誘電体板を、板の法線が電界と θ の角度をなすように挿入した。誘電体内外の電界を調べよ。

9. 平面 $x = 0$ を境界として、$x > 0$ の領域は真空、$x < 0$ の領域は誘電率 ε の媒質で満たされている。真空中の 1 点 $(d, 0, 0)$ に点電荷 q を置いたとき、全空間の電位を求めよ。

10. 極板間の間隔 d、面積 S の平行平板コンデンサに誘電率 ε の誘電体が詰まっている。両極板の電位差が V であるとき、一方の極板を誘電体から垂直に引き離すための力を求めよ。

11. 自由空間に互いに重ならない M 個の閉曲面 S_m があり、S_m の内部には与えられた量の電荷 Q_m が分布している。さまざまな分布のうちで、S_m の内部を等電位とする分布を ρ、ρ による静電界の電位を ϕ とし、ρ 以外の任意の分布を ρ'、その電位を ϕ' としよう。このとき、

$$U = \frac{\varepsilon_0}{2} \int (\nabla \phi)^2 \, dv, \quad U' = \frac{\varepsilon_0}{2} \int (\nabla \phi')^2 \, dv$$

とすると、$U \leq U'$ が成り立つことを示せ。

12. 自由空間に M 個の導体からなる系があり、電界は、m 番目の導体の表面で与えられた Q_m に対して

$$\varepsilon_0 \int_{S_m} \mathbf{E} \cdot \mathbf{n} \, dS = Q_m$$

を満たしている。また、空間の一部には与えられた電荷が分布していて、$\nabla \cdot \mathbf{E} = \rho/\varepsilon_0$ が成り立っている。このとき、全空間のエネルギー

$$U = \frac{1}{2} \int \varepsilon_0 \mathbf{E}^2 \, dv$$

を最小とする $\mathbf{E}$ は、あるスカラ関数 ϕ によって $\mathbf{E} = -\nabla \phi$ と表され、また ϕ は各々の S_m 上で定数となる。このことを証明せよ。

3

定常電流の界

導体の内部では，電界が加わるとただちに電荷の移動が生じる．このような電荷の移動を，電流という．本章では，時間的に変化しない一定の電流が導体の内部を流れる現象について調べる．

3.1 電　　　流

電荷が物体の内部や表面，場合によっては空間を移動することを電流という．電流の単位はアンペア [A] であるが，1A が 1C/s に等しいことは前に述べた．すなわち，ある断面を 1s 間に 1C の電荷が通過するとき，その面を通って流れる電流は 1A である．電流の方向は正電荷が移動する方向と約束する．したがって，例えば金属の内部において電子が電荷の移動をになっている場合，電子の移動する方向は，電流の方向とは逆になっている．

例 1. 銅で作られた断面積 1mm^2 の導線を 10A の電流が流れている．電子の平均的な移動の速さを求めよ．ただし，銅の内部にある自由電子の数を $8.4 \times 10^{22}\,\text{cm}^{-3}$ とし，電子 1 個の持つ電荷を $-1.6 \times 10^{-19}\,\text{C}$ とする．

解． 10A の電流は，1s 間に 10C の電荷の移動に相当する．これを運ぶための電子の数は，
$$10/1.6 \times 10^{-19} = 6.3 \times 10^{19}$$
である．これだけの数の自由電子を含む銅の体積は

$$6.3 \times 10^{19}/8.4 \times 10^{22} = 7.5 \times 10^{-4}\,\text{cm}^3$$

となる．導線の断面積は $1\text{mm}^2 = 0.01\text{cm}^2$ であるから，この体積は

$$7.5 \times 10^{-4}/0.01 = 7.5 \times 10^{-2}\,\text{cm} = 0.75\,\text{mm}$$

の長さに相当する．つまり，電子は，電流と反対の方向に，平均して毎秒 0.75mm の速さで移動することになる．

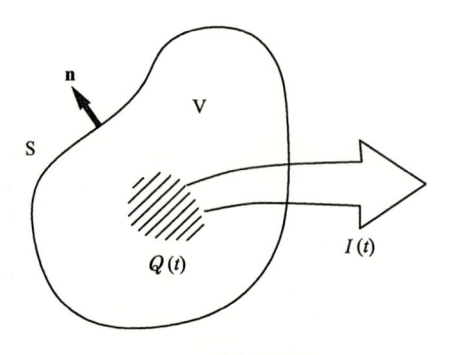

図 3.1 電荷と電流

電流は電荷の移動であるから，ある領域の内部に蓄えられた電荷と，その領域の表面を通って流れ出す電流の間には関係がある．図 3.1 の領域 V に蓄えられた電荷を

$$Q(t) = \int_V \rho(\mathbf{r}, t)\,dv$$

としよう．いま，この領域から電流 $I(t)$ が流れ出しているものと仮定すれば，領域内の電荷は，微小な時間 dt の間に $I(t)dt$ だけ減少するであろう．このため，

$$dQ(t) = -I(t)dt$$

より，

$$I(t) = -\frac{dQ(t)}{dt} \tag{3.1}$$

を得る．上の議論で，電荷の総量は保存されること，したがって $Q(t)$ の変化の原因は V から流れ出す電流以外にないことを用いた．このことは電荷の保存の法則と呼ばれ，電磁気学の基本的な法則の 1 つである．

電流が流れるとき，その流れには広がりがあるから，電流密度 $\mathbf{i}(\mathbf{r},t)$ [A/m^2] を考えることができる．ある点における電流密度は，その点での電流の流れる方向と，その方向に垂直な単位面積あたりの電流の大きさを持つベクトルである．電流密度を用いれば，領域 V の表面 S を通って流れ出す電流は，

$$I(t) = \int_S \mathbf{i}(\mathbf{r},t) \cdot \mathbf{n}\, dS \tag{3.2}$$

と表される．式 (3.2) を用いれば，(3.1) は

$$\int_S \mathbf{i}(\mathbf{r},t) \cdot \mathbf{n}\, dS = -\frac{d}{dt}\int_V \rho(\mathbf{r},t)\, dv$$

となるが，左辺の積分を Gauss の定理で体積分に直し，右辺の積分と微分の順序を交換すると，

$$\int_V \left[\nabla \cdot \mathbf{i}(\mathbf{r},t) + \frac{\partial \rho(\mathbf{r},t)}{\partial t}\right] dv = 0$$

が得られる．領域 V は任意にとることができるので，このことは，

$$\nabla \cdot \mathbf{i}(\mathbf{r},t) + \frac{\partial \rho(\mathbf{r},t)}{\partial t} = 0 \tag{3.3}$$

が空間の各点で成立することを意味する．この関係は，連続の式と呼ばれ，電荷の保存の法則の1つの表現である．

本章および次章では，電流または電流密度が時間的に変化せず，また空間の電荷分布も時間によらないことを仮定する．このような電流を，定常電流と呼ぶ．電気回路の理論では，振幅が一定の正弦波交流電流を定常電流と呼ぶ習慣であるから，この場合と混同しないよう注意されたい．

さて，定常電流の界では，上の仮定から $d/dt = \partial/\partial t = 0$ である．このことは，(3.1) によれば，$I(t) = 0$ を意味するから，定常電流は存在しないように思える．実際，図 3.2 のように静電容量 C のコンデンサに電荷を蓄え，端子間の電位差（端子電圧）が V_0 となったときに回路を閉じて電流を流すと，

$$I(t) = \frac{V_0}{R} e^{-t/CR}$$

となる．電流が時間の経過とともに減少するのは，電荷の流出によって蓄積電荷が減少し，端子電圧の低下がおこり，R にかかる電圧が小さくなっていくた

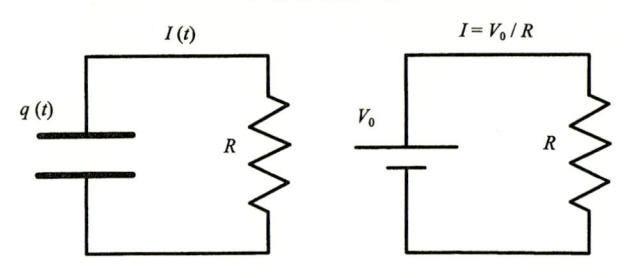

図 3.2　コンデンサの放電と理想的な起電力からの電流の供給

めである．積 CR の値を増せば変化は緩やかになるが，I が時間の関数であることは変わらない．

したがって，定常電流を流すためには，蓄積電荷の減少を何らかの方法で補ってやる必要がある．このことは，静電的な方法では困難であり，電池に代表される起電力の助けを借りねばならない．起電力の単位は，電位や電圧と同じでボルト [V] である．理想的な起電力は，その端子に何を接続しても，端子間の電圧が一定値に保たれるものをいう．このとき，電流によって運び去られる電荷は常に電池の内部から補給され，電池の外部では時間的な変化をなくすことができる．図において，充電したコンデンサの代わりに V_0 の大きさを持つ起電力を接続すれば，抵抗を流れる電流は時間によらない一定値 V_0/R をとるであろう．定常電流の界は，このようにして実現される．起電力については，3.3 節で再度検討する．

3.2　定常電流の界の基本法則

定常電流の界では時間的な変化がないので，電流密度は場所だけの関数となり，(3.3) は

$$\nabla \cdot \mathbf{i}(\mathbf{r}) = 0 \tag{3.4}$$

となる．これより，任意の体積を V，その表面である閉曲面を S とするとき，

$$\int_V \nabla \cdot \mathbf{i}(\mathbf{r})\,dv = \int_S \mathbf{i}(\mathbf{r}) \cdot \mathbf{n}\,dS = 0 \tag{3.5}$$

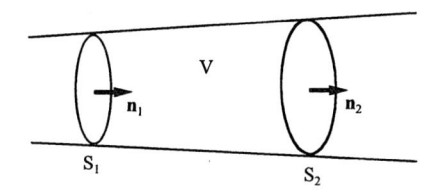

図3.3 定常電流の保存則

を得る．つまり，単位時間にVの表面を通って出て行く電荷の総和は0である．このことを，定常電流の保存則という．特に，Vの形状を図3.3のようにとり，その側面からの電流の出入りがないようにすれば，

$$\int_{S_1} \mathbf{i}(\mathbf{r}) \cdot \mathbf{n}_1 \, dS = \int_{S_2} \mathbf{i}(\mathbf{r}) \cdot \mathbf{n}_2 \, dS$$

となる．この式の左辺はS_1を通る電流I_1であり，右辺はS_2を通過する電流I_2であるから，定常電流が流れている1本の導線についての保存則

$$I_1 = I_2 \tag{3.6}$$

が得られる．

定常電流をになう電荷の移動は，電荷が電界から受けるCoulomb力によっておこる．すなわち，定常電流が流れているところでは，導体の内部であっても電界は0にならない．このとき，$|\mathbf{i}(\mathbf{r})|$が極端に大きい場合を除いて$\mathbf{E}(\mathbf{r})$と$\mathbf{i}(\mathbf{r})$は比例関係にあり，

$$\mathbf{i}(\mathbf{r}) = \sigma \mathbf{E}(\mathbf{r}) \tag{3.7}$$

が成立する．σは，電気伝導度あるいは導電率と呼ばれる，媒質によって定まる定数である．σの単位は[A/Vm]であるが，通常は電気抵抗の単位オーム$[\Omega] = [\mathrm{V/A}]$を用いて$[\Omega^{-1}\mathrm{m}^{-1}]$とする．また，電気抵抗の逆数であるコンダクタンスの単位シーメンス$[\mathrm{S}] = [\Omega^{-1}]$を使って，$[\mathrm{S/m}]$とすることもある．$\sigma$の値は媒質によって大幅に異なり，金属などの電流をよく伝える物質では10^7ないし10^8程度であるのに対し，ガラスなどの伝えにくい材料では10^{-14}ないし10^{-8}程度となる．前者を導体，後者を絶縁体と呼んで区別している．また，両者の間にσが10^{-6}から10^4であるシリコン，ゲルマニウム，グラファ

イトなどがあり，これらは半導体と呼ばれる．

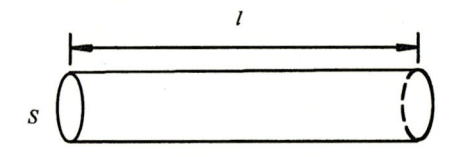

図 3.4　Ohm の法則

断面積 S，長さ l の導線に一様な密度 i で長さ方向の電流が流れているとき，(3.7) によれば，導線の両端の電位差は

$$V = El = \frac{l}{\sigma} i$$

であり，また，この導線を流れる電流は

$$I = Si$$

である．これらの式から i を消去すれば，

$$V = \frac{l}{\sigma S} I = RI \tag{3.8}$$

を得る．これは，Ohm の法則と呼ばれ，比例定数

$$R = \frac{l}{\sigma S} \tag{3.9}$$

を電気抵抗または抵抗という．このことから，(3.7) は Ohm の法則の微分形であることが理解されよう．式 (3.9) はまた，

$$\rho = \frac{1}{\sigma} \tag{3.10}$$

で定義される抵抗率 $\rho\,[\Omega \mathrm{m}]$ を用いて

$$R = \rho \frac{l}{S} \tag{3.11}$$

とも表される．

3.2 定常電流の界の基本法則

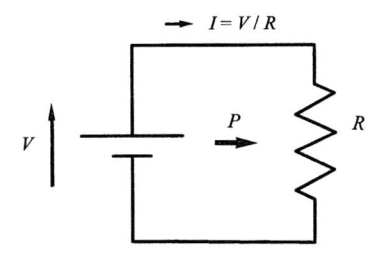

図 3.5 起電力から供給される電力

抵抗 R に電圧 V をかけて電流 $I = V/R$ を流すと，単位時間あたり I クーロンの電荷が V ボルトの電位差を移動するから，起電力は単位時間あたり

$$P = VI = I^2 R = \frac{V^2}{R} \tag{3.12}$$

の仕事をしなければならない．P を電力と呼び，その単位は [VA] = [J/s] であるが，これをワット [W] という．抵抗に与えられたこの仕事は，抵抗が他に力学的な仕事をしなければ，熱エネルギーとなって抵抗の温度を上昇させる．このことを Joule の法則といい，(3.12) に従って発生する熱を Joule 熱と呼ぶ．

抵抗が断面積 S，長さ l の導体で作られているとき，内部の電界と電流密度を $\mathbf{E}$ および $\mathbf{i}$ とすれば，$V = El$ であり，$I = iS$ だから，

$$VI = EiSl$$

となる．この両辺を抵抗の体積 Sl で割ると，単位時間に単位体積の中で発生する熱エネルギーが，

$$p = Ei = \sigma \mathbf{E}^2 = \rho \mathbf{i}^2 \tag{3.13}$$

と求まる．これは，Joule の法則の微分形として知られている．

さて，定常電流の界では導体の中にも電界が存在するが，この電界は，第5章で明らかになるように，保存力の界である．したがって，

$$\nabla \times \mathbf{E}(\mathbf{r}) = 0 \tag{3.14}$$

であり，$\mathbf{E}(\mathbf{r})$ は電位の勾配で，

と表される．式 (3.4) に (3.7) と (3.15) を代入すれば，

$$\nabla \cdot [\sigma \nabla \phi(\mathbf{r})] = 0$$

となるが，σ が一定の媒質の内部を考える場合には，

$$\nabla^2 \phi(\mathbf{r}) = 0 \tag{3.16}$$

である．したがって，一様な媒質の内部を定常電流が流れているとき，電位はLaplaceの方程式を満たす．

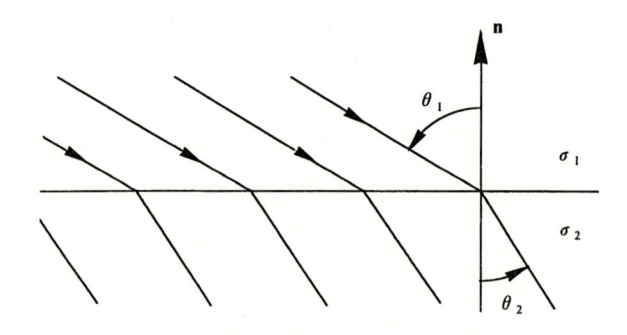

図 3.6 境界面における電流の屈折

 Laplaceの方程式の解を決定するには，境界条件が必要である．ここで，電気伝導度の異なる2つの媒質が境界面Sで接しているときの条件を求めておこう．まず，両方の媒質の内部の電界が保存力の界であることから，(2.45) を導いたときと同じ論理で，

$$\phi_1(\mathbf{r}) = \phi_2(\mathbf{r}) \quad (\mathbf{r} \in S) \tag{3.17}$$

を得る．すなわち，電位は境界面で連続である．これから，電界の接線成分の連続条件

$$\mathbf{n} \times [\mathbf{E}_1(\mathbf{r}) - \mathbf{E}_2(\mathbf{r})] = 0 \quad (\mathbf{r} \in S) \tag{3.18}$$

が出る．また，(2.41) の導出と同様の手順で，電流密度の法線成分に関する条件

$$\mathbf{n}\cdot[\mathbf{i}_1(\mathbf{r})-\mathbf{i}_2(\mathbf{r})]=0 \quad (\mathbf{r}\in S) \tag{3.19}$$

が得られる．これは，電位を用いて表せば，

$$\sigma_1\frac{\partial\phi_1(\mathbf{r})}{\partial n}=\sigma_2\frac{\partial\phi_2(\mathbf{r})}{\partial n} \quad (\mathbf{r}\in S) \tag{3.20}$$

となる．定常電流の界を境界値問題として扱うには，これらの条件を適宜用いればよい．

ところで，(3.18) によれば，図中の θ を用いて

$$E_1\sin\theta_1=E_2\sin\theta_2$$

であり，(3.19) あるいは (3.20) は

$$\sigma_1 E_1\cos\theta_1=\sigma_2 E_2\cos\theta_2$$

を表すから，境界面での電流の屈折の法則

$$\frac{\tan\theta_1}{\tan\theta_2}=\frac{\sigma_1}{\sigma_2} \tag{3.21}$$

が得られる．特に，媒質 2 が $\sigma_2=0$ とみなせる絶縁体であれば，$\tan\theta_1\to\infty$ であり，媒質 1 の中の電流は，境界面付近では境界面と平行に流れる．

式 (3.21) は，$\mathbf{i}(\mathbf{r})=\sigma\mathbf{E}(\mathbf{r})$ であることを考えれば，結局は電界の屈折の法則である．従って，この式と，2.5 節で導いた誘電体の境界面における電界の屈折の法則である (2.43) は，$\sigma_1/\sigma_2=\varepsilon_1/\varepsilon_2$ でない限り，互いに矛盾する．このことについて，簡単に説明を加えておこう．この場合には，(3.21) によって屈折角が定まる．このとき，電束密度の法線成分は不連続となるが，不連続分に相当する表面電荷

$$\rho_s(\mathbf{r})=\varepsilon_2 E_{2n}-\varepsilon_1 E_{1n}=\frac{\varepsilon_2\sigma_1-\varepsilon_1\sigma_2}{\sigma_2}E_{1n} \quad (\mathbf{r}\in S)$$

が現れて，(2.41) の代わりに表面電荷があるときの境界条件

$$\mathbf{n}\cdot[\mathbf{D}_1(\mathbf{r})-\mathbf{D}_2(\mathbf{r})]=\rho_s(\mathbf{r}) \quad (\mathbf{r}\in S)$$

が満足される．つまり，この場合に電界の屈折角を決めるのは，(3.21) であり，

(2.43) は必ずしも満たされなくてもよい.

このように見てくると，定常電流の界と静電界には著しい対応関係があることに気づく. すなわち, 電荷密度が 0 である領域で静電界を支配する法則は,

$$\mathbf{E} = -\nabla \phi, \quad \nabla \cdot \mathbf{D} = 0, \quad \mathbf{D} = \varepsilon \mathbf{E}$$

であったのに対して，定常電流の界の基本法則は,

$$\mathbf{E} = -\nabla \phi, \quad \nabla \cdot \mathbf{i} = 0, \quad \mathbf{i} = \sigma \mathbf{E}$$

である．したがって, ε と σ, $\mathbf{D}$ と $\mathbf{i}$ をそれぞれ入れ替えれば, 電荷の存在しない領域の静電界と定常電流の界は，基礎方程式の上ではまったく同じものである.

静電界と定常電流の界の相違点を, いくつか指摘しておこう. まず, 定常電流の界では, 電流をまったく通さない絶縁体を考えることができるが, 静電界にはこれに相当するものがない. この相違は, Laplace の方程式を解く際に, 境界条件に反映される. また, 静電界においては導体の内部には電界が存在しないが, 定常電流の界では 0 でない電界がある. これは, (3.7) において σ が有限であることに起因する. $\sigma = \infty$ である媒質を完全導体というが, その内部では, 定常電流が流れても電界は 0 である. もっとも, 金属などのよい導体を定常電流が流れているとき, 導体内部の電界はかなり小さい. このため, 実用的には, 金属などを完全導体とみなした取り扱いがされることも多い.

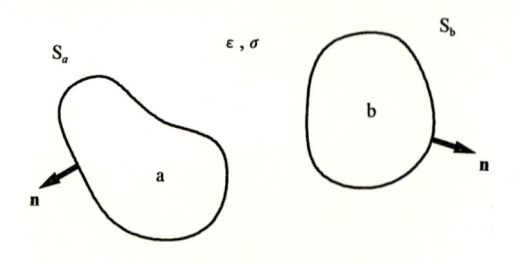

図 3.7 静電容量と電気抵抗

図のように（完全）導体で作られた 2 つの電極があり，まわりの空間は誘電

率 ε，電気伝導度 σ の媒質で満たされているものとする．起電力を電極に接続して，電極間の電位差を一定値 V に保ったとすると，まわりの空間の電位 $\phi(\mathbf{r})$ は定数を除いて一義的に定まり，電界，電束密度，電流密度も，

$$\mathbf{E}(\mathbf{r}) = -\nabla\phi(\mathbf{r}), \quad \mathbf{D}(\mathbf{r}) = -\varepsilon\nabla\phi(\mathbf{r}), \quad \mathbf{i}(\mathbf{r}) = -\sigma\nabla\phi(\mathbf{r})$$

によって決まる．この結果，電極 a に蓄えられている電荷は

$$Q = \int_{S_a} \mathbf{D}(\mathbf{r}) \cdot \mathbf{n}\, dS = -\varepsilon \int_{S_a} \frac{\partial\phi(\mathbf{r})}{\partial n}\, dS$$

となり，電極 a から出て行く電流は

$$I = \int_{S_a} \mathbf{i}(\mathbf{r}) \cdot \mathbf{n}\, dS = -\sigma \int_{S_a} \frac{\partial\phi(\mathbf{r})}{\partial n}\, dS$$

となる．したがって，

$$\frac{Q}{I} = \frac{\varepsilon}{\sigma}$$

を得るが，ここで電極間の静電容量を C とし，電気抵抗を R とすれば，$Q = CV$ および $V = IR$ によって，

$$CR = \frac{\varepsilon}{\sigma} = \varepsilon\rho \tag{3.22}$$

となることがわかる．ただし，この式中の $\rho = 1/\sigma$ は，抵抗率である．

さて，静電界においては導体の内部に電荷が存在せず，

$$\rho(\mathbf{r}) = \nabla \cdot \mathbf{D}(\mathbf{r}) = 0 \quad (導体内部) \tag{3.23}$$

であることはすでに述べた．実は，一様な導体の中では，定常電流の界においても，このことが成立する．すなわち，導体の誘電率および電気伝導度を ε および σ とすれば，

$$\rho(\mathbf{r}) = \nabla \cdot \mathbf{D}(\mathbf{r}) = \nabla \cdot [\varepsilon\mathbf{E}(\mathbf{r})] = \nabla \cdot \left[\frac{\varepsilon}{\sigma}\mathbf{i}(\mathbf{r})\right]$$

であるが，ε と σ が一定なら，(3.4) によって

$$\rho(\mathbf{r}) = \frac{\varepsilon}{\sigma}\nabla \cdot \mathbf{i}(\mathbf{r}) = 0$$

となるからである．

　ここで，導体の内部に何らかの方法で電荷を固定しておき，ある瞬間にその電荷を開放したらどのようなことがおきるか検討しておこう．この場合には，$\nabla \cdot \mathbf{i}(\mathbf{r}) = 0$ は成り立たないので，一般に成立する電荷の保存則である (3.3) を用いる．これと，$\mathbf{i}(\mathbf{r},t) = \sigma \mathbf{E}(\mathbf{r},t)$, $\mathbf{E}(\mathbf{r},t) = \mathbf{D}(\mathbf{r},t)/\varepsilon$, および $\nabla \cdot \mathbf{D}(\mathbf{r},t) = \rho(\mathbf{r},t)$ から，

$$\frac{\partial \rho(\mathbf{r},t)}{\partial t} + \frac{\sigma}{\varepsilon} \rho(\mathbf{r},t) = 0 \tag{3.24}$$

を得る．電荷を開放する前の電荷分布を $\rho_0(\mathbf{r})$ とすると，この解は

$$\rho(\mathbf{r},t) = \rho_0(\mathbf{r}) \, e^{-t/\tau} \tag{3.25}$$

で与えられる．ここで，

$$\tau = \frac{\varepsilon}{\sigma} \tag{3.26}$$

は時定数であるが，特に緩和時間と呼ばれる．導体の内部に電荷を与え，それを開放したとき，緩和時間 τ が経過すると電荷の大きさは $1/e$ に減少する．それがどれほどの時間であるかは，ε と σ の値による．例えば銅の場合，$\sigma \simeq 6 \times 10^7 \, \text{S/m}$ であり，ε は $\varepsilon_0 \simeq 9 \times 10^{-12} \, \text{F/m}$ の程度であるから，$\tau \simeq 1.5 \times 10^{-19} \, \text{s}$ となる．光の振動の周期が $10^{-15} \, \text{s}$ の程度であることを考えれば，金属の緩和時間が極めて小さいことを理解できよう．結局，導体内部に与えられた電荷は，緩和時間の数倍程度の時間のうちに，あるものは近くにある反対符号の電荷と中和し，またあるものは反発しあって導体表面に押しやられる．この結果，導体内部には電荷が残らない状態，すなわち静電界または定常電流の界が達成されることになる．式 (3.25) は初期の電荷分布 $\rho_0(\mathbf{r})$ がその形を保ったまま一様に減少することを意味するから，この過程において，はじめに電荷がなかった場所に新たに電荷が発生することはないことに注意しておこう．

3.3　電　気　回　路

　電気抵抗 R を持つ導線に起電力が V である（理想的な）電池をつなぐと，Ohm の法則にしたがって

3.3 電気回路

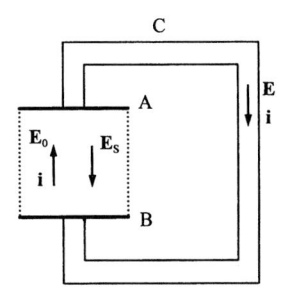

図3.8 起電力と定常電流が流れる仕組み

$$I = \frac{V}{R}$$

の電流が流れる．この現象について，少し詳しく検討しておこう．前節で，定常電流の界においても電界は保存力の界であって

$$\nabla \times \mathbf{E}(\mathbf{r}) = 0$$

が成立することを述べた．もし，このことが図の電池を含む回路 C についても成り立つとすれば，

$$\int_C \mathbf{i}(\mathbf{r}) \cdot \mathbf{t}\, ds = \sigma \int_C \mathbf{E}(\mathbf{r}) \cdot \mathbf{t}\, ds = 0$$

である．電流は，回路 C を一定の方向に流れているので，この積分が 0 となることはありえない．この矛盾の原因は，電池の内部でも電界が保存的であると仮定したことにある．つまり，定常電流 $\mathbf{i}(\mathbf{r})$ を流すことは保存的な電界のみでは不可能であり，電池の内部に非保存的な電界 $\mathbf{E}_0(\mathbf{r})$ があって，これが電荷を移動させていると考えれば，定常電流の存在を理解できる．

いま，全電界が保存的な界 $\mathbf{E}(\mathbf{r})$ と非保存的な界 $\mathbf{E}_0(\mathbf{r})$ の和であるとし，抵抗率 ρ を用いて，Ohm の法則を

$$\mathbf{E}(\mathbf{r}) + \mathbf{E}_0(\mathbf{r}) = \rho \mathbf{i}(\mathbf{r}) \tag{3.27}$$

と書く．両辺を回路 C に沿って積分すれば，$\mathbf{E}(\mathbf{r})$ の積分は 0 となるので，

$$\int_C \mathbf{E}_0(\mathbf{r}) \cdot \mathbf{t}\, ds = \int_C \rho \mathbf{i}(\mathbf{r}) \cdot \mathbf{t}\, ds$$

となる．ここで，簡単のために $\mathbf{i}(\mathbf{r}) = i(s)\mathbf{t}$ であるとし，回路を流れる電流を I，導線の断面積を $S(s)$ とすれば，

$$\mathbf{i}(\mathbf{r}) \cdot \mathbf{t} = i(s) = \frac{I}{S(s)}$$

である．したがって，右辺の積分は

$$\text{右辺} = I \int_C \frac{\rho}{S(s)} \, ds = IR$$

となる．ただし，

$$R = \int_C \frac{\rho}{S(s)} \, ds$$

は，この回路の抵抗である．以上のことから，

$$\int_C \mathbf{E}_0(\mathbf{r}) \cdot \mathbf{t} \, ds = RI \tag{3.28}$$

の関係が得られた．左辺の保存的でない電界 $\mathbf{E}_0(\mathbf{r})$ の積分が，この回路の起電力である．

通常，回路の起電力は，電池のように回路の一部にだけ存在する．このときの現象について調べておこう．まず，起電力に伴う非保存的な電界 $\mathbf{E}_0(\mathbf{r})$ は電池の内部にだけ存在するから，(3.28) の左辺の積分は

$$\int_B^A \mathbf{E}_0(\mathbf{r}) \cdot \mathbf{t} \, ds = V_0 \tag{3.29}$$

で置換えることができる．V_0 は，電池の起電力である．もし，電池に導線がつながれていないとすれば，電流は流れないので，(3.27) より，

$$\mathbf{E}(\mathbf{r}) = -\mathbf{E}_0(\mathbf{r})$$

となる．このとき，電池の端子電圧すなわち端子間の電位差は，

$$\phi(A) - \phi(B) = \int_B^A -\mathbf{E}(\mathbf{r}) \cdot \mathbf{t} \, ds = \int_B^A \mathbf{E}_0(\mathbf{r}) \cdot \mathbf{t} \, ds = V_0$$

である．したがって，この場合，端子電圧は起電力に等しい．電池に導線をつないで電流を流したとき，再び (3.27) を用いて，

3.3 電気回路

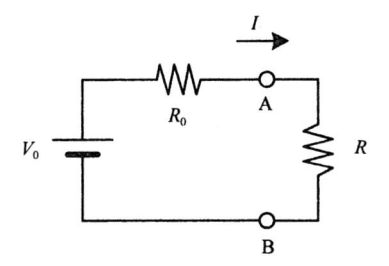

図 3.9 内部抵抗を持つ電池の等価回路

$$\int_B^A \mathbf{E}(\mathbf{r}) \cdot \mathbf{t}\, ds + \int_B^A \mathbf{E}_0(\mathbf{r}) \cdot \mathbf{t}\, ds = \int_B^A \rho \mathbf{i}(\mathbf{r}) \cdot \mathbf{t}\, ds$$

となる.ここで,

$$\int_B^A \mathbf{E}(\mathbf{r}) \cdot \mathbf{t}\, ds = -\int_B^A \nabla \phi(\mathbf{r}) \cdot \mathbf{t}\, ds = -[\phi(\mathrm{A}) - \phi(\mathrm{B})]$$

であり,$\mathbf{E}_0(\mathbf{r})$ の積分は V_0 に等しい.そこで,電池の内部抵抗を

$$\int_B^A \frac{\rho}{S(s)}\, ds = R_0$$

として,

$$\int_B^A \rho \mathbf{i}(\mathbf{r}) \cdot \mathbf{t}\, ds = IR_0$$

とおけば,

$$\phi(\mathrm{A}) - \phi(\mathrm{B}) = V_0 - IR_0 \tag{3.30}$$

が得られる.この関係は,内部抵抗を持つ電池の端子電圧を与えるもので,図 3.9 のように表すことができる.

結局,電池の中での起電力の働きは,保存的な電界 $\mathbf{E}(\mathbf{r})$ に逆らって,低い電位の点 B から高い電位の点 A に電荷を運ぶことである.このとき,電池に内部抵抗があれば,電池の端子電圧は (3.30) に従って起電力より低下する.一方,電池の起電力によって高い電位の点に持ち上げられた電荷は,外部の保存的な電界による力を受け,低い電位の点に流れていくことになる.

これまでは,1つの閉回路に沿って流れる電流と起電力の働きについて述べ

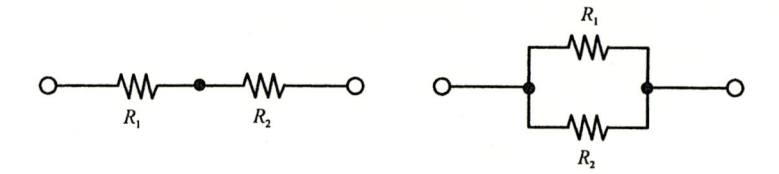

図 3.10 抵抗の直列および並列接続

た.実際の電気回路では,いくつかの抵抗と起電力が複雑に接続されている場合が多い.このようなものを,電気回路網または単に回路網と呼ぶ.特に,回路網中を定常電流だけが流れている場合,これを直流回路網という.以下では,直流回路網中の電流・電圧の分布を調べる方法について述べよう.

 直流回路網を構成する回路素子は,基本的には,起電力と抵抗だけである.起電力のことを,電圧源ということもある.抵抗 R_1 と R_2 を直列または並列に接続し,これを起電力 V につなぐと,直列の場合

$$I = \frac{V}{R_1 + R_2}$$

並列の場合

$$I = \frac{V}{\frac{1}{R_1} + \frac{1}{R_2}}$$

の電流が流れることは周知の通りである.このことは,2つの抵抗を直列接続するとその合成抵抗が

$$R = R_1 + R_2 \quad (直列接続は抵抗の和)$$

となり,並列接続だと

$$\frac{1}{R} = \frac{1}{R_1} + \frac{1}{R_2}$$

となることを意味する.ただし,並列の場合は,

$$G = \frac{1}{R}$$

で定義されるコンダクタンス G [S] を用いて,

$$I = G_1 V + G_2 V = (G_1 + G_2)V$$

したがって，

$$G = G_1 + G_2 \quad (並列接続はコンダクタンスの和)$$

と理解する方が容易であろう．いずれにしても，複数の抵抗が直列または並列に接続され，これを起電力につないだ場合の回路網の電流・電圧の分布は，Ohmの法則だけを利用して求めることができる．

例 1. 図の回路網において，I_1 および V_2 を求めよ．

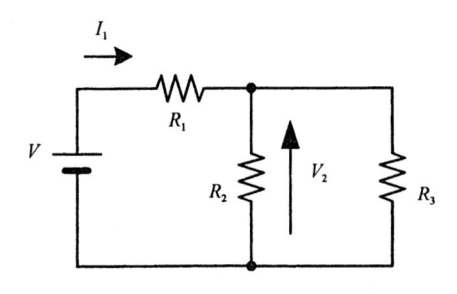

図 3.11 直並列回路

解． 起電力からみた合成抵抗は

$$R = R_1 + \frac{R_2 R_3}{R_2 + R_3} \tag{1}$$

であるから，

$$I_1 = \frac{V}{R} = \frac{V}{R_1 + \dfrac{R_2 R_3}{R_2 + R_3}} \tag{2}$$

となる．V_2 の求めかたはいくつかあるが，$V_2 = R_2 I_2$ として求めてみる．

$$I_2 = \frac{R_3}{R_2 + R_3} I_1 = \frac{R_3 V}{R_1 R_2 + R_2 R_3 + R_3 R_1} \tag{3}$$

であるから，

$$V_2 = \frac{R_2 R_3}{R_1 R_2 + R_2 R_3 + R_3 R_1} V \tag{4}$$

が求める結果である．途中，(3) の最初の等号は，R_2 と R_3 にかかっている電圧が等しいので

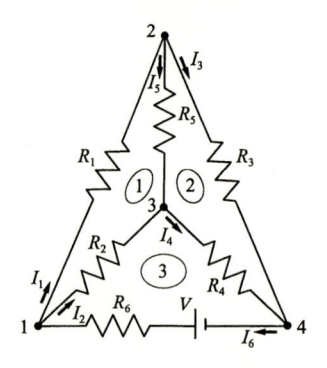

図 3.12 直列または並列以外の接続を含む回路の例

$$I_2 = \frac{G_2}{G_2 + G_3} I_1 = \frac{R_3}{R_2 + R_3} I_1 \tag{5}$$

と考えれば理解できよう．

さて，回路網が複雑で，直列または並列以外の接続が含まれている場合，Ohmの法則だけでは電圧・電流の分布を決定することができないことがある．このような場合には，以下に述べるKirchhoffの法則を用いれば，回路網中の電圧・電流を求めるために必要かつ十分な方程式を得ることができる．この法則は，2つに分けて述べられる．

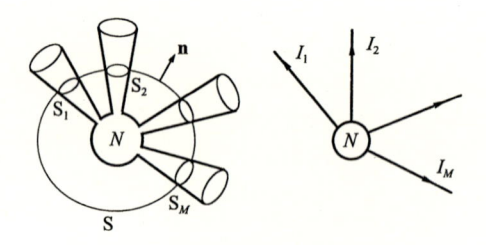

図 3.13 Kirchhoffの第1法則

まず，Kirchhoffの第1法則または電流則と呼ばれるものを説明する．これは，すでに述べた定常電流の保存則 (3.5) を，回路網中の結合点（節点）を囲む閉曲面に適用して導かれる．すなわち，図の節点Nを囲む閉曲面Sにおいて，

$$\int_S \mathbf{i}(\mathbf{r}) \cdot \mathbf{n}\, dS = 0$$

であるが，$\mathbf{i}(\mathbf{r})$ は導線の断面上でのみ 0 でない値をとるので，

$$\int_S \mathbf{i}(\mathbf{r}) \cdot \mathbf{n}\, dS = \sum_{m=1}^{M} \int_{S_m} \mathbf{i}(\mathbf{r}) \cdot \mathbf{n}\, dS$$

となる．ここで，S_m は m 番目の導線の断面である．S_m 上の積分は，m 番目の導線を通って出て行く電流 I_m に等しいから，導線の数を M として

$$\sum_{m=1}^{M} I_m = 0 \tag{3.31}$$

を得る．すなわち，回路網中の任意の節点から流出する電流の代数和は 0 である．このことを，Kirchhoff の第 1 法則と呼ぶ．

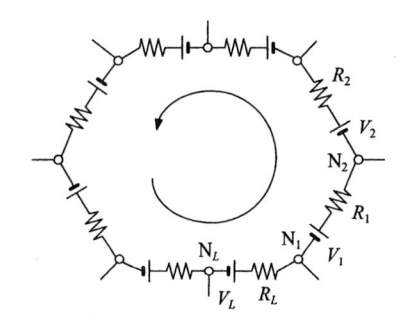

図 3.14 Kirchhoff の第 2 法則

次に，Kirchhoff の第 2 法則または電圧則と呼ばれるものについて述べる．回路網中に一つの閉回路（閉路）を考える．この閉路の上には，L 個の節点 N_m があるものとしよう．隣り合う節点の間を，枝という．枝の数も L である．m 番目の枝は，直列につながれた抵抗 R_m と起電力 V_m で構成されている．もちろん，$R_m = 0$ または $V_m = 0$ であっても構わないが，$R_m = V_m = 0$ ではないものとする．また，簡単のために，起電力に伴う内部抵抗は，R_m に含めて考える．この閉路に一定の方向を定め，Ohm の法則 (3.27) を閉路の 1 周にわたって積分すると，(3.28) の場合と同様にして，

$$\sum_{m=1}^{L} \int_{C_m} \mathbf{E}_0(\mathbf{r}) \cdot \mathbf{t}\, ds = \sum_{m=1}^{L} R_m I_m$$

を得る.ここで,C_m は m 番目の枝であり,I_m はその枝を定めた方向に流れる電流である.左辺の積分は,定めた方向の電流を流そうとする起電力であるから,この式は,

$$\sum_{m=1}^{L} V_m = \sum_{m=1}^{L} R_m I_m \tag{3.32}$$

と書ける.すなわち,1つの閉路において,定めた向きの電流を流そうとする起電力の総和は,それぞれの抵抗に定めた向きの電流が流れたときに抵抗に発生する電圧の総和に等しい.これを,Kirchhoff の第2法則という.

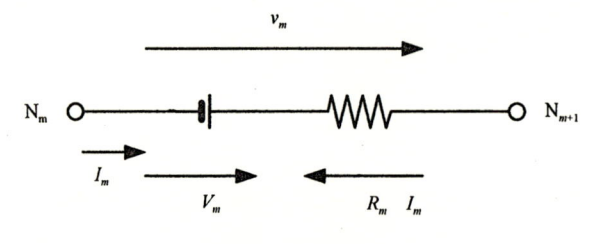

図 3.15 枝電圧

いま,閉路の中から m 番目の枝を取り出してみよう.I_m の方向が閉路の向きに一致しているとき,これを流そうとする起電力の向きは図のようになる.これは,I_m が流れたときに抵抗に発生する電圧とは反対であることに注意されたい.ここで,m 番目の枝の枝電圧を

$$v_m = V_m - R_m I_m \tag{3.33}$$

で定義することにすれば,これは $m+1$ 番目の節点の電位から m 番目の節点の電位を引いたものになる.ただし,$m=L$ のとき,$L+1$ は 1 と読み替える.式 (3.32) は,v_m を用いて書けば,

$$\sum_{m=1}^{L} v_m = 0 \tag{3.34}$$

となる.これで,1つの閉路における枝電圧の総和は 0 であることがわかった.このことは,Kirchhoff の第2法則の言い換えであるが,また,閉路に沿って

電荷を1回りさせるための仕事が0であること，すなわちエネルギー保存の法則の表現にもなっている．

例1. 図 3.12 の回路について，I_1 ないし I_6 を求めるための方程式を立てよ．

解. 節点 1 ないし 4 を図のように定め，それぞれの枝に流れる電流を I_1 ないし I_6 とする．また，閉路 1 ないし 3 を図のようにとり，閉路の方向は，半時計まわりと決める．まず，第 1 法則を節点 1 ないし 4 に適用すると，

$$
\begin{aligned}
\text{節点 1:} & \quad I_1 + I_2 - I_6 = 0 \\
\text{節点 2:} & \quad -I_1 + I_3 + I_5 = 0 \\
\text{節点 3:} & \quad -I_2 + I_4 - I_5 = 0 \\
\text{節点 4:} & \quad -I_3 - I_4 + I_6 = 0
\end{aligned}
\tag{1}
$$

となる．これらの式の左辺を加えると0になるから，これらの4本の式は互いに独立ではない．そこで，例えば第4式を取り去って，第1法則に基づく式を

$$
\begin{aligned}
\text{節点 1:} & \quad I_1 + I_2 - I_6 = 0 \\
\text{節点 2:} & \quad -I_1 + I_3 + I_5 = 0 \\
\text{節点 3:} & \quad -I_2 + I_4 - I_5 = 0
\end{aligned}
\tag{2}
$$

とする．次に，閉路 1 ないし 3 に第 2 法則を適用すると

$$
\begin{aligned}
\text{閉路 1:} & \quad 0 = R_1 I_1 - R_2 I_2 + R_5 I_5 \\
\text{閉路 2:} & \quad 0 = R_3 I_3 - R_4 I_4 - R_5 I_5 \\
\text{閉路 3:} & \quad V = R_2 I_2 + R_4 I_4 + R_6 I_6
\end{aligned}
\tag{3}
$$

を得る．(2) と (3) を連立1次方程式として解けば，すべての枝を流れる電流が求められる．このように，それぞれの枝に流れる電流を未知数として，Kirchhoff の法則を直接適用する方法を枝電流法という．この方法は枝の数が多くなると煩雑になるから，実際には，閉路を循環する電流を未知数とする閉路電流法や，節点の電位を未知数にとる節点電位法が用いられることが多い．これらの方法については，回路理論の教科書を参照されたい．

演習問題

1. 極板の面積 S, 間隔 d である平行平板コンデンサの内部に, 厚さ d_1, 誘電率 ε_1, 導電率 σ_1 の媒質と, 厚さ $d_2(=d-d_1)$, 誘電率 ε_2, 導電率 σ_2 の媒質を詰めた. 極板の間に電圧 V をかけたとき, 2つの媒質の間に蓄積される電荷の密度を求めよ.
2. 図 3.11 の R_3 で消費される電力が最大となるように R_3 の値を定めよ.
3. よい導体で作られた長さ l の同軸円筒があり, 円筒の半径は a および $b(>a)$ である. 円筒の間に導電率 σ の媒質を入れたとき, 円筒の間の抵抗はいくらになるか.
4. よい導体で作られた十分大きくかつ深い水槽を導電率 σ の電解液で満たし, 水槽の中ほどに半径 a の球形の電極を置いた. 電極と水槽の間の抵抗を求めよ. 電極を, ちょうど半分だけ電解液の中に沈めたときはどうなるか.
5. 定常電流の界は, 全空間で発生する Joule 熱を最小にするように分布する. これを, 最小発熱の原理という. このことを用いて, 図 3.10 に示す直列および並列接続された抵抗の合成抵抗値を求めよ.

4

定常電流による磁界

　電流が流れると，そのまわりに磁界ができる．また，磁界の中を流れる電流は，磁界から力を受ける．電流と磁界は互いに密接に関係しているが，ここでは，定常電流が作る時間的に一定な磁界と，そのような磁界の中で定常電流が受ける力について述べる．また，磁界を一般的に表すベクトルポテンシャルを説明するとともに，時間的に一定な磁界の基礎方程式を導く．さらに，物質の磁気的な性質に着目して磁性体の概念を述べ，磁性体があるときの磁界の振る舞いを検討する．

4.1 静　磁　界

　かつて，磁気現象は，電気現象とは独立に，かつ相互の対称性を保つ形で研究されてきた．例えば，電荷 q に対応する磁荷 q_m を考え，真空中に置かれた2つの磁荷の間に働く力は磁気現象に関する Coulomb の法則

$$F = \frac{1}{4\pi\mu_0}\frac{q_{m1}q_{m2}}{r^2} \tag{4.1}$$

に従うものとした．ここで，μ_0 は真空の透磁率と呼ばれる定数である．このことから，点 $\mathbf{r}_0$ に置かれた磁荷 q_{m0} が点 $\mathbf{r}$ に作る磁界を，(1.12) にならって

$$\mathbf{H}(\mathbf{r}) = \frac{q_{m0}}{4\pi\mu_0}\frac{\mathbf{r}-\mathbf{r}_0}{|\mathbf{r}-\mathbf{r}_0|^3} \tag{4.2}$$

で定義し，$\mathbf{r}$ 点に置かれた磁荷 q_m が受ける力を

$$\mathbf{F}(\mathbf{r}) = q_m \mathbf{H}(\mathbf{r}) \tag{4.3}$$

と表すのも，静電界の場合と同様である．さらに，電束密度 $\mathbf{D}(\mathbf{r}) = \varepsilon_0 \mathbf{E}(\mathbf{r})$ に対応するものとして，磁束密度

$$\mathbf{B}(\mathbf{r}) = \mu_0 \mathbf{H}(\mathbf{r}) \tag{4.4}$$

を導入して，次に述べる理由から

$$\nabla \cdot \mathbf{B}(\mathbf{r}) = 0 \tag{4.5}$$

を満たすものとした．このような考えを進めれば，時間的に変化しない静磁界の現象は，すべて静電界と対応させて述べることができる．

静電界と静磁界の違いは，静磁界には，静電界における電荷に相当する磁荷すなわち磁気単極子が存在しないことである．磁石にはNとSの磁極があり，それぞれが正と負の磁荷を持っているとみなすことができるが，その磁荷の総量は0である．また，磁石を2つに切れば，それぞれの両端にNとSの磁極ができて，NまたはSの磁極のみを切り離すことはできない．つまり，磁石というものは，電界によって分極した誘電体のようなもので，静電界における電気双極子に対応する磁気双極子の集まりであると考えられる．

この双極子磁界の原因は，原子の中にある電子の軌道運動と電子自身のスピンにあることがわかっている．すなわち，後にみるように，環状の電流が作る磁界は電流が流れている領域の外部では磁気双極子の磁界と同じであり，磁石が作る磁界は，結局は電流の作用にほかならない．このことも含めて，現在では，磁気的な現象はすべて電流に起因すると理解されている．

次節以降では，このような考えに基づいて，電流あるいは運動する電荷が磁界から受ける力を基礎として，静磁界の性質を調べることにしよう．ここで，2つのことを注意しておきたい．第一に，電界と磁界の対応関係である．現在の知見では，電界 $\mathbf{E}$ に対応するものは，磁界 $\mathbf{H}$ ではなく，磁束密度 $\mathbf{B}$ であると考えるのが正当であるとみなされている．しかしながら，$\mathbf{E}$ を $\mathbf{H}$ に対応させることも，歴史的な経緯もあり，かつ工学上の応用ではしばしば行われることである．したがって，以降の記述は，両方の立場を適宜取り混ぜて行う．第二

の注意は，磁荷の存在の問題である．上に磁荷は存在しないことを述べ，また，この後の議論もそのことを前提としている．しかし，磁荷やその移動である磁流の概念は，電磁界の問題を扱う際に便利なものであるため，時として利用される．

4.2 アンペアの力とローレンツの力

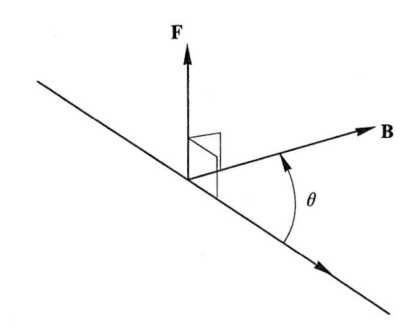

図 4.1 一様な磁界中の電流に働く力

静電界 $\mathbf{E}(\mathbf{r})$ の中に電荷 q を置くと，電荷は電界から

$$\mathbf{F}(\mathbf{r}) = q\mathbf{E}(\mathbf{r})$$

の力を受ける．定常電流が作る静磁界の中に電荷を置いた場合，静止した電荷は力を受けないが，電荷の移動である電流は力を受ける．一様な静磁界中で磁界と θ の角度で定常電流 I を流すと，電流が受ける単位長あたりの力は，

$$f = IB\sin\theta$$

となることがわかっている．力の方向は，電流と磁界に垂直で，電流の方向から磁界の方向へと右ネジを回したときにネジが進む向きである．したがって，この関係は，

$$\mathbf{f} = I\mathbf{t} \times \mathbf{B} \tag{4.6}$$

と書ける．ここで，$\mathbf{t}$ は電流の方向の単位ベクトルであり，$\mathbf{B}$ は磁束密度である．

このことは，電流の微小部分である電流素片 $I d\mathbf{s} = I\mathbf{t}ds$ に対して，

$$d\mathbf{F} = I(\mathbf{t} \times \mathbf{B})\,ds = I(d\mathbf{s} \times \mathbf{B})$$

の力が働いているものと解釈できる．したがって，磁束密度が場所の関数である場合に電流素片に働く力は，

$$d\mathbf{F}(\mathbf{r}) = I[d\mathbf{s} \times \mathbf{B}(\mathbf{r})] \tag{4.7}$$

となる．磁界が電流に及ぼすこの力を，Ampère の力という．

電界が電荷に働く力によって定義されたように，Ampère の力は磁束密度 $\mathbf{B}(\mathbf{r})$ の定義を与える．磁束密度の単位は，上の式から [N/Am] であるが，これをテスラ [T] と呼ぶ．1A の電流を磁界と垂直に流し，電流が受ける単位長あたりの力が 1N であるとき，磁束密度は 1T である．磁束密度の単位として，テスラの代わりに磁荷または磁束の単位であるウエーバ [Wb] = [Nm/A] を用いて，[Wb/m^2] を使うこともある．また，テスラが実用単位としては大きすぎるため，1gauss = 10^{-4}T で定義されるガウスを単位とすることも多い．

例 1. 図のような長方形の回路 ABCD が，磁束密度が $\mathbf{B}$ である一様な磁界の中に，辺 AB および CD は磁界に垂直に，辺 BC および DA は磁界と α の角度で置かれている．回路に電流 I を流したとき，回路が受ける力を求めよ．

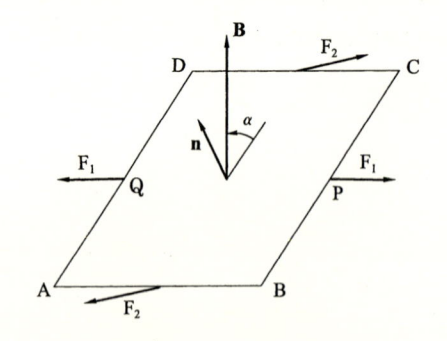

図 4.2 一様な磁界中の長方形回路が受ける力

解．辺 BC および DA に働く力の大きさは，

$$F_1 = IBb\sin\alpha$$

である．これらの力は，同じ面内にあって作用線が一致し，かつ逆向きだから，互いに打ち消す．また，辺 AB および CD に働く力の大きさは，

$$F_2 = IBa$$

である．この 2 つの力も大きさが等しく逆向きであるが，図のように作用線がずれているから，回路を軸 PQ のまわりに回転させようとする偶力である．その能率は

$$N = F_2 b\cos\alpha = IBS\cos\alpha$$

で与えられる．ただし，$S = ab$ は回路の面積である．いま，長方形で囲まれた面分の単位法線を $\mathbf{n}$ とし，$\mathbf{n}$ の向きは電流の流れる向きに右ネジを回転したときにネジが進む方向と定めれば，$\mathbf{n}$ と磁界のなす角は $\theta = \pi/2 - \alpha$ であるから，

$$N = IBS\sin\theta$$

と書ける．ここで，

$$IS\mathbf{n} = \mathbf{m}$$

とおくと，この関係はベクトル形式で

$$\mathbf{N} = \mathbf{m} \times \mathbf{B}$$

となる．このことと，2.7 節の例 4 でみた一様な電界中に置かれた電気双極子が受ける回転力の能率との類似に注意されたい．

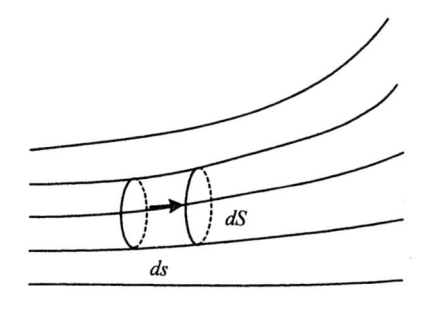

図 4.3 定常電流が流れている領域の中の微小な体積

Ampère の力は磁界の中にある電流が受ける力であるが，電流は電荷の移動であるから，この力を運動する電荷が受ける力に書き換えることができる．これを行うために，まず，電流が流れている領域の中に図のように微小な筒状の体積をとり，筒の底面積を dS，長さを ds とする．また，筒の底面は $\mathbf{i}(\mathbf{r})$ に垂直にとり，側面は平行にとる．この場所における電流密度を $\mathbf{i}(\mathbf{r})$ とすると，この筒を通って流れる電流は

$$I(\mathbf{r}) = \mathbf{i}(\mathbf{r}) \cdot \mathbf{n}\, dS = i(\mathbf{r}) dS$$

である．したがって，この筒状の電流が受ける力は，(4.7) によって

$$d\mathbf{F}(\mathbf{r}) = i(\mathbf{r})\, dS\, [d\mathbf{s} \times \mathbf{B}(\mathbf{r})]$$

となる．ただし，$d\mathbf{s} = \mathbf{t}\, ds$ である．$\mathbf{i}(\mathbf{r}) = \mathbf{t}\, i(\mathbf{r})$ であるから，この式は，

$$d\mathbf{F}(\mathbf{r}) = \mathbf{i}(\mathbf{r}) \times \mathbf{B}(\mathbf{r})\, ds\, dS = \mathbf{i}(\mathbf{r}) \times \mathbf{B}(\mathbf{r})\, dv$$

と書き換えられる．上式の $dv = ds\, dS$ は微小領域の体積であるから，このことは，電流の単位体積あたりに働く力が

$$\mathbf{f}(\mathbf{r}) = \mathbf{i}(\mathbf{r}) \times \mathbf{B}(\mathbf{r}) \tag{4.8}$$

で与えられることを意味する．

次に，(4.8) の電流密度 $\mathbf{i}(\mathbf{r})$ を荷電粒子の移動の形に書き直そう．図 4.3 の筒状領域の中の電荷分布を $\rho(\mathbf{r})$ とする．電荷またはその移動を担う荷電粒子の密度を $n(\mathbf{r})\,[\mathrm{m}^{-3}]$ とし，荷電粒子 1 個の電荷を q_0 とすると，この電荷密度は，

$$\rho(\mathbf{r}) = n(\mathbf{r}) q_0$$

と書ける．したがって，この筒状領域の中にある電荷は

$$dq(\mathbf{r}) = \rho(\mathbf{r})\, dv = n(\mathbf{r}) q_0\, dv$$

である．微小な筒状領域における荷電粒子の平均の移動速度を $\mathbf{u} = u\mathbf{t}$ とすれば，1 つの粒子が筒状領域を通り抜けるために要する時間は，

$$dt = \frac{ds}{u}$$

であるから，dS を通過する電流は

$$I = \frac{dq}{dt} = n(\mathbf{r})q_0 u\, dS$$

と表現できることがわかる．したがって，荷電粒子の運動による電流密度は，

$$\mathbf{i}(\mathbf{r}) = n(\mathbf{r})q_0\mathbf{u} \tag{4.9}$$

で与えられる．これを (4.8) に代入すれば，運動している荷電粒子の集団に対して，単位体積あたりに働く力が

$$\mathbf{f}(\mathbf{r}) = n(\mathbf{r})q_0[\mathbf{u} \times \mathbf{B}(\mathbf{r})] \tag{4.10}$$

と求まる．

式 (4.10) は，1 個あたり電荷 q_0 を持つ荷電粒子の集団が速度 $\mathbf{u}$ で運動すると，それぞれの粒子が $q_0\mathbf{u} \times \mathbf{B}(\mathbf{r})$ の力を受けると解釈できる．重ね合わせの原理を認めれば，一般に，電荷 q が速度 $\mathbf{u}$ で運動するとき，磁束密度が $\mathbf{B}(\mathbf{r})$ である磁界から受ける力は，

$$\mathbf{F}(\mathbf{r}) = q\mathbf{u} \times \mathbf{B}(\mathbf{r}) \tag{4.11}$$

となるであろう．もし，磁界に加えて静電界 $\mathbf{E}(\mathbf{r})$ も存在するときは，

$$\mathbf{F}(\mathbf{r}) = q[\mathbf{E}(\mathbf{r}) + \mathbf{u} \times \mathbf{B}(\mathbf{r})] \tag{4.12}$$

となる．式 (4.11) あるいは (4.12) を，Lorentz の力という．

1 個の荷電粒子が運動するとき，電流密度は時間の関数となるから，定常電流が磁界から受ける力 (4.7) または (4.8) から (4.11) を導くことは，単なる類推に過ぎない．しかし，(4.11) の関係は，上の説明とはまったく独立に，点電荷に働く Coulomb 力から特殊相対性原理の理論を用いて導くことができる．すなわち，静電界の Coulomb の法則を認めれば，運動する荷電粒子に働く力は (4.11) あるいは (4.12) で与えられることが，この理論から結論される．このこ

とから荷電粒子の集団に働く力が (4.10) となり，この力は，(4.9) を考慮すれば，Ampère の力 (4.8) あるいは (4.7) となる．このように，磁気現象はもともと電気現象と独立なものではなく，むしろ電気現象が相対論的な効果によって形を変えて現れたものである．

一般の常識では，相対論的な効果は，荷電粒子が光速に近い速さで移動するときに初めて現れてくるべきものであろう．一方，われわれは，3.1 節の例 1 によって，電流を担う荷電粒子の移動速度が，光速に比べて極めて小さいことを知っている．このような速さで相対論的な効果が目に見える形で現れることの原因は，Coulomb 力が極めて強いこと，および電流にかかわる電荷が極めて大きいことにある．例えば，1A は日常的な大きさの電流であるが，これは 1s 間に 1C の電荷の移動を意味する．1C は，2.3 節の例 1 からわかるように，半径 1m の導体球の電位を 9.09×10^9 V だけ上昇させる莫大な電荷である．また，1.2 節の例 1 でみたように，1m の距離に置かれた 1C の電荷の間に作用する Coulomb 力は，9.17×10^5 トンの質量に働く重力に等しい．

特殊相対性原理の理論に基づいて Coulomb 力から Lorentz の力を導くことは，本書の程度を超えると思われるから，ここでは述べない．しかし，例えば次のようなことは知っておくべきであろう．いま，磁束密度が $\mathbf{B}(\mathbf{r})$ である磁界の中を，電荷 q を持つ荷電粒子が速度 $\mathbf{u}$ で運動しているとする．この粒子は，磁界から Lorentz の力

$$\mathbf{F}(\mathbf{r}) = q\mathbf{u} \times \mathbf{B}(\mathbf{r})$$

を受ける．ところが，この現象を粒子と一緒に運動する座標系から観測すると，静止した電荷が力を受けるので，点 $\mathbf{r}$ には電界

$$\mathbf{E}(\mathbf{r}) = \mathbf{u} \times \mathbf{B}(\mathbf{r})$$

が生じているように見えるであろう．このように電界と磁界はそれぞれが独立した存在ではなく，いわば電磁界とでもいうべきものがあって，それが，観測の仕方によって，磁界に見えたり電界に見えたりするわけである．

4.3 ビオ–サバールの法則

電流の流れている 2 本の導線を近づけると，導線は互いに力を及ぼしあう．これは，2 本の導線がお互いに相手の導線を流れる電流が作る磁界の中にあるので，前節で述べた Ampère の力を受けるためである．ここでは，電流が作る磁界について調べてみよう．

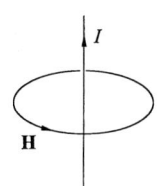

図 4.4 直線電流が作る磁界

図 4.4 のような直線電流があるとき，電流のまわりには，電流を軸として回転するような磁界が生じる．電流の強さを I とし，電流からの距離を r とすれば，この磁界は

$$H(r) = \frac{I}{2\pi r} \tag{4.13}$$

となることが知られている．磁界の方向は，電流を右ネジの進む方向とするとき，ネジが回転する方向である．したがって，電流の方向を z 軸にとれば，磁界はベクトルの形で

$$\mathbf{H}(\mathbf{r}) = \mathbf{i}_\varphi \frac{I}{2\pi r} \tag{4.14}$$

と書ける．

このことから，磁界の単位が [A/m] であることがわかる．真空中で磁界が $\mathbf{H}(\mathbf{r})$ である点の磁束密度は (4.4) によって

$$\mathbf{B}(\mathbf{r}) = \mu_0 \mathbf{H}(\mathbf{r}) \tag{4.15}$$

とする．真空の透磁率 μ_0 の単位は，この関係と (4.7) から [N/A^2] となるが，通常，4.8 節で述べるインダクタンスの単位ヘンリー [H] = [Wb/A] を用いて，

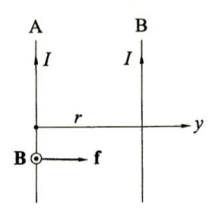

図 4.5　平行な直線電流の間に働く力（手前を x 方向とする）

[H/m] とすることが普通である．

さて，磁界 $\mathbf{H}(\mathbf{r})$ と磁束密度 $\mathbf{B}(\mathbf{r})$ の関係を (4.15) のように定めれば，電流の単位 [A] と μ_0 の値とを決めることができる．図 4.5 のように，等しい大きさ I の 2 本の直線電流が，距離 r を隔てて平行に流れているものとする．このとき，電流 A は電流 B が作る磁界の中にあり，その磁束密度は図の座標系で

$$\mathbf{B} = \mathbf{i}_x \frac{\mu_0 I}{2\pi r}$$

である．したがって，電流 A が受ける力は y 方向で，その単位長あたりの大きさは

$$f = \frac{\mu_0 I^2}{2\pi r}$$

となる．いま，μ_0 の値を

$$\mu_0 = 4\pi \times 10^{-7} \tag{4.16}$$

と定めれば，この力は

$$f = 2 \times 10^{-7} \frac{I^2}{r}$$

と表される．SI 単位系の基本単位である [A] は，この関係によって定義される．すなわち，同じ強さの電流を 1m 隔てて平行に流したとき，電流の間に働く力が単位長あたり 2×10^{-7} N であるとき，その電流を 1A と決める．

電流が直線状でない場合，どのような磁界が生じるであろうか．この問いに答えるためには，電流素片 $I d\mathbf{s} = I\mathbf{t} ds$ が作る磁界の表現を求めればよい．静電界との類似によって，このことを検討しよう．直線電流による磁界 (4.13) は，1.4 節の例 3 で調べた直線上に分布した電荷による電界

4.3 ビオ–サバールの法則

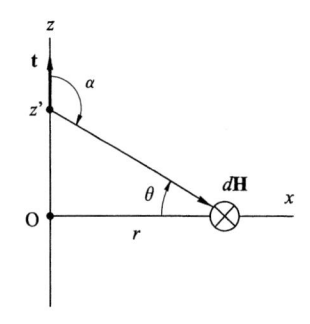

図 4.6 直線上の電流素片が作る磁界

$$E(r) = \frac{\lambda}{2\pi\varepsilon_0 r}$$

と同じ形をしている．定数係数の相違を別にして，両者の違いは，磁界が φ 方向を向いているのに対して，電界は r 方向成分しか持たないことにある．

さて，上式の結果は，z 軸上の点 z' にある微小な電荷 $\lambda dz'$ が x 軸上の点 $(r, 0, 0)$ に作る電界の x 成分

$$dE_r = \frac{\lambda}{4\pi\varepsilon_0} \frac{r}{R^3} \, dz'$$

を z 軸の全体にわたって総計したものであった．ただし，R は z' と観測点の距離である．したがって，z 軸上の電流素片 $I\,dz'$ が $(r, 0, 0)$ に作る磁界の大きさを

$$dH = \frac{I}{4\pi} \frac{r}{R^3} \, dz'$$

であるとすれば，z 軸上を流れる電流の作る磁界は

$$H = \frac{I}{4\pi} \int_{-\infty}^{\infty} \frac{r}{R^3} \, dz' = \frac{I}{2\pi r}$$

となって (4.13) に一致する．

dH を与える式に含まれる $r/R = \cos\theta$ は，dz' と観測点を結ぶ直線が z 軸の正方向となす角を α とすれば，

$$\frac{r}{R} = \cos\theta = \sin\alpha$$

と書ける．α の範囲は 0 から π であるから，$\sin\alpha$ の値は常に正である．よって，

$$\frac{r}{R} = \sin\alpha = \frac{|\mathbf{t}\times\mathbf{R}|}{R}$$

としてよい．ここで，$\mathbf{R}$ は dz' から観測点へ至るベクトルであり，$\mathbf{t} = \mathbf{i}_z$ は電流が流れている方向の単位ベクトルである．上式の右辺にあるベクトル積は，観測点において紙面の裏側を向いているから，ちょうど (4.14) の磁界の方向と一致する．以上のことをまとめると，z 軸上の電流素片 $I\mathbf{t}\,dz' = I\,d\mathbf{z}'$ が観測点に作る磁界を

$$d\mathbf{H} = \frac{I}{4\pi}\frac{\mathbf{t}\times\mathbf{R}}{R^3}dz' = \frac{I}{4\pi}\frac{d\mathbf{z}'\times\mathbf{R}}{R^3} \tag{4.17}$$

であるとすれば，その積分として (4.14) の磁界が得られることになる．

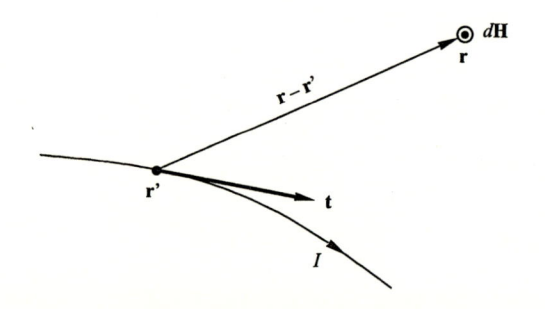

図 4.7 Biot-Savart の法則

電流が曲線 C に沿って流れているとき，C 上の点 $\mathbf{r}'$ にある電流素片を $I\mathbf{t}\,ds' = I\,d\mathbf{s}'$ とし，観測点を $\mathbf{r}$ とすれば，(4.17) の $\mathbf{R}$ は $\mathbf{r} - \mathbf{r}'$ と書けるから，

$$d\mathbf{H}(\mathbf{r}) = \frac{I}{4\pi}\frac{\mathbf{t}\times(\mathbf{r}-\mathbf{r}')}{|\mathbf{r}-\mathbf{r}'|^3}ds' = \frac{I}{4\pi}\frac{d\mathbf{s}'\times(\mathbf{r}-\mathbf{r}')}{|\mathbf{r}-\mathbf{r}'|^3} \tag{4.18}$$

が電流素片による磁界を与える．電流が広がりをもって流れ，その密度が $\mathbf{i}(\mathbf{r})$ であるときは，$\mathbf{r}'$ 点にある微小体積 dv' 中の電流が $\mathbf{i}(\mathbf{r}')dv'$ だから，

$$d\mathbf{H}(\mathbf{r}) = \frac{1}{4\pi}\frac{\mathbf{i}(\mathbf{r}')\times(\mathbf{r}-\mathbf{r}')}{|\mathbf{r}-\mathbf{r}'|^3}dv' \tag{4.19}$$

がその微小な電流による磁界である．式 (4.18) および (4.19) を，Biot-Savart

の法則と呼ぶ.

定常電流の分布が与えられたとき，磁界を求めるには，分布した電流の全体にわたって $d\mathbf{H}(\mathbf{r})$ を積分すればよい．このとき，電流素片 $I d\mathbf{s}$ や電流分布 $\mathbf{i}(\mathbf{r})$ の場所や方向によって，$d\mathbf{H}(\mathbf{r})$ の方向が異なることに注意する必要がある．分布した電流の幾何学的な対称性などによってあらかじめ磁界の方向が予想できるときは，$d\mathbf{H}(\mathbf{r})$ のその方向の成分だけを計算すれば計算の手間を省くことができる．もし，そのようなことができない場合は，$d\mathbf{H}(\mathbf{r})$ を座標成分に分けて積分するとよい．

例 1. 電流 I が z 軸上を正の方向に流れているとき，周囲の磁界を求めよ．

解. この磁界は (4.14) で与えられているが，Biot-Savart の法則を用いて導いてみよう．z に関する一様性のため，$\mathbf{H}(\mathbf{r})$ は z によらない．そこで，観測点を xy 面上の点 $\mathbf{r} = (x, y, 0)$ とする．式 (4.18) の分子に含まれる外積は，$d\mathbf{s}' = \mathbf{i}_z dz'$ であり，$\mathbf{r} - \mathbf{r}' = (x, y, -z')$ であるから，

$$d\mathbf{s}' \times (\mathbf{r} - \mathbf{r}') = (-y\, dz', x\, dz', 0)$$

となる．また，分母は，

$$|\mathbf{r} - \mathbf{r}'|^3 = [x^2 + y^2 + (z')^2]^{3/2}$$

で与えられる．したがって，

$$H_x(\mathbf{r}) = -\frac{I}{4\pi} \int_{-\infty}^{\infty} \frac{y}{[x^2 + y^2 + (z')^2]^{3/2}}\, dz' = -\frac{I}{2\pi} \frac{y}{x^2 + y^2}$$

および

$$H_y(\mathbf{r}) = \frac{I}{2\pi} \frac{x}{x^2 + y^2}$$

を得る．これを円筒座標を用いて表すと，$r = \sqrt{x^2 + y^2}$ として，

$$\mathbf{H}(\mathbf{r}) = \mathbf{i}_\varphi \frac{I}{2\pi r}$$

となって，(4.14) に一致する．

例 2. 半径 a の円形コイルに電流 I が流れているとき，軸上の磁界を求めよ．

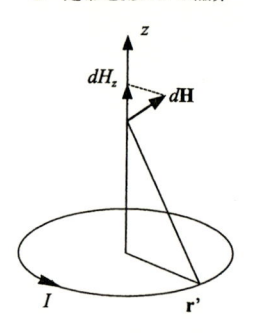

図 4.8 円形コイルによる軸上の磁界

解. コイルの中心を原点とし，中心軸を z 軸に一致させる．観測点は $\mathbf{r} = \mathbf{i}_z z$，コイル上の電流素片の位置は $\mathbf{r}' = \mathbf{i}_r a$ であり，また電流素片は $Id\mathbf{s}' = \mathbf{i}_\varphi Ia\,d\varphi'$ であるから，

$$Id\mathbf{s}' \times (\mathbf{r} - \mathbf{r}') = Ia\mathbf{i}_\varphi \times (\mathbf{i}_z z - \mathbf{i}_r a)\,d\varphi' = \mathbf{i}_r Iaz\,d\varphi' + \mathbf{i}_z Ia^2\,d\varphi'$$

となる．したがって，電流素片が作る磁界は

$$d\mathbf{H}(\mathbf{r}) = \frac{I}{4\pi}\frac{d\mathbf{s}' \times (\mathbf{r} - \mathbf{r}')}{|\mathbf{r} - \mathbf{r}'|^3} = \mathbf{i}_r \frac{Iaz}{4\pi|\mathbf{r} - \mathbf{r}'|^3}\,d\varphi' + \mathbf{i}_z \frac{Ia^2}{4\pi|\mathbf{r} - \mathbf{r}'|^3}\,d\varphi'$$

で与えられる．求める磁界は，$d\mathbf{H}(\mathbf{r})$ をコイル全体にわたって積分すれば得られるが，r 方向の成分は，ちょうど反対側にある電流素片からの寄与と相殺して 0 となる．よって，$\mathbf{H}(\mathbf{r})$ は z 方向の成分のみを持ち，

$$\mathbf{H}(\mathbf{r}) = \int_{\varphi'=0}^{2\pi} d\mathbf{H}(\mathbf{r}) = \mathbf{i}_z \frac{Ia^2}{2|\mathbf{r} - \mathbf{r}'|^3} = \mathbf{i}_z \frac{Ia^2}{2(a^2 + z^2)^{3/2}}$$

で与えられる．このコイルの面積を $S = \pi a^2$ と書けば，この結果は

$$\mathbf{H}(\mathbf{r}) = \mathbf{i}_z \frac{IS}{2\pi(a^2 + z^2)^{3/2}}$$

となる．

4.4 ベクトルポテンシャル

静電界は保存力の界であって，任意の閉曲線 C について $\mathbf{E}(\mathbf{r})$ の循環積分は 0 となる．このため，ある点 $\mathbf{r}_0$ を基準にした電位 $\phi(\mathbf{r})$ が一義的に定義され，電

界は電位の勾配として $\mathbf{E}(\mathbf{r}) = -\nabla \phi(\mathbf{r})$ で計算できた．また，電位は Laplace-Poisson の方程式を与えられた境界条件の下で解くことによって与えられた．特殊な場合を除いて，電界を直接求めるよりも，まず電位を計算し，その電位から勾配の演算によって電界を見出す方が容易であることが多い．

定常電流が作る静磁界については，事情が異なる．いま，z 軸に沿って流れる直線電流が作る磁界 (4.14) を，z 軸を中心とする半径 a の円周 C の上で積分すると，

$$\int_C \mathbf{H}(\mathbf{r}) \cdot d\mathbf{s} = \int_0^{2\pi} \frac{I}{2\pi a} a \, d\varphi = I \tag{4.20}$$

である．このため，もし電位に対応して，磁位 $\phi_m(\mathbf{r})$ を

$$\phi_m(\mathbf{r}) = \int_{\mathbf{r}_0}^{\mathbf{r}} -\mathbf{H}(\mathbf{r}') \cdot d\mathbf{s}' \tag{4.21}$$

のように定義すれば，この積分の値は $\mathbf{r}_0$ から $\mathbf{r}$ に至る経路に依存するであろう．したがって，静磁界では，静電界の電位に相当するスカラポテンシャルを明確に定義することはできない．ただし，後にわかるように，空間から電流の流れていない領域を適当に切り出せば，その内部で局所的に磁位を定義することはできる．

さて，静電界で電位が定義できたのは，電界の源が電荷であり，電荷が作る電界が Coulomb の法則に従う中心力の界であることによる．一方，静磁界の源は電流であり，磁界は電流のまわりに渦状に生じるから，電流が存在する空間において磁界が渦無しの法則に従うことはあり得ない．その上，電流はある方向に流れるベクトル量であるから，磁界を一般的に表すポテンシャルがスカラにならないことは，むしろ当然である．このような考えから，磁界を表すためにスカラポテンシャルを用いることはとりあえず断念し，ベクトル量のポテンシャルを採用することを検討してみよう．

Biot-Savart の法則 (4.19) によれば，ある体積 V 中を流れる電流による磁界は

$$\mathbf{H}(\mathbf{r}) = \frac{1}{4\pi} \int_V \frac{\mathbf{i}(\mathbf{r}') \times (\mathbf{r} - \mathbf{r}')}{|\mathbf{r} - \mathbf{r}'|^3} dv' \tag{4.22}$$

で与えられる．ここで，(1.35) 式を考慮すれば，この式は

$$\mathbf{H}(\mathbf{r}) = -\frac{1}{4\pi}\int_V \mathbf{i}(\mathbf{r}') \times \nabla \frac{1}{|\mathbf{r}-\mathbf{r}'|}\, dv'$$

となる．一方，ベクトル解析の微分公式 g) から，

$$\nabla \times \frac{\mathbf{i}(\mathbf{r}')}{|\mathbf{r}-\mathbf{r}'|} = \frac{1}{|\mathbf{r}-\mathbf{r}'|}\nabla \times \mathbf{i}(\mathbf{r}') + \nabla\frac{1}{|\mathbf{r}-\mathbf{r}'|} \times \mathbf{i}(\mathbf{r}')$$

であるが，∇ は $\mathbf{r}$ 点での微分を意味するから，この式の右辺第 1 項は 0 となり，

$$\nabla \times \frac{\mathbf{i}(\mathbf{r}')}{|\mathbf{r}-\mathbf{r}'|} = \nabla\frac{1}{|\mathbf{r}-\mathbf{r}'|} \times \mathbf{i}(\mathbf{r}')$$

を得る．この結果を $\mathbf{H}(\mathbf{r})$ の表現に代入し，微分と積分の順序を交換すれば，

$$\mathbf{H}(\mathbf{r}) = \nabla \times \frac{1}{4\pi}\int_V \frac{\mathbf{i}(\mathbf{r}')}{|\mathbf{r}-\mathbf{r}'|}\, dv'$$

が得られる．

ここで，ベクトル $\mathbf{A}(\mathbf{r})$ を

$$\mathbf{A}(\mathbf{r}) = \frac{\mu_0}{4\pi}\int_V \frac{\mathbf{i}(\mathbf{r}')}{|\mathbf{r}-\mathbf{r}'|}\, dv' \tag{4.23}$$

で定義すると，上に述べたことから，

$$\mathbf{H}(\mathbf{r}) = \frac{1}{\mu_0}\nabla \times \mathbf{A}(\mathbf{r}) \tag{4.24}$$

あるいは

$$\mathbf{B}(\mathbf{r}) = \nabla \times \mathbf{A}(\mathbf{r}) \tag{4.25}$$

となる．この $\mathbf{A}(\mathbf{r})$ を，磁気ベクトルポテンシャルまたは単にベクトルポテンシャルと呼ぶ．ベクトルポテンシャルは静電界の電位と違ってスカラでないから，電位ほど計算に便利ではない．しかし，$\mathbf{A}(\mathbf{r})$ を求める積分は，Biot-Savart の法則と異なって外積の操作を含まないので，計算の見通しはよい．

例 1． 図 4.9 のような同軸円筒を往復電流が流れているときの磁界を求めよ．

解． 円筒の中心軸を z 軸として，円筒座標で考える．電流は z 成分しか持たないから，

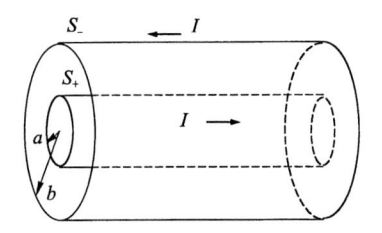

図 4.9 同軸円筒を流れる往復電流と磁界

$\mathbf{A}(\mathbf{r})$ も z 成分のみである．この z 成分は，φ と z についての一様性から r だけの関数であって，(4.23) から

$$A_z(r) = \frac{\mu_0}{4\pi}\left[\int_{S_+} \frac{i_+}{|\mathbf{r}-\mathbf{r}'|}dS' + \int_{S_-} \frac{i_-}{|\mathbf{r}-\mathbf{r}'|}dS'\right] \tag{1}$$

で計算される量である．ここで，$S_\pm$ は内側と外側の円筒表面であり，$i_\pm$ はそれぞれの表面を流れる電流の密度で

$$i_+ = \frac{I}{2\pi a}, \quad i_- = -\frac{I}{2\pi b} \tag{2}$$

で与えられる．この積分を実行することはかなり面倒であるが，実はわれわれはその結果を知っている．すなわち，(1) をよくみると，同軸円筒上に単位長あたり $\pm q$ の電荷が分布したときの電位を求める計算と同じであることが分かる．したがって，2.4 節の例 3 の解を参照すれば，

$$A_z(r) = \begin{cases} (\mu_0 I/2\pi)\log b/a & (r<a) \\ (\mu_0 I/2\pi)\log b/r & (a<r<b) \\ 0 & (b<r) \end{cases} \tag{3}$$

となる．$\mathbf{B}(\mathbf{r})$ を求めるには，(4.25) によればよい．$A_z(r)$ は r だけの関数だから，$\mathbf{B}(\mathbf{r})$ は φ 成分のみを持ち，それは下式により与えられる．

$$B_\varphi(\mathbf{r}) = B_\varphi(r) = -\frac{\partial A_z(r)}{\partial r} = \begin{cases} 0 & (r<a) \\ \mu_0 I/2\pi r & (a<r<b) \\ 0 & (b<r) \end{cases} \tag{4}$$

ベクトルポテンシャルと回転の演算によって磁界または磁束密度を計算することは，(4.24) または (4.25) の導出の過程をみればわかるように，Biot-Savart

の法則を用いることと等価である．また，ベクトル解析の恒等式

$$\nabla \cdot \nabla \times \mathbf{A} \equiv 0 \tag{4.26}$$

によって，$\mathbf{B}(\mathbf{r})$ および $\mathbf{H}(\mathbf{r})$ は，(4.5) 式

$$\nabla \cdot \mathbf{B}(\mathbf{r}) = \nabla \cdot \mathbf{H}(\mathbf{r}) = 0 \tag{4.27}$$

を自動的に満たしていることも明らかである．

　ところで，静電界における電位には，定数分だけの任意性があった．すなわち，$\phi(\mathbf{r})$ がある静電界 $\mathbf{E}(\mathbf{r})$ の電位 $\phi(\mathbf{r})$ であれば，c を定数として $\phi_1(\mathbf{r}) = \phi(\mathbf{r}) + c$ もまた $\mathbf{E}(\mathbf{r})$ の電位である．同様の任意性は，静磁界を表すためのベクトルポテンシャルについても存在する．次に，このことを述べよう．

　いま，磁束密度 $\mathbf{B}(\mathbf{r})$ が，ベクトルポテンシャル $\mathbf{A}(\mathbf{r})$ によって，(4.25) のように表されているものとする．このとき，任意のスカラ関数 $f(\mathbf{r})$ について成立する恒等式

$$\nabla \times \nabla f(\mathbf{r}) \equiv 0 \tag{4.28}$$

を考慮すれば，同じ $\mathbf{B}(\mathbf{r})$ は

$$\mathbf{A}_1(\mathbf{r}) = \mathbf{A}(\mathbf{r}) + \nabla f(\mathbf{r}) \tag{4.29}$$

によっても表現されることが明らかである．一般に，ベクトルはその回転と発散が与えられれば一義的に決定される（Helmholtz の定理）から，ベクトルポテンシャルに任意性が生じるのは，考えてみれば当然のことである．すなわち，これまでの議論では，$\mathbf{A}(\mathbf{r})$ はその回転が $\mathbf{B}(\mathbf{r})$ に一致することのみに注目し，その発散については言及していない．このことについては，6.3 節で再度触れることにしたい．

　ところで，静磁界を表すベクトルポテンシャルは，(4.23) で定義されているから，上記のような任意性はすでに取り除かれている．では，(4.23) の $\mathbf{A}(\mathbf{r})$ の発散はどのように決められているだろうか．この式の発散をとると，

$$\nabla \cdot \mathbf{A}(\mathbf{r}) = \frac{\mu_0}{4\pi} \nabla \cdot \int_V \frac{\mathbf{i}(\mathbf{r}')}{|\mathbf{r} - \mathbf{r}'|} dv'$$

であるが，微分と積分の順序を交換し，∇ が $\mathbf{r}$ 点での微分を表すことと $\mathbf{i}(\mathbf{r}')$ が $\mathbf{r}'$ の関数であることを考慮すると，

$$\nabla \cdot \mathbf{A}(\mathbf{r}) = \frac{\mu_0}{4\pi} \int_V \mathbf{i}(\mathbf{r}') \cdot \nabla \frac{1}{|\mathbf{r}-\mathbf{r}'|} \, dv'$$

となる．ここで，∇' を $\mathbf{r}'$ 点での微分を表す演算子とすれば，

$$\nabla \frac{1}{|\mathbf{r}-\mathbf{r}'|} + \nabla' \frac{1}{|\mathbf{r}-\mathbf{r}'|} = 0 \tag{4.30}$$

が成立するから，上の式は

$$\nabla \cdot \mathbf{A}(\mathbf{r}) = -\frac{\mu_0}{4\pi} \int_V \mathbf{i}(\mathbf{r}') \cdot \nabla' \frac{1}{|\mathbf{r}-\mathbf{r}'|} \, dv'$$

と変形できる．ここで，微分公式 e) によれば，

$$\nabla' \cdot \frac{\mathbf{i}(\mathbf{r}')}{|\mathbf{r}-\mathbf{r}'|} = \frac{1}{|\mathbf{r}-\mathbf{r}'|} \nabla' \cdot \mathbf{i}(\mathbf{r}') + \mathbf{i}(\mathbf{r}') \cdot \nabla' \frac{1}{|\mathbf{r}-\mathbf{r}'|}$$

であるが，この式の右辺第1項は，定常電流の条件 $\nabla' \cdot \mathbf{i}(\mathbf{r}') = 0$ によって 0 となり，第2項は上式の被積分項に等しい．そこで，

$$\nabla \cdot \mathbf{A}(\mathbf{r}) = -\frac{\mu_0}{4\pi} \int_V \nabla' \cdot \frac{\mathbf{i}(\mathbf{r}')}{|\mathbf{r}-\mathbf{r}'|} \, dv'$$

となるが，右辺の積分に Gauss の定理を適用して V の表面 S に関する積分に直すと，

$$\nabla \cdot \mathbf{A}(\mathbf{r}) = -\frac{\mu_0}{4\pi} \int_S \frac{\mathbf{i}(\mathbf{r}') \cdot \mathbf{n}}{|\mathbf{r}-\mathbf{r}'|} \, dS'$$

を得る．磁界を生じる電流がすべて V の内部に含まれていれば，その表面 S 上では $\mathbf{i}(\mathbf{r}') = 0$ となっているので，この積分は 0 である．したがって，

$$\nabla \cdot \mathbf{A}(\mathbf{r}) = 0 \tag{4.31}$$

が得られた．もし，無限長の直線電流のように S 上で 0 とならない電流分布がある場合でも，S を十分大きな半径 R の球面にとれば，

$$\int_S \frac{\mathbf{i}(\mathbf{r}') \cdot \mathbf{n}}{|\mathbf{r}-\mathbf{r}'|} \, dS' = \frac{1}{R} \int_S \mathbf{i}(\mathbf{r}') \cdot \mathbf{n} \, dS'$$

となり,定常状態ではこの積分は 0 であるから,結果は変わらない.結局,静磁界を表すベクトルポテンシャル (4.23) は,

$$\nabla \times \mathbf{A}(\mathbf{r}) = \mathbf{B}(\mathbf{r}), \quad \nabla \cdot \mathbf{A}(\mathbf{r}) = 0$$

および電流分布が有限の範囲に限られているとき,(4.23) の形からわかるように,

$$\mathbf{A}(\mathbf{r}) = O\left(\frac{1}{r}\right) \quad (r \to \infty) \tag{4.32}$$

を満たすように定義されていることが理解されよう.

次に,ベクトルポテンシャルが満足する方程式を導いておこう.式 (4.23) のラプラシアンをとると,

$$\nabla^2 \mathbf{A}(\mathbf{r}) = \frac{\mu_0}{4\pi} \int_V \mathbf{i}(\mathbf{r}') \nabla^2 \frac{1}{|\mathbf{r}-\mathbf{r}'|} dv'$$

であるが,(1.80) によれば右辺の積分は

$$\int_V \mathbf{i}(\mathbf{r}') \nabla^2 \frac{1}{|\mathbf{r}-\mathbf{r}'|} dv' = -4\pi \int_V \mathbf{i}(\mathbf{r}') \delta(\mathbf{r}-\mathbf{r}') dv' = -4\pi \mathbf{i}(\mathbf{r})$$

となる.これから,$\mathbf{A}(\mathbf{r})$ の満たす方程式が

$$\nabla^2 \mathbf{A}(\mathbf{r}) = -\mu_0 \mathbf{i}(\mathbf{r}) \tag{4.33}$$

と求まる.この式は,例えば,x 成分をとってみると

$$\nabla^2 A_x(\mathbf{r}) = -\mu_0 i_x(\mathbf{r})$$

となって,静電界の電位を決定する Poisson の方程式 (1.68) と同形である.式 (1.68) の無限遠で正則な解が (1.26) で与えられたことを参照すれば,(4.33) の (4.32) を満たす解が (4.23) となることは当然である.

4.5 アンペアの法則

定常電流が作る静磁界は泉無しの界で,$\nabla \cdot \mathbf{H}(\mathbf{r}) = \nabla \cdot \mathbf{B}(\mathbf{r}) = 0$ が成立することはすでに述べたが,ここでは静磁界の回転を調べてみよう.式 (4.24) で

4.5 アンペアの法則

与えられる磁界 $\mathbf{H}(\mathbf{r})$ の回転をとると，

$$\nabla \times \mathbf{H}(\mathbf{r}) = \frac{1}{\mu_0} \nabla \times \nabla \times \mathbf{A}(\mathbf{r})$$

となる．この式の右辺を微分公式 j) によって変形すると，

$$\nabla \times \mathbf{H}(\mathbf{r}) = \frac{1}{\mu_0} \nabla \nabla \cdot \mathbf{A}(\mathbf{r}) - \frac{1}{\mu_0} \nabla^2 \mathbf{A}(\mathbf{r})$$

となるが，右辺第 1 項は (4.31) から 0 となり，第 2 項は (4.33) により $\mathbf{i}(\mathbf{r})$ に等しい．このため，静磁界の回転は

$$\nabla \times \mathbf{H}(\mathbf{r}) = \mathbf{i}(\mathbf{r}) \tag{4.34}$$

となることがわかる．これを，微分形の Ampère の法則と呼ぶ．

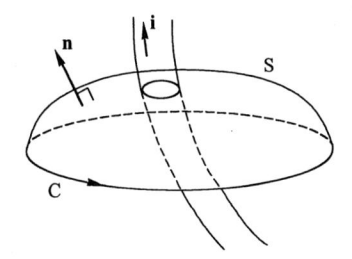

図 4.10　Ampère の法則

いま，静磁界が生じている空間に任意に閉曲線 C を考え，C を縁とする開いた曲面を S とする．閉曲線 C と曲面 S の正の向きは，右手系の約束に従って定める．式 (4.34) を面 S について積分すれば，

$$\int_S \nabla \times \mathbf{H}(\mathbf{r}) \cdot \mathbf{n}\, dS = \int_S \mathbf{i}(\mathbf{r}) \cdot \mathbf{n}\, dS$$

を得る．ここで，$\mathbf{n}$ は面 S の正の方向を向いた単位法線ベクトルである．この式の右辺は面 S を正の方向に通過する電流に等しいから，これを I と書こう．左辺は，Stokes の定理によって，C 上の循環積分で

$$\int_S \nabla \times \mathbf{H}(\mathbf{r}) \cdot \mathbf{n}\, dS = \int_C \mathbf{H}(\mathbf{r}) \cdot \mathbf{t}\, ds = \int_C \mathbf{H}(\mathbf{r}) \cdot d\mathbf{s}$$

と表される. ただし, **t** は C の単位接線ベクトルである. 以上のことから,

$$\int_C \mathbf{H}(\mathbf{r}) \cdot d\mathbf{s} = I \tag{4.35}$$

が得られた. この式は, Ampère の法則と呼ばれている.

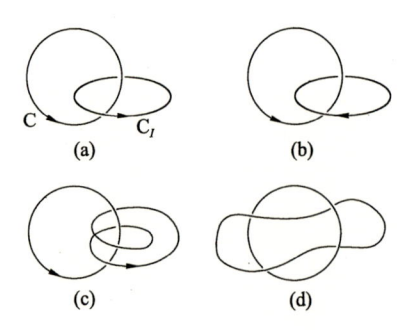

図 4.11 鎖交：(a) 正の鎖交で鎖交数 1, (b) 負の鎖交で鎖交数 -1, (c) 鎖交数 2, (d) 鎖交数 0

　式 (4.35) は, 閉曲線 C に沿う磁界の循環積分は, C と正に鎖交する電流に等しいことを表している. 鎖交とは, 図に示すように, 積分路 C と電流が流れている閉曲線 C_I が鎖の輪のようにかみ合った状態をいう. これに伴って, 鎖交の正負および鎖交数が定義される. 正の鎖交とは, 右手系の約束に従って決められた C を縁とする曲面の正の方向が, C_I の正の向きと一致するときであり, 負の鎖交はその反対の場合である. また, 鎖交数とは, C に沿って一巡するとき, C_I のまわりを回る回数である. 通常, 鎖交数には鎖交の正負も含めて, 鎖交数 1, 鎖交数 -2 などと表現する. 電流 I が流れている閉曲線 C_I と積分路 C の鎖交数が n であるとき, C を通り抜ける電流は nI であるから, (4.35) は,

$$\int_C \mathbf{H}(\mathbf{r}) \cdot d\mathbf{s} = nI \tag{4.36}$$

となる.

　Ampère の法則によれば, 対称性のある電流分布による静磁界を求める際に, Biot-Savart の法則やベクトルポテンシャルを用いる方法より容易に結果が得られることが多い. これは, 対称性のある電荷分布が作る静電界を求めるのに,

4.5 アンペアの法則

Gauss の法則が便利であったことに対応している．例をあげよう．

例 1. 半径 a の導体円柱を一様な密度 i で軸方向の電流が流れているとき，円柱内外の磁界を求めよ．

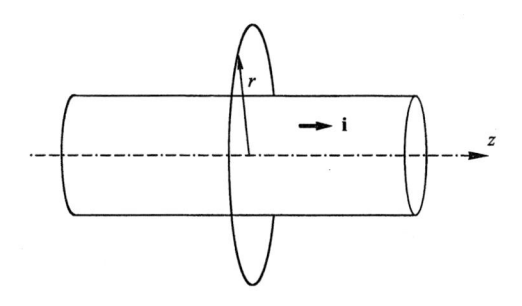

図 4.12 一様な電流が流れている導体円柱

解． 円柱の中心軸を z 軸とする．ベクトルポテンシャルは z 成分のみを持ち，それは，z と φ についての一様性から，r のみの関数である．したがって，この場合，磁界は φ 成分だけを持つ．その磁界の φ 成分もまた r だけの関数であり，これを $H(r)$ とする．いま，C を xy 面上に描いた z 軸を中心とする半径 r の円とすれば，上に述べたことから，

$$\int_C \mathbf{H}(\mathbf{r}) \cdot d\mathbf{s} = 2\pi r H(r)$$

となる．C の内部を流れる電流も r の関数で，

$$I(r) = \pi r^2 i \ (r < a); \ = \pi a^2 i \ (r > a)$$

で与えられる．求める磁界は，(4.35) によって，

$$H(r) = ri/2 \ (r < a); \ = a^2 i/2r \ (r > a)$$

となる．この結果は，円柱を流れる全電流を $I = \pi a^2 i$ とすれば，

$$H(r) = rI/2\pi a^2 \ (r < a); \ = I/2\pi r \ (r > a)$$

と書くこともできる．

例 2. 任意の断面形状を持つ無限長のソレノイドがある．巻き線は十分密に巻かれているものとし，単位長あたりの巻き数を n とする．巻き線を流れる電流が I であるとき，ソレノイド内外の磁界を求めよ．

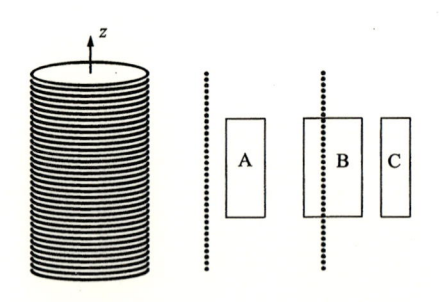

図 4.13 無限長ソレノイドの磁界

解． ソレノイドの内部に z 軸をとる．巻き線が密であるから，電流は z 方向の成分を持たない．このため，ベクトルポテンシャルもまた z 成分を持たない．また，z 方向の幾何学的な一様性のため，界のすべての量は z に依存しない．したがって，$\partial/\partial z = 0$ である．これらのことから，

$$\begin{cases} \mu_0 H_x(\mathbf{r}) = \partial A_z/\partial y - \partial A_y/\partial z = 0 \\ \mu_0 H_y(\mathbf{r}) = \partial A_x/\partial z - \partial A_z/\partial x = 0 \end{cases} \quad (1)$$

がわかる．このため，0 でない磁界成分は $H_z(x,y)$ のみである．さて，図に示す A または C の積分路に沿って Ampère の法則を適用すると，例えば A の場合，

$$\int_A \mathbf{H}(\mathbf{r}) \cdot d\mathbf{s} = 0 \quad (2)$$

となる．ところが，この左辺の積分において，z 軸に垂直な線分上の寄与は，磁界と $d\mathbf{s}$ が垂直なので 0 となる．また，z 軸に平行な 2 本の線分上の積分は，$\mathbf{H}(\mathbf{r}) = \mathbf{i}_z H_z(x,y)$ であり，かつ $\mathbf{t} = \pm\mathbf{i}_z$ だから，この線分の長さを l とすれば，$lH_z(x_1,y_1)$ および $lH_z(x_2,y_2)$ となる．ここで，(x_1,y_1) および (x_2,y_2) は，2 本の線分の位置である．これらのことから (2) は

$$[H_z(x_1,y_1) - H_z(x_2,y_2)]l = 0 \quad (3)$$

となり，したがって，

$$H_z(x_1, y_1) = H_z(x_2, y_2) \tag{4}$$

を得る．積分路 A はソレノイドの内部で自由にとれるから，このことは，ソレノイドの内部で $H_z(x,y)$ が x または y によらない定数であることを意味する．同様の考察はソレノイドの外部の積分路 C についても成り立ち，ソレノイドの外部で $H_z(x,y)$ は定数であることがわかる．無限遠で $H_z(x,y) = 0$ であるとすれば，この定数は 0 でなければならない．したがって，ソレノイドの外部の磁界は 0 である．

次に，積分路 B に沿って Ampère の法則を適用しよう．ソレノイドの表面には単位長あたり nI の電流が流れているので，(3) と同様に考えれば，

$$[H_z(x_1, y_1) - H_z(x_2, y_2)]l = nIl \tag{5}$$

となる．ここで，(x_1, y_1) はソレノイド内部の線分の位置であり，(x_2, y_2) は外部の線分の位置である．これより内部と外部では磁界の値が nI だけ異なることがわかるが，外部では 0 であったから，結局ソレノイドの磁界は

$$H_z = nI \text{ (内部)}; \; = 0 \text{ (外部)} \tag{4.37}$$

で与えられることになる．

ところで，4.4 節のはじめに，定常電流が作る静磁界では，磁界の循環積分が一般には 0 とならないため，磁位を定義することには困難があることを述べた．Ampère の法則 (4.35) およびその微分形 (4.34) によれば，一義的な磁位を定義する方法を述べることができる．

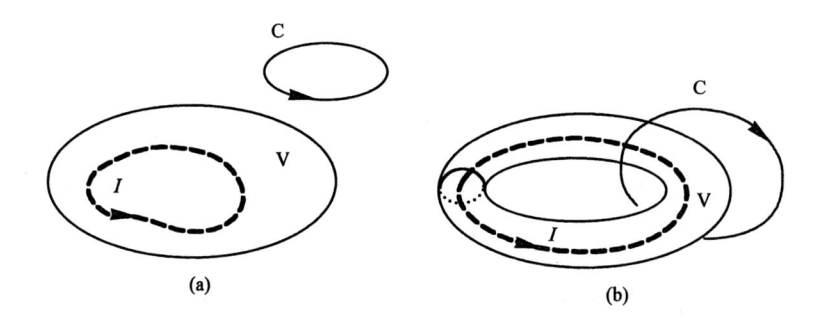

図 4.14 電流が流れている領域を除けば，磁位を定義できる

図 4.14(a) に示す単連結な領域 V の内部にすべての電流が含まれ，V 外には

電流がないものとすると，(4.34) によって全空間から V を除いた部分 V^c で

$$\nabla \times \mathbf{H}(\mathbf{r}) = 0 \quad (\mathbf{r} \in V^c) \tag{4.38}$$

となる．したがって，この部分に含まれる任意の閉曲線 C について

$$\oint_C \mathbf{H}(\mathbf{r}) \cdot d\mathbf{s} = 0$$

となるから，V^c の内部の点または無限遠を基準点 $\mathbf{r}_0$ として，磁位

$$\phi_m(\mathbf{r}) = -\int_{\mathbf{r}_0}^{\mathbf{r}} \mathbf{H}(\mathbf{r}') \cdot d\mathbf{s} \quad (\mathbf{r} \in V^c) \tag{4.39}$$

を定義し，積分の経路を V^c の内部にとることを約束すれば，その値は途中の経路によらず一意に定まる．これは，経路を V^c の内部でどのようにとっても，その経路が電流の流線と鎖交することがないためである．一方，電流を含む領域 V として図 4.14(b) のように複連結なものを考えると，V^c の内部の閉曲線で電流の流線と鎖交するものがある．この場合，磁界は (4.38) を満たしていても，図の閉曲線に沿う積分は 0 とならず，磁位は場所の多価関数となる．

さて，図 4.14(a) の V^c において，磁界は

$$\nabla \cdot \mathbf{H}(\mathbf{r}) = \nabla \times \mathbf{H}(\mathbf{r}) = 0 \quad (\mathbf{r} \in V^c) \tag{4.40}$$

を満たしている．このとき $\mathbf{H}(\mathbf{r})$ は磁位またはベクトルポテンシャルのいずれによっても表現され，

$$\mathbf{H}(\mathbf{r}) = -\nabla \phi_m(\mathbf{r}) = \frac{1}{\mu_0} \nabla \times \mathbf{A}(\mathbf{r}) \quad (\mathbf{r} \in V^c) \tag{4.41}$$

となるが，同じ $\mathbf{H}(\mathbf{r})$ を表す $\phi_m(\mathbf{r})$ と $\mathbf{A}(\mathbf{r})$ には次の関係がある．すなわち，$\mathbf{a}$ を定数ベクトル，$f(\mathbf{r})$ を

$$\nabla^2 f(\mathbf{r}) = 0 \quad (\mathbf{r} \in V^c) \tag{4.42}$$

を満たす任意のスカラ関数として，

$$\begin{cases} \mathbf{A}(\mathbf{r}) &= \mu_0 \mathbf{a} \times \nabla f(\mathbf{r}) \\ \phi_m(\mathbf{r}) &= \mathbf{a} \cdot \nabla f(\mathbf{r}) \end{cases} \quad (\mathbf{r} \in V^c) \tag{4.43}$$

例 3. 上式で定義される $\mathbf{A}(\mathbf{r})$ と $\phi_m(\mathbf{r})$ は $\nabla \times \mathbf{A}(\mathbf{r})/\mu_0 = -\nabla \phi_m(\mathbf{r})$ を満たすことを示せ.

解. ベクトル解析の微分公式 h) によって,

$$\frac{1}{\mu_0}\nabla \times \mathbf{A}(\mathbf{r}) = \mathbf{a}\nabla \cdot \nabla f(\mathbf{r}) - \nabla f(\mathbf{r})\nabla \cdot \mathbf{a} + [\nabla f(\mathbf{r}) \cdot \nabla]\mathbf{a} - (\mathbf{a} \cdot \nabla)\nabla f(\mathbf{r})$$

であるが, $\mathbf{a}$ が定数であることと, $f(\mathbf{r})$ が (4.42) を満たすことから,

$$\frac{1}{\mu_0}\nabla \times \mathbf{A}(\mathbf{r}) = -(\mathbf{a} \cdot \nabla)\nabla f(\mathbf{r})$$

となる. 一方, 微分公式 b) によって

$$\nabla \phi_m(\mathbf{r}) = \mathbf{a} \times [\nabla \times \nabla f(\mathbf{r})] + \nabla f(\mathbf{r}) \times (\nabla \times \mathbf{a}) + [\nabla f(\mathbf{r}) \cdot \nabla]\mathbf{a} + (\mathbf{a} \cdot \nabla)\nabla f(\mathbf{r})$$

であるが, $\mathbf{a}$ が定数であることと, 恒等式 $\nabla \times \nabla f(\mathbf{r}) \equiv 0$ から,

$$-\nabla \phi_m(\mathbf{r}) = -(\mathbf{a} \cdot \nabla)\nabla f(\mathbf{r})$$

となる. よって, $\nabla \times \mathbf{A}(\mathbf{r})/\mu_0 = -\nabla \phi_m(\mathbf{r})$ となることがわかった.

4.6 磁気双極子

4.2 節の例 1 において, 矩形電流が一様な磁界から受ける力が, 電気双極子が電界から受ける力に対応していることをみた. ここでは, 小さな環状電流の磁気的な性質をより詳細に調べてみよう.

図 4.15 に示すような小さな環状電流を考える. この電流が作るベクトルポテンシャルは, (4.23) を線電流を源とする形に書き換えて,

$$\mathbf{A}(\mathbf{r}) = \frac{\mu_0 I}{4\pi} \int_C \frac{d\mathbf{s}'}{|\mathbf{r} - \mathbf{r}'|} \tag{4.44}$$

となる. C の中心付近に原点をとり, $r = |\mathbf{r}|$ が C のさしわたしにくらべて十分大きいと仮定すれば, $r \gg r'(=|\mathbf{r}'|)$ であるから,

$$\frac{1}{|\mathbf{r} - \mathbf{r}'|} = [r^2 + (r')^2 - 2\mathbf{r} \cdot \mathbf{r}']^{-1/2} = \frac{1}{r}\left(1 + \frac{\mathbf{r} \cdot \mathbf{r}'}{r^2} + \cdots\right)$$

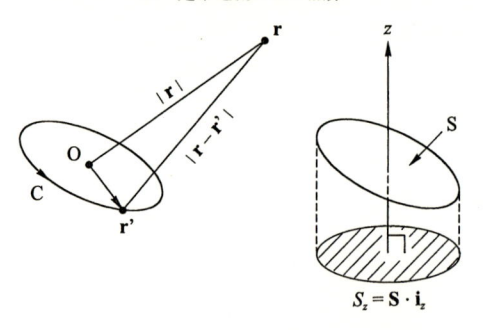

図 4.15 小さな環状電流による磁界

と展開できる．これを (4.44) に代入すれば，

$$\mathbf{A}(\mathbf{r}) = \frac{\mu_0 I}{4\pi} \left(\frac{1}{r} \int_C d\mathbf{s}' + \frac{1}{r^3} \int_C \mathbf{r} \cdot \mathbf{r}' \, d\mathbf{s}' + \cdots \right)$$

を得る．右辺の最初の積分は 0 である．第 3 項以下を無視すれば，$\mathbf{A}(\mathbf{r})$ は

$$\mathbf{A}(\mathbf{r}) = \frac{\mu_0 I}{4\pi r^3} \int_C \mathbf{r} \cdot \mathbf{r}' \, d\mathbf{s}' \tag{4.45}$$

で近似できる．次に，この積分を実行しよう．

観測点と積分する点の座標を $\mathbf{r} = (x, y, z)$, $\mathbf{r}' = (x', y', z')$ とすれば，

$$\int_C \mathbf{r} \cdot \mathbf{r}' \, d\mathbf{s}' = \int_C (xx' + yy' + zz')(\mathbf{i}_x dx' + \mathbf{i}_y dy' + \mathbf{i}_z dz')$$

である．ここで，(x, y, z) は積分に関係ないので，例えば，

$$\int_C xx' \mathbf{i}_x dx' = \mathbf{i}_x x \int_C x' \, dx'$$

などが成立することに注意しよう．さて，これらの 9 個の周回積分のうち，

$$\int_C x' \, dx' = \int_C y' \, dy' = \int_C z' \, dz' = 0$$

であり，残りの 6 個の積分は，閉曲線 C の各座標平面への投影が囲む面積である．すなわち，C を $x = 0$ の面などに投影したときに囲まれる面積を S_x などと表せば，

4.6 磁気双極子

$$\begin{cases} \displaystyle\int_C y'\,dz' = -\int_C z'\,dy' = S_x \\[2mm] \displaystyle\int_C z'\,dx' = -\int_C x'\,dz' = S_y \\[2mm] \displaystyle\int_C x'\,dy' = -\int_C y'\,dx' = S_z \end{cases} \quad (4.46)$$

が成立する．したがって，(4.45) は

$$\mathbf{A}(\mathbf{r}) = \frac{\mu_0 I}{4\pi r^3}[\mathbf{i}_x(S_y z - S_z y) + \mathbf{i}_y(S_z x - S_x z) + \mathbf{i}_z(S_x y - S_y x)]$$

となる．ここで，面ベクトル $\mathbf{S}$ を

$$\mathbf{S} = S\mathbf{n} = \mathbf{i}_x S_x + \mathbf{i}_y S_y + \mathbf{i}_z S_z \quad (4.47)$$

と定義する．これは，図 4.15 に示すように，C で囲まれた面分の面積をその大きさとし，その面分の法線の方向を持つベクトルである．$\mathbf{S}$ を用いれば，上の式は

$$\mathbf{A}(\mathbf{r}) = \frac{\mu_0 I}{4\pi}\frac{\mathbf{S}\times\mathbf{r}}{r^3} \quad (4.48)$$

と書ける．

いまの場合，電流は原点の付近に限られているから，(4.48) で与えられるベクトルポテンシャル $\mathbf{A}(\mathbf{r})$ で表される磁界は，磁位を用いても記述できるはずである．この磁位を求めるために，

$$\mathbf{m} = \mathbf{S}I = SI\mathbf{n} \quad (4.49)$$

とおくと，(4.48) は

$$\mathbf{A}(\mathbf{r}) = \frac{\mu_0}{4\pi}\mathbf{m}\times\frac{\mathbf{r}}{r^3} = -\frac{\mu_0}{4\pi}\mathbf{m}\times\nabla\frac{1}{r} \quad (4.50)$$

と変形できる．ここで (4.43) を参照すれば，$\mathbf{a}$ は $\mathbf{m}$ に，$f(\mathbf{r})$ は $-1/4\pi r$ に対応していることがわかる．したがって，(4.48) の $\mathbf{A}(\mathbf{r})$ と同じ磁界を与える磁位は，

$$\phi_m(\mathbf{r}) = -\frac{1}{4\pi}\mathbf{m}\cdot\nabla\frac{1}{r} = \frac{1}{4\pi}\frac{\mathbf{m}\cdot\mathbf{r}}{r^3} \tag{4.51}$$

であり，その単位は [A] である．この磁位による磁界は，(1.36) の導出と同様の計算で，

$$\mathbf{H}(\mathbf{r}) = \frac{1}{4\pi}\left[-\frac{\mathbf{m}}{r^3} + \frac{3\mathbf{r}(\mathbf{m}\cdot\mathbf{r})}{r^5}\right] \tag{4.52}$$

と求まる．すなわち，原点に置かれた微小な環状電流が作る磁界は (4.52) で与えられる．

例1. 式 (4.48) のベクトルポテンシャルから磁界を求め，(4.52) に一致することを確かめよ．

解. $\mathbf{B}(\mathbf{r}) = \nabla\times\mathbf{A}(\mathbf{r})$ および $\mathbf{H}(\mathbf{r}) = \mathbf{B}(\mathbf{r})/\mu_0$ により，

$$\mathbf{H}(\mathbf{r}) = \frac{I}{4\pi}\nabla\times\frac{\mathbf{S}\times\mathbf{r}}{r^3} = -\frac{I}{4\pi}(\mathbf{S}\cdot\nabla)\frac{\mathbf{r}}{r^3}$$

となる．ここで，$(\mathbf{S}\cdot\nabla)$ は

$$\mathbf{S}\cdot\nabla = S_x\frac{\partial}{\partial x} + S_y\frac{\partial}{\partial y} + S_z\frac{\partial}{\partial z}$$

で定義される演算子であるが，これを $\mathbf{r}/r^3$ に掛けると，例えば，

$$S_x\frac{\partial}{\partial x}\frac{\mathbf{r}}{r^3} = S_x\left(\frac{\mathbf{i}_x}{r^3} - \frac{3x\mathbf{r}}{r^5}\right)$$

などが得られる．他の微分も同様に計算できるので，

$$\mathbf{H}(\mathbf{r}) = -\frac{I}{4\pi}\left[S_x\left(\frac{\mathbf{i}_x}{r^3} - \frac{3x\mathbf{r}}{r^5}\right) + S_y\left(\frac{\mathbf{i}_y}{r^3} - \frac{3y\mathbf{r}}{r^5}\right) + S_z\left(\frac{\mathbf{i}_z}{r^3} - \frac{3z\mathbf{r}}{r^5}\right)\right]$$

となるが，これを整理すれば下式のようになり，これは (4.52) に一致する．

$$\mathbf{H}(\mathbf{r}) = -\frac{I}{4\pi}\left[\frac{\mathbf{S}}{r^3} - \frac{3\mathbf{r}(\mathbf{S}\cdot\mathbf{r})}{r^5}\right] = \frac{1}{4\pi}\left[-\frac{\mathbf{m}}{r^3} + \frac{3\mathbf{r}(\mathbf{m}\cdot\mathbf{r})}{r^5}\right]$$

静電界の電気双極子が作る電界の式 (1.36) を参照すれば，小さな環状電流が作る磁界は，$\pm q_m$ の磁荷が微小な距離 $\mathbf{d} = \mathbf{n}d$ を隔てて置かれた磁気双極子が作る磁界と同じであることがわかる．ただし，磁気双極子のモーメントは，

$$\mathbf{m} = IS\mathbf{n} = \frac{1}{\mu_0}q_m\mathbf{d} \tag{4.53}$$

の関係を満たしていなければならない．この関係を満たす磁気双極子が原点にあると，それが作る磁位および磁界は (4.51) および (4.52) で与えられることを確かめることができる．以上のことから，環状電流は，それが一様な磁界から受ける力も，またそれ自身が作る磁界も，静電界の電気双極子に対応していることが理解されよう．

すでに述べたように，正または負の磁荷が単独に存在することはないから，その意味で磁気双極子は仮想的なものである．しかし，磁気双極子では正負等量の磁荷が相伴って現れるから，そこにある磁荷の総量は 0 である．また，磁気双極子が空間に分布していても，巨視的にみれば

$$\nabla \cdot \mathbf{B}(\mathbf{r}) = 0$$

が成立するから，磁荷が存在しないという実験事実に反することはない．一方，環状電流を磁気双極子で置き換えることは，電流が流れている部分を微小な体積に押し込み，その体積の外部の磁界を

$$\nabla \times \mathbf{H}(\mathbf{r}) = \nabla \times \mathbf{B}(\mathbf{r}) = 0$$

を満足する保存力の界として扱うことができるようにするという利点を持っている．このため，磁性体などの磁気的な性質を調べる場合に，磁気双極子のモデルが用いられることが多い．

次に，環状電流が微小でなく，観測点までの距離に比べて無視できない大きさのさしわたしをもっている場合を検討しよう．環状電流を縁とする開いた曲面 S を考え，その曲面を図 4.16 のように微小な面分 dS' に分割する．各面分の縁をもとの環状電流と同じ方向に同じ大きさの電流が流れているものとすれば，面分の間の境界を流れる電流の磁界への寄与は，お互いに相殺する．したがって，このような微小環状電流の磁界への寄与の総和は，もとの環状電流が作る磁界に等しい．いま，S 上の点 $\mathbf{r}'$ にある微小な環状電流のモーメントを

$$d\mathbf{m}(\mathbf{r}') = \mathbf{n}(\mathbf{r}')IdS' \tag{4.54}$$

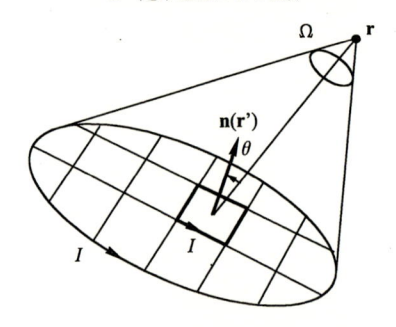

図 4.16 広がりを持った環状電流による磁界

としよう．ただし，$\mathbf{n}(\mathbf{r}')$ はこの点における S の単位法線である．この微小な電流は $\mathbf{r}$ 点に

$$d\phi_m(\mathbf{r}) = \frac{1}{4\pi} \frac{d\mathbf{m}(\mathbf{r}') \cdot (\mathbf{r} - \mathbf{r}')}{|\mathbf{r} - \mathbf{r}'|^3}$$

の磁位を作るから，大きさのある環状電流が作る磁位は

$$\phi_m(\mathbf{r}) = \frac{1}{4\pi} \int_S \frac{d\mathbf{m}(\mathbf{r}') \cdot (\mathbf{r} - \mathbf{r}')}{|\mathbf{r} - \mathbf{r}'|^3} = \frac{I}{4\pi} \int_S \frac{\cos\theta}{|\mathbf{r} - \mathbf{r}'|^2} dS'$$

となる．右辺の被積分項は $\mathbf{r}$ 点から dS' をみた立体角 $d\omega'$ に等しいから，この積分の値は，$\mathbf{r}$ から S をみた立体角 $\Omega(\mathbf{r})$ に等しい．したがって，

$$\phi_m(\mathbf{r}) = \frac{I}{4\pi} \Omega(\mathbf{r}) \tag{4.55}$$

が得られた．

大きさを持った環状電流が作る磁界が，微小な環状電流による磁界の重ね合わせとして求められた．微小な環状電流はモーメント $d\mathbf{m} = I d\mathbf{S}$ を持つ磁気双極子に等価であるから，大きさを持つ環状電流の磁界は，面 S の上に分布した磁気双極子が作る磁界と同じである．面 S 上の磁気双極子の分布は，ちょうど厚さ d を持つ薄い板状の磁石と考えられるから，これを等価板磁石と呼ぶ．

例 2. 図 4.17 に示すような薄い板状の磁石があり，その表面には単位面積あたり $\pm\sigma_m$ の磁荷が分布している．この磁石が作る磁位を求め，それが磁石の縁を流れる電流による磁位と等しくなる条件を示せ．

4.7 磁性体

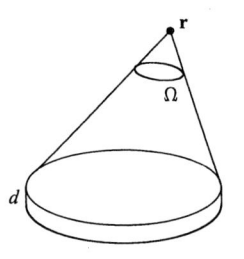

図4.17 等価板磁石

解．板の厚さを d とし，板の微小な面積を dS' とすれば，この部分は磁荷 $\pm \sigma_m dS'$，長さ d の磁気双極子とみなせる．この磁気双極子が $\mathbf{r}$ 点に作る磁位は，電気双極子の電位 (1.25) を参照して，

$$d\phi_m(\mathbf{r}) = \frac{1}{4\pi\mu_0} \frac{\sigma_m d\, \mathbf{n}\cdot(\mathbf{r}-\mathbf{r}')}{|\mathbf{r}-\mathbf{r}'|^3} dS' = \frac{1}{4\pi\mu_0} \frac{\sigma_m d\cos\theta}{|\mathbf{r}-\mathbf{r}'|^2} dS'$$

となる．ここで，$\mathbf{r}'$ は dS' の位置，$\mathbf{n}$ は単位法線ベクトル，θ は $\mathbf{n}$ と $\mathbf{r}-\mathbf{r}'$ のなす角である．この式の $\cos\theta\, dS'/|\mathbf{r}-\mathbf{r}'|^2$ は $\mathbf{r}$ から dS' をみた立体角 $d\omega'$ であるから，

$$d\phi_m(\mathbf{r}) = \frac{\sigma_m d}{4\pi\mu_0} d\omega'$$

したがって，板状の磁石が作る磁位は，$\mathbf{r}$ から板をみた立体角を $\Omega(\mathbf{r})$ として，

$$\phi_m(\mathbf{r}) = \frac{\sigma_m d}{4\pi\mu_0} \int_S d\omega' = \frac{\sigma_m d}{4\pi\mu_0} \Omega(\mathbf{r})$$

となる．これと (4.55) を比較すれば，

$$\sigma_m d = \mu_0 I$$

の関係があるとき両者が等しくなることがわかる．この関係は，(4.53) において $q_m = \sigma_m S$ とおいても得ることができる．

4.7 磁性体

物質を磁界の中に置くと，その種類によってさまざまな磁気的性質を示す．この磁気的な性質に着目したとき，物質を磁性体と呼ぶ．磁性体は，大別して，常磁性体と反磁性体に分類できる．常磁性体は，磁界の中に置かれると磁界が強

い方向に引き付けられる物質であり,鉄,アルミニウム,空気などはこの分類に入る.また,反磁性体は磁界が弱くなる方向に引かれる物質で,金,銀,水などは反磁性体である.常磁性体のうち,鉄,コバルト,ニッケルなどは特に強い常磁性を示し,かつ履歴現象がみられる.この種の物質を,強磁性体と呼んで,一般の常磁性体と区別している.

一般の常磁性体は,その物質を構成している原子または分子が磁気双極子のモーメントを持っている.外部から磁界を加えない状態では,物質内部の磁気双極子が勝手な方向を向いていて,全体としては磁気的な性質を示さない.磁界を加えると,そのモーメントが加えた磁界の方向にそろい,外部磁界の方向を向いた 1 個の磁石のような性質を持つから,磁界の強い方向に引き付けられることになる.一方,反磁性体は,磁界を加えないとき,原子または分子が磁気双極子のモーメントを持たない.磁界の中に置かれると,このような物質もモーメントを持つようになるが,そのモーメントは次章で述べる電磁誘導の作用によるもので,加えられた磁界を打ち消す方向を持っている.このため,反磁性体は外部磁界と反対方向を向いた磁石のような性質を持ち,磁界が弱い方向に押し出される.この作用は常磁性体にも存在するが,常磁性体の場合はモーメントが磁界の方向にそろう効果の方が大きく,反磁性の効果はみえなくなっている.強磁性体は,原子または分子が磁気双極子のモーメントを持ち,その点では一般の常磁性体と同じであるが,隣り合う磁気双極子間の交換相互作用によって異常に強い磁気的な性質を持っている.

さて,磁性体の磁気的な性質は,結局磁性体内部に分布した磁気双極子に起因すると考えることができる.そこで,磁性体の状態を表すために,磁化ベクトル $\mathbf{M}(\mathbf{r})$ を導入する.これは,磁性体の微小体積 dv' の中の,磁気双極子モーメントの平均密度である.いま,dv' の中に N 個の磁気双極子 $\mathbf{m}_1, \mathbf{m}_2, \ldots, \mathbf{m}_N$ があるとすると,これらが作るベクトルポテンシャルは (4.50) から

$$d\mathbf{A}(\mathbf{r}) = \frac{\mu_0}{4\pi} \sum_{n=1}^{N} \mathbf{m}_n \times \frac{\mathbf{r} - \mathbf{r}_n}{|\mathbf{r} - \mathbf{r}_n|^3}$$

である.ただし,$\mathbf{r}_n$ は n 番目の磁気双極子の位置を表す.体積 dv' は微小だから,観測点 $\mathbf{r}$ が dv' の近くにある場合を除いて,$\mathbf{r}_n$ は共通としてよい.これを

4.7 磁性体

$\mathbf{r}'$ で表すこととすると,

$$d\mathbf{A}(\mathbf{r}) = \frac{\mu_0}{4\pi} \left(\sum_{n=1}^{N} \mathbf{m}_n \right) \times \frac{\mathbf{r} - \mathbf{r}'}{|\mathbf{r} - \mathbf{r}'|^3}$$

となる.ここで,上に述べた $\mathbf{M}(\mathbf{r}')$ を

$$\mathbf{M}(\mathbf{r}') = \frac{1}{dv'} \sum_{n=1}^{N} \mathbf{m}_n \tag{4.56}$$

で定義すれば,

$$d\mathbf{A}(\mathbf{r}) = \frac{\mu_0}{4\pi} \mathbf{M}(\mathbf{r}') \times \frac{\mathbf{r} - \mathbf{r}'}{|\mathbf{r} - \mathbf{r}'|^3} dv' \tag{4.57}$$

を得る.体積 V が磁性体で占められているとき,その内部の磁化によるベクトルポテンシャルは

$$\mathbf{A}(\mathbf{r}) = \frac{\mu_0}{4\pi} \int_V \mathbf{M}(\mathbf{r}') \times \frac{\mathbf{r} - \mathbf{r}'}{|\mathbf{r} - \mathbf{r}'|^3} dv' \tag{4.58}$$

で与えられる.

式 (4.56) にみるように,磁化ベクトルは磁性体の磁気双極子モーメントの体積密度である.磁性体に磁気双極子モーメントが生じている状態を,磁性体が磁化されたという.したがって,磁化ベクトルは,磁性体の磁化のされかたを表している.磁化ベクトルの単位は,(4.53) および (4.56) からわかるように [A/m] であり,磁界 $\mathbf{H}(\mathbf{r})$ と共通である.

さて,(4.58) は磁化された磁性体が存在することによって生じるベクトルポテンシャルであるが,ベクトル解析の積分公式 2. などを用いてこの式を変形すれば,

$$\mathbf{A}(\mathbf{r}) = \frac{\mu_0}{4\pi} \left[\int_V \frac{\nabla' \times \mathbf{M}(\mathbf{r}')}{|\mathbf{r} - \mathbf{r}'|} dv' + \int_S \frac{-\mathbf{n} \times \mathbf{M}(\mathbf{r}')}{|\mathbf{r} - \mathbf{r}'|} dS' \right] \tag{4.59}$$

が得られる.ただし,S は V の表面を表す.右辺体積分の被積分項にある $\nabla' \times \mathbf{M}(\mathbf{r}')$ は電流密度の単位 $[\mathrm{A/m^2}]$ を持つので,

$$\mathbf{i}_M(\mathbf{r}) = \nabla \times \mathbf{M}(\mathbf{r}) \tag{4.60}$$

を定義し,これを磁化電流密度と呼ぶ.また,表面積分に含まれる $-\mathbf{n} \times \mathbf{M}(\mathbf{r}')$

は [A/m] で計られる表面電流密度とみなせるから，

$$\mathbf{K}_M(\mathbf{r}) = -\mathbf{n} \times \mathbf{M}(\mathbf{r}) \tag{4.61}$$

を定義して，表面磁化電流密度ということにしよう．$\mathbf{i}_M(\mathbf{r})$ および $\mathbf{K}_M(\mathbf{r})$ を用いると，(4.59) は

$$\mathbf{A}(\mathbf{r}) = \frac{\mu_0}{4\pi} \left[\int_V \frac{\mathbf{i}_M(\mathbf{r}')}{|\mathbf{r}-\mathbf{r}'|} dv' + \int_S \frac{\mathbf{K}_M(\mathbf{r}')}{|\mathbf{r}-\mathbf{r}'|} dS' \right] \tag{4.62}$$

となる．これを (4.23) と比較すれば，$\mathbf{i}_M(\mathbf{r}')$ や $\mathbf{K}_M(\mathbf{r}')$ が $\mathbf{i}(\mathbf{r}')$ と同じようにベクトルポテンシャルを作ることがわかる．

これで，磁化された磁性体の存在が，等価的な磁化電流および表面磁化電流で置き換えられた．もし，磁性体が一様に磁化されているときは，$\mathbf{M}(\mathbf{r}')$ が定数となるから $\mathbf{i}_M(\mathbf{r}') = 0$ であり，磁性体の磁界への影響は表面磁化電流によって代表される．

磁性体中に真の電流 $\mathbf{i}(\mathbf{r})$ が流れているとき，ベクトルポテンシャルは真の電流からの寄与と等価的な磁化電流の寄与の和になり，

$$\mathbf{A}(\mathbf{r}) = \frac{\mu_0}{4\pi} \left[\int_V \frac{\mathbf{i}(\mathbf{r}') + \mathbf{i}_M(\mathbf{r}')}{|\mathbf{r}-\mathbf{r}'|} dv' + \int_S \frac{\mathbf{K}_M(\mathbf{r}')}{|\mathbf{r}-\mathbf{r}'|} dS' \right] \tag{4.63}$$

で与えられる．磁束密度は (4.25) によって

$$\mathbf{B}(\mathbf{r}) = \nabla \times \mathbf{A}(\mathbf{r}) = \frac{\mu_0}{4\pi} \nabla \times \left[\int_V \frac{\mathbf{i}(\mathbf{r}') + \mathbf{i}_M(\mathbf{r}')}{|\mathbf{r}-\mathbf{r}'|} dv' + \int_S \frac{\mathbf{K}_M(\mathbf{r}')}{|\mathbf{r}-\mathbf{r}'|} dS' \right] \tag{4.64}$$

となる．したがって，磁性体の中でも

$$\nabla \cdot \mathbf{B}(\mathbf{r}) = 0 \tag{4.65}$$

が成り立つ．

さて，点 $\mathbf{r}$ が磁性体の表面にないとき，(4.31) の導出と同様にして，

$$\nabla \cdot \mathbf{A}(\mathbf{r}) = 0$$

であることがわかる．このため，

4.7 磁性体

$$\nabla \times \mathbf{B}(\mathbf{r}) = \nabla \times \nabla \times \mathbf{A}(\mathbf{r}) = -\nabla^2 \mathbf{A}(\mathbf{r})$$

となるが，$\mathbf{A}(\mathbf{r})$ に (4.63) を代入し，(4.33) の導出を参照して計算すると，

$$-\nabla^2 \mathbf{A}(\mathbf{r}) = \mu_0[\mathbf{i}(\mathbf{r}) + \mathbf{i}_M(\mathbf{r})]$$

が得られる．したがって，(4.60) を考慮して

$$\nabla \times \mathbf{B}(\mathbf{r}) = \mu_0[\mathbf{i}(\mathbf{r}) + \nabla \times \mathbf{M}(\mathbf{r})]$$

である．この式を，

$$\nabla \times \left[\frac{\mathbf{B}(\mathbf{r})}{\mu_0} - \mathbf{M}(\mathbf{r})\right] = \mathbf{i}(\mathbf{r}) \tag{4.66}$$

と変形し，左辺括弧内の量

$$\mathbf{H}(\mathbf{r}) = \frac{\mathbf{B}(\mathbf{r})}{\mu_0} - \mathbf{M}(\mathbf{r}) \tag{4.67}$$

を磁性体が存在するときの磁界の定義とする．もちろん，磁性体の外部では $\mathbf{M}(\mathbf{r}) = 0$ なので，

$$\mathbf{B}(\mathbf{r}) = \mu_0 \mathbf{H}(\mathbf{r})$$

が成り立つ．また，この定義によれば，$\mathbf{H}(\mathbf{r})$ は磁性体の存在に無関係に真の電流だけによって定まり，

$$\nabla \times \mathbf{H}(\mathbf{r}) = \mathbf{i}(\mathbf{r}) \tag{4.68}$$

を満たすことがわかる．

式 (4.67) は

$$\mathbf{B}(\mathbf{r}) = \mu_0[\mathbf{H}(\mathbf{r}) + \mathbf{M}(\mathbf{r})] \tag{4.69}$$

と書けるが，磁性体中の $\mathbf{M}(\mathbf{r})$ は一般に $\mathbf{B}(\mathbf{r})$ または $\mathbf{H}(\mathbf{r})$ の関数である．一般の常磁性体や反磁性体では，これらは比例関係にあり，

$$\mathbf{M}(\mathbf{r}) = \chi_m \mathbf{H}(\mathbf{r}), \quad \mathbf{B}(\mathbf{r}) = \mu_0(1 + \chi_m)\mathbf{H}(\mathbf{r}) = \mu \mathbf{H}(\mathbf{r}) \tag{4.70}$$

が成り立つ．ここで，磁性体の種類によって定まる無銘数 χ_m を磁化率といい，

$$\mu = \mu_0(1 + \chi_m) = \mu_0 \mu_s \tag{4.71}$$

を透磁率，μ_s を比透磁率と呼ぶ．一般の常磁性体では $\chi_m > 0$ であり，反磁性体では $\chi_m < 0$ となる．しかし，これらの媒質では普通 $|\chi_m| \ll 1$ なので，比透磁率 μ_s はほぼ 1 であり，したがって $\mu \simeq \mu_0$ と近似できることが多い．

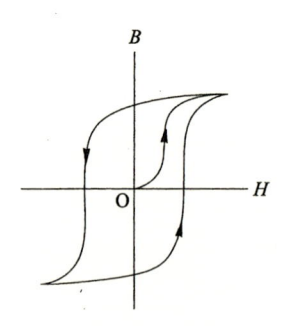

図 4.18　B-H 曲線

一方，強磁性体では，普通 (4.70) のような比例関係はない．この場合は，μ の値を数値で与えるか，または $\mathbf{B}(\mathbf{r})$ と $\mathbf{H}(\mathbf{r})$ の関係をグラフで与えるかのいずれかによって磁性体の性質を表す．この目的によく利用されるのが B-H 曲線である．図 4.18 はその 1 例であるが，$\mathbf{B}(\mathbf{r})$ と $\mathbf{H}(\mathbf{r})$ の関係が直線的でないうえ，ヒステリシスや $\mathbf{B}(\mathbf{r})$ の飽和がみられる．比透磁率 μ_s の値は一般に極めて大きく，数百ないし 10^5 の程度に達する．

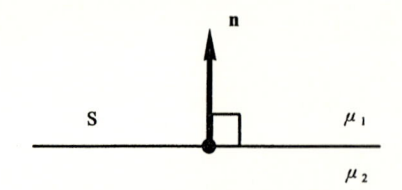

図 4.19　磁性体の境界条件

磁性体があるときの磁界を決定する方程式は，(4.65)，(4.68)，および (4.70) である．ただし，強磁性体の性質を (4.70) で表す場合，μ は一般に定数とならないことに注意する必要がある．2 つの磁性体が面 S を境界として接している

とき，(4.65) に対応して，

$$\mathbf{n} \cdot [\mathbf{B}_1(\mathbf{r}) - \mathbf{B}_2(\mathbf{r})] = 0 \quad (\mathbf{r} \in \mathrm{S}) \tag{4.72}$$

が成立する．ここで，$\mathbf{n}$ は媒質 2 から媒質 1 へ向かう面 S の単位法線ベクトルである．また，(4.68) に対応する境界条件は，

$$\mathbf{n} \times [\mathbf{H}_1(\mathbf{r}) - \mathbf{H}_2(\mathbf{r})] = \mathbf{K}(\mathbf{r}) \quad (\mathbf{r} \in \mathrm{S}) \tag{4.73}$$

となる．ただし，$\mathbf{K}(\mathbf{r})[\mathrm{A/m}]$ は，S 上を流れる表面電流密度である．これらの境界条件の導出法については，2.5 節および 5.4 節を参照されたい．

例 1. 一様な外部磁界 $\mathbf{H}_0$ の中に透磁率が μ である半径 a の磁性体球を置いた．球内外の磁界および球の磁化を求めよ．

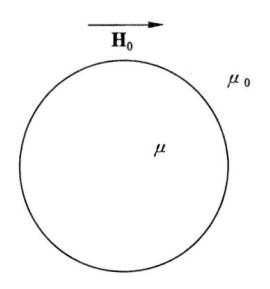

図 4.20 一様磁界中の磁性体球

解．この場合の基礎方程式は

$$\nabla \cdot \mathbf{B}(\mathbf{r}) = \nabla \times \mathbf{H}(\mathbf{r}) = 0, \quad \mathbf{B}(\mathbf{r}) = \mu \mathbf{H}(\mathbf{r}) \tag{1}$$

であり，境界条件は，球の内部および外部をそれぞれ 1 および 2 で表すと，

$$\mathbf{n} \cdot [\mathbf{B}_1(\mathbf{r}) - \mathbf{B}_2(\mathbf{r})] = \mathbf{n} \times [\mathbf{H}_1(\mathbf{r}) - \mathbf{H}_2(\mathbf{r})] = 0 \tag{2}$$

となる．したがって，この問題は 2.6 節の例 3 で扱った一様電界中の誘電体球の問題と数学的に等価であって，その解は

$$\mathbf{H}_1(\mathbf{r}) = \frac{3\mu_0}{\mu + 2\mu_0} \mathbf{H}_0 \tag{3}$$

および，球の中心に置いた磁気双極子のモーメントを

$$\mathbf{m} = 4\pi \frac{(\mu - \mu_0)a^3}{\mu + 2\mu_0} \mathbf{H}_0 \tag{4}$$

として，

$$\mathbf{H}_2(\mathbf{r}) = \mathbf{H}_0 + \frac{1}{4\pi}\left[-\frac{\mathbf{m}}{r^3} + \frac{3\mathbf{r}(\mathbf{m}\cdot\mathbf{r})}{r^5}\right] \tag{5}$$

で与えられる．球の磁化は，$\mathbf{H}_1(\mathbf{r})$ の式から，

$$\mathbf{M}(\mathbf{r}) = \frac{3\mu_0 \chi_m}{\mu + 2\mu_0}\mathbf{H}_0 = \frac{3(\mu - \mu_0)}{\mu + 2\mu_0}\mathbf{H}_0 \tag{6}$$

と求められる．

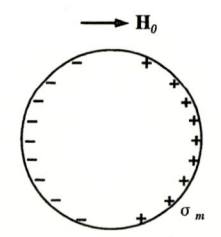

図 4.21 磁性体表面の分極磁荷

上の例はまた，次のように解釈できる．すなわち，一様な外部磁界の中に $\mu_s > 1$ である磁性体を置くと，磁性体の内部には磁化 $\mathbf{M}(\mathbf{r})$ が生じ，これに伴って磁性体の表面には $\mu_0\mathbf{M}(\mathbf{r})\cdot\mathbf{n}\,dS = \sigma_m(\mathbf{r})\,dS$ の関係を満たす表面磁荷密度 $\sigma_m(\mathbf{r})$ が現れる．磁性体の内部および付近の磁界がもとの一様磁界と異なるのは，この表面磁荷の効果である．上の球状磁性体の場合，球の外部に $\sigma_m(\mathbf{r})$ が作る界は球の中心に置かれた双極子が作る界に一致する．表面磁荷が球の内部に作る界を $\mathbf{H}_d(\mathbf{r})$ とすれば，球内の磁界は

$$\mathbf{H}_1(\mathbf{r}) = \mathbf{H}_0 + \mathbf{H}_d(\mathbf{r}) \tag{4.74}$$

となるが，この式に上の例の (3) を代入すると，

4.7 磁性体

$$\mathbf{H}_d(\mathbf{r}) = -\frac{\mu - \mu_0}{\mu + 2\mu_0}\mathbf{H}_0$$

を得る．表面磁荷による磁界は，球の内部では，もとの一様磁界を打ち消す方向を向いている．$\mathbf{H}_d(\mathbf{r})$ は $\mathbf{M}(\mathbf{r})$ によるものであるから，

$$\mathbf{H}_d(\mathbf{r}) = -N_d \mathbf{M}(\mathbf{r}) \tag{4.75}$$

とおく．N_d は磁性体の形状によって定まる定数であるが，これを減磁率という．球状磁性体の場合，この値は $N_d = 1/3$ である．

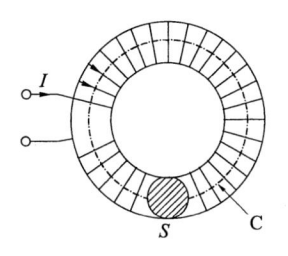

図 4.22 磁気回路

図に示すような長さ l 断面積 S である強磁性体で作られた環状の鉄心に十分密に N 回のコイルを巻き，これに電流 I を流したとしよう．断面のさしわたしが l にくらべて十分小さいとすれば，磁性体の内部には軸方向の一様な磁界ができる．磁性体の軸である閉曲線を C とし，磁界を $\mathbf{H} = \mathbf{t}\,H$ とすれば，Ampère の法則によって

$$\int_C \mathbf{H} \cdot \mathbf{t}\,ds = \int_C H\,ds = NI$$

となる．外部の磁界は 0 である．ここで，磁性体内部の磁束密度を (4.70) にならって

$$B = \mu H$$

と書く．断面 S を通る磁束を

$$\Phi = \int_S \mathbf{B}(\mathbf{r}) \cdot \mathbf{n}\,dS \tag{4.76}$$

で定義すれば，いまの場合，

$$\Phi = BS = \mu HS$$

である．Ampère の法則の式を Φ を用いて書き直すと，Φ は C 上で一定であるから，

$$\Phi \int_C \frac{ds}{\mu S} = NI$$

という関係が得られる．いま，

$$\mathfrak{F} = NI \tag{4.77}$$

および

$$\mathfrak{R} = \int_C \frac{ds}{\mu S} \tag{4.78}$$

を定義し，起磁力および磁気抵抗と呼ぶ．すると，上の関係は，

$$\mathfrak{R}\Phi = \mathfrak{F} \tag{4.79}$$

となり，電気回路の Ohm の法則に対応した形となる．起磁力，磁気抵抗，および磁束は，それぞれ電圧，抵抗，および電流に対応する．起磁力の単位は [A] であるが，通常の電流と区別するために，アンペア回数 [AT] を用いることも多い．磁束は [Wb] で計られる．したがって，磁気抵抗の単位は [A/Wb] となるが，次節で述べるインダクタンスの単位ヘンリー [H] を使って，[H^{-1}] とすることもできる．

　磁性体で作られた磁束の通路を考え，電気回路と対応させて考えるとき，これを磁気回路と呼ぶ．電気回路では，導体と絶縁体の導電率の比が 10^{12} 以上と極めて大きいから，電流はすべて導体を流れる．これに反して，磁気回路では，強磁性体を用いてもその比透磁率はたかだか 10^5 の程度であるから，かなりの磁束が磁気回路の外に漏れる．また，電気回路では Ohm の法則が高い精度で成り立つことが多いが，磁気回路では，磁気抵抗が非線型であるから，いわゆる Ohm の法則は成立しない．磁気回路の考え方は，簡明でかつ適用が容易であるから，工学上の応用にしばしば利用される．しかし，上記の理由のため，この考え方はあくまで近似的な磁界の解析法であり，適用範囲については十分な注意が必要である．

例2. 狭い間隙 g を持つ全長 l の磁気回路がある．間隙部は真空であり，その他の部分は比透磁率 μ_s の強磁性体で作られている．この磁気回路に，図のように N 巻きのコイルを巻いて電流 I を流したとき，間隙部に生じる磁界を求めよ．

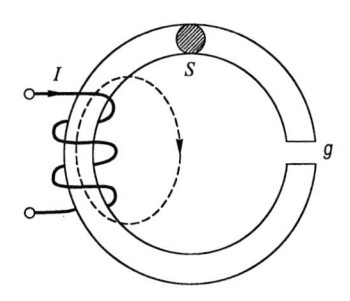

図 4.23 間隙のある磁気回路

解． コイルが磁気回路の一部にしか巻かれていないから，磁束の中には図の破線で示したような通路を通るものがある．しかし，このような通路の磁気抵抗は磁気回路の磁気抵抗にくらべて極めて大きいから，そこを通る磁束は磁気回路を通る磁束に対して無視してよい．したがって，この例には磁気回路の考えを適用できる．磁気回路の断面積を S とし，間隙が狭いのでこの部分でも磁束は広がらないとすれば，

$$\mathfrak{R} = \frac{l-g}{\mu S} + \frac{g}{\mu_0 S}$$

である．強磁性体では $\mu_s \gg 1$ なので，この式は

$$\mathfrak{R} = \frac{l}{\mu S}\left[1 + \frac{g}{l}(\mu_s - 1)\right] \simeq \frac{l}{\mu S}\left(1 + \frac{g}{l}\mu_s\right)$$

と近似できる．よって，磁束および磁束密度は

$$\Phi = \frac{NI}{\mathfrak{R}} = \frac{NI}{\dfrac{l}{\mu S}\left(1+\dfrac{g}{l}\mu_s\right)}, \quad B = \frac{\Phi}{S} = \frac{\mu NI}{l\left(1+\dfrac{g}{l}\mu_s\right)}$$

で与えられる．B は磁気回路全体で一定であると考えられるので，空隙部の磁界は

$$H_g = \frac{B}{\mu_0} = \frac{\mu_s NI}{l\left(1+\dfrac{g}{l}\mu_s\right)}$$

となる．

4.8 インダクタンス

電流 I が流れている閉回路 C があり，この電流による磁束密度が $\mathbf{B}(\mathbf{r})$ であるとする．電流と鎖交する磁束の数は，C を縁とする開いた曲面を S として，

$$\Phi = \int_S \mathbf{B}(\mathbf{r}) \cdot \mathbf{n}\, dS$$

で与えられる．周囲の媒質が線形であれば，$\mathbf{B}(\mathbf{r})$ は I に比例するから，Φ もまた I に比例する．したがって，

$$\Phi = LI \tag{4.80}$$

とおけば，L は I によらない定数で，C の形状にのみ依存する．L を，閉回路 C の自己インダクタンスという．L の単位は [Wb/A] であるが，これをヘンリー [H] と呼ぶ．これから，透磁率 μ の単位が [H/m] であることがわかる．

例 1．断面積 S，単位長あたりの巻き数が n である無限長ソレノイドの単位長あたりの自己インダクタンスを求めよ．

解．この場合の磁界は，4.5 節の例 2 で求められている．巻き線を流れる電流を I とすると，ソレノイド内部の磁束は

$$\Phi = BS = \mu_0 n I S$$

となる．この磁束がコイルと鎖交するが，単位長あたりの巻き数が n であるから，単位長あたりの全鎖交磁束数は $n\Phi$ である．したがって求める自己インダクタンスは

$$L = \frac{n\Phi}{I} = \mu_0 n^2 S$$

である．

例 2．図 4.23 に示したコイルの自己インダクタンスを求めよ．

解．4.7 節例 2 の解を参照し，例 1 と同様に考えて下式を得る．

$$L = \frac{\mu S N^2}{l\left(1 + \dfrac{g}{l}\mu_s\right)}$$

次に,空間にいくつかの閉回路 C_m ($m = 1, 2, \ldots, M$) があり,各閉回路を電流 I_m が流れている場合を考えよう.重ね合わせの原理が成り立つものとすれば,m 番目の閉回路と鎖交する磁束は

$$\Phi_m = \sum_{n=1}^{M} \Phi_{mn} \tag{4.81}$$

と書ける.ただし,Φ_{mn} は n 番目の電流が作った磁束のうち m 番目の閉回路と鎖交するものを表す.Φ_{mn} は電流 I_n に比例するから,これを

$$\Phi_{mn} = L_{mn} I_n \tag{4.82}$$

とすれば,(4.81) は

$$\Phi_m = \sum_{n=1}^{M} L_{mn} I_n \tag{4.83}$$

となる.L_{mn} を,相互インダクタンスと呼ぶ.相互インダクタンスの単位も,自己インダクタンスと同じ [H] である.

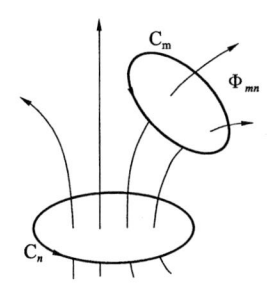

図 4.24 相互インダクタンス

さて,n 番目の電流 I_n が作るベクトルポテンシャルを $\mathbf{A}_n(\mathbf{r})$ とし,磁束密

度を $\mathbf{B}_n(\mathbf{r})$ とすると，I_n が作る磁束のうちで C_m に鎖交するものは，

$$\Phi_{mn} = \int_{\mathrm{S}_m} \mathbf{B}_n(\mathbf{r}) \cdot \mathbf{n}\, dS = \int_{\mathrm{S}_m} \nabla \times \mathbf{A}_n(\mathbf{r}) \cdot \mathbf{n}\, dS = \int_{\mathrm{C}_m} \mathbf{A}_n(\mathbf{r}) \cdot d\mathbf{s}$$

となる．ただし，S_m は C_m を縁とする曲面であり，$\mathbf{n}$ はその単位法線ベクトルである．ベクトルポテンシャルは (4.23) から

$$\mathbf{A}_n(\mathbf{r}) = \frac{\mu I_n}{4\pi} \int_{\mathrm{C}_n} \frac{d\mathbf{s}'}{|\mathbf{r} - \mathbf{r}'|}$$

で与えられるので，これを上式に代入すれば

$$\Phi_{mn} = \frac{\mu I_n}{4\pi} \int_{\mathrm{C}_m} \int_{\mathrm{C}_n} \frac{d\mathbf{s} \cdot d\mathbf{s}'}{|\mathbf{r} - \mathbf{r}'|}$$

となる．これから，相互インダクタンスの表現

$$L_{mn} = \frac{\mu}{4\pi} \int_{\mathrm{C}_m} \int_{\mathrm{C}_n} \frac{d\mathbf{s} \cdot d\mathbf{s}'}{|\mathbf{r} - \mathbf{r}'|} \tag{4.84}$$

が得られる．これを，Neumann の公式と呼ぶ．

Neumann の公式から明らかなように，相互インダクタンスは対称で

$$L_{mn} = L_{nm} \tag{4.85}$$

が成立する．また，$m = n$ とおけば

$$L_{mm} = \frac{\mu}{4\pi} \int_{\mathrm{C}_m} \int_{\mathrm{C}_m} \frac{d\mathbf{s} \cdot d\mathbf{s}'}{|\mathbf{r} - \mathbf{r}'|}$$

であって，これは定義から自己インダクタンスを与えると考えられるが，この積分は発散する．これは，(4.84) を導く際に，無限に細い導線を有限の電流が流れている状況を想定したため，閉回路上の磁界が無限大になるためである．

現実の電流は必ずある広がりを持っているから，自己インダクタンスは有限の値をとる．いま，閉回路 m および閉回路 n がそれぞれ環状の領域 V_m および V_n に広がっているものとすると，(4.84) は

$$L_{mn} = \frac{\mu}{4\pi} \frac{1}{I_m I_n} \int_{\mathrm{V}_m} \int_{\mathrm{V}_n} \frac{\mathbf{i}_m(\mathbf{r}) \cdot \mathbf{i}_n(\mathbf{r}')}{|\mathbf{r} - \mathbf{r}'|}\, dv\, dv' \tag{4.86}$$

と書ける. ただし, $\mathbf{i}_m(\mathbf{r})$ は V_m を流れる電流密度であり, V_m の断面を S_m として,

$$I_m = \int_{S_m} \mathbf{i}_m(\mathbf{r}) \cdot \mathbf{t}\, dS \tag{4.87}$$

はそこを流れる電流である. この表現では, Neumann の公式と異なり, $m = n$ としても積分は発散しない. また, この表現において S_m を無限に小さくすれば Neumann の公式が得られる.

これまでの議論から, 定常電流が作る静磁界におけるインダクタンスは, 静電界における静電容量に対応していることが理解されよう. すなわち, 静電容量は $Q = C\phi$, インダクタンスは $\Phi = LI$ を定義とするから, 電圧と電流および電荷と磁束を対応させて考えれば, C と L はお互いに対応している. また, 容量係数 C_{mn} と相互インダクタンス L_{mn} は (2.10) と (4.83) で定義され, 両者の間には同様の対応関係がある. このような電界と磁界の対応関係と電界のエネルギーが (2.17) で与えられることを考えると, 磁界のエネルギーは

$$U = \frac{1}{2} \sum_{m=1}^{M} \sum_{n=1}^{M} I_m L_{mn} I_n \tag{4.88}$$

となることが予想される. あるいは, 電界のエネルギー密度が (2.47) となることに対応して, 磁界のエネルギー密度は

$$u_m(\mathbf{r}) = \frac{1}{2} \mathbf{H}(\mathbf{r}) \cdot \mathbf{B}(\mathbf{r}) \tag{4.89}$$

になると考えることも自然であろう. 実際, (4.89) は, 静磁界の源が磁荷 q_m であるとして, 磁荷の間に働く力が磁界の Coulomb の法則 (4.1) に従うと考えれば, 静電界の場合と同様の手順で導かれる.

しかし, 磁界の源が電流であるという事実から出発して, これらの予想が正しいことを示すのは, 実は簡単ではない. 静電界のエネルギーを求めるとき, 微小な電荷を無限遠から電界の力に逆らって運ぶ仕事を合計した. 導体系の電荷が指定されているときは, この計算には原理的な困難は存在しない. しかし, 導体系の電位が指定されていると, 電位を一定に保つために電源から電荷が供給される. これに伴って電源は仕事をすることになるから, 電界のエネルギーを計算するには, この分の仕事も考慮しなければならない. 磁界のエネルギー

を求めようとすると，後者の場合と同じような困難に出合う．すなわち，閉回路の系を固定し，1つの閉回路にある電流を流そうとすると，次章で述べる電磁誘導の効果によって，他の閉回路に起電力を生じるから，これらの閉回路の電流を一定に保つことができなくなる．したがって，(4.88) や (4.89) の関係は，電磁誘導現象についての知識を得た後に理解されることになろう．ここでは，とりあえず (4.89) の関係を認め，これから (4.88) を導いてみよう．

空間に M 個の閉回路 C_m があり，その上を環状の電流 I_m が流れているものとしよう．閉回路は，太さを持っていても構わない．このとき，磁束密度を $\mathbf{B}(\mathbf{r})$, 磁界を $\mathbf{H}(\mathbf{r})$ とすれば，磁界のエネルギーは全空間にわたる積分

$$U = \frac{1}{2} \int_{\text{全空間}} \mathbf{H}(\mathbf{r}) \cdot \mathbf{B}(\mathbf{r}) \, dv \tag{4.90}$$

で与えられる．ここで，

$$\mathbf{B}(\mathbf{r}) = \nabla \times \mathbf{A}(\mathbf{r})$$

および

$$\nabla \cdot (\mathbf{H} \times \mathbf{A}) = \mathbf{A} \cdot \nabla \times \mathbf{H} - \mathbf{H} \cdot \nabla \times \mathbf{A} = \mathbf{A} \cdot \mathbf{i} - \mathbf{H} \cdot \nabla \times \mathbf{A}$$

を考慮すれば，

$$U = \frac{1}{2} \int_{\text{全空間}} \mathbf{A}(\mathbf{r}) \cdot \mathbf{i}(\mathbf{r}) \, dv - \frac{1}{2} \int_{\text{全空間}} \nabla \cdot [\mathbf{H}(\mathbf{r}) \times \mathbf{A}(\mathbf{r})] \, dv$$

となる．右辺第2項の積分は，Gauss の定理で面積分に直せば，

$$\mathbf{H}(\mathbf{r}) = O(r^{-2}), \quad \mathbf{A}(\mathbf{r}) = O(r^{-1}) \quad (r \to \infty)$$

であることから 0 となることがわかる．右辺第1項は，積分の範囲をすべての電流を含む体積 V に直すことができる．こうして，

$$U = \frac{1}{2} \int_V \mathbf{A}(\mathbf{r}) \cdot \mathbf{i}(\mathbf{r}) \, dv \tag{4.91}$$

が得られた．

重ね合わせの原理を認めれば，$\mathbf{A}(\mathbf{r})$ はそれぞれの電流が単独に存在したと

きにつくるベクトルポテンシャル $\mathbf{A}_n(\mathbf{r})$ の和として

$$\mathbf{A}(\mathbf{r}) = \sum_{n=1}^{M} \mathbf{A}_n(\mathbf{r}) = \frac{\mu}{4\pi} \sum_{n=1}^{M} \int_{V_n} \frac{\mathbf{i}_n(\mathbf{r}')}{|\mathbf{r}-\mathbf{r}'|} dv'$$

と書ける．V_n は $\mathbf{i}_n$ が流れている体積である．これを (4.91) に代入し，$\mathbf{i}(\mathbf{r})$ が 0 とならないのは M 個の閉回路上だけであることを考慮して，

$$U = \frac{1}{2}\frac{\mu}{4\pi} \sum_{m=1}^{M} \sum_{n=1}^{M} \int_{V_m} \int_{V_n} \frac{\mathbf{i}_m(\mathbf{r}) \cdot \mathbf{i}_n(\mathbf{r}')}{|\mathbf{r}-\mathbf{r}'|} dv\, dv' \tag{4.92}$$

を得る．ここで相互インダクタンスの表現 (4.86) を参照すれば，この式は (4.88) に一致することがわかる．

さて，(4.88) において I_1 のみを 0 でないものとし，他の電流をすべて 0 とすれば，

$$2U = L_{11} I_1^2$$

となる．U は，磁界を作るために外部から供給されたエネルギーであって，負になることはない．したがって，$L_{11} \geq 0$ である．このことは任意の m についても同様だから，一般に自己インダクタンスは負にならない：

$$L_{mm} \geq 0 \tag{4.93}$$

また，(4.88) において I_1 および I_2 のみを 0 でないものとし，残りの I_m をすべて 0 とすれば，

$$2U = L_{11}I_1^2 + 2L_{12}I_1 I_2 + L_{22}I_2^2 = L_{11}\left(I_1 + \frac{L_{12}}{L_{11}}I_2\right)^2 + \left(L_{22} - \frac{L_{12}^2}{L_{11}}\right)I_2^2$$

となる．どのような I_1，I_2 に対しても U が負にならないためには，$L_{11} \geq 0$ および $L_{11}L_{22} \geq L_{12}^2$ が必要かつ十分である．したがって，(4.93) に加えて，

$$L_{mm}L_{nn} \geq L_{mn}^2 \tag{4.94}$$

の関係があることがわかった．このことに関連して，

$$k = \frac{L_{mn}}{\sqrt{L_{mm}L_{nn}}} \tag{4.95}$$

を定義し，結合係数と呼ぶ．$|k| \leq 1$ であるが，$|k| = 1$ であるときを特に密結合という．これは，n 番目の閉回路を流れる電流が作った磁束がすべて m 番目の閉回路と鎖交している状態である．$L_{mn} = L_{nm}$ であるから，当然逆も成立する．

例 3. 同一平面上に半径が a および b である同心コイル C_1 および C_2 がある．$a \ll b$ であるとして，相互インダクタンスを求めよ．

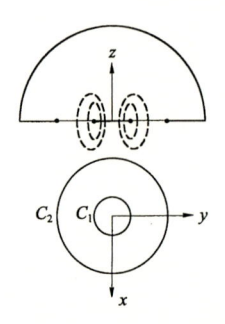

図 4.25 同心コイルと座標系

解． 図のように座標系を定める．C_2 に電流 I_2 を流したとき，コイルの中心の磁束密度は，4.3 節例 2 の解から，

$$B_z = \frac{\mu_0 I_2}{2b}$$

となる．C_1 は小さいので，C_1 で囲まれる（平）面分で B_z は一定であると考えられるから，C_1 と鎖交する磁束は

$$\Phi_1 = \pi a^2 B_z = \frac{\mu_0 \pi a^2}{2b} I_2$$

である．したがって，

$$L_{12} = \frac{\Phi_1}{I_2} = \frac{\mu_0 \pi a^2}{2b}$$

となる．当然 $L_{21} = L_{12}$ であるが，このことを確かめてみよう．C_1 に電流 I_1 を流したときの磁界は図の破線で示したようになるが，これを C_2 が囲む平面上で積分することはかなり面倒である．しかし，鎖交磁束を計算する曲面は C_2 を縁とする限り自由に変形してよいので，いま，xy 平面から C_2 の内部を除いたものと，それを無限

遠で閉じる半球面で構成される曲面を考え，この上で鎖交磁束を計算することにする．この場合，積分を行う点の磁束密度は，(4.52) によって，

$$\mathbf{B}(\mathbf{r}) = \frac{\mu_0}{4\pi}\left[-\frac{\mathbf{m}}{r^3} + \frac{3\mathbf{r}(\mathbf{m}\cdot\mathbf{r})}{r^5}\right]$$

となる．ただし，

$$\mathbf{m} = \pi a^2 I_1 \mathbf{i}_z$$

である．磁束密度は遠方において $\mathbf{B}(\mathbf{r}) = O(r^{-3})$ となるから，半球上の積分は 0 である．また，xy 平面上では $\mathbf{B}(\mathbf{r})$ は z 成分のみを持ち，

$$\mathbf{B}(\mathbf{r}) = -\mathbf{i}_z \frac{\mu_0}{4}\frac{a^2 I_1}{r^3}$$

となる．積分する点での単位法線ベクトルは $-\mathbf{i}_z$ であるから，鎖交磁束は

$$\Phi_2 = \int_{r>b}\mathbf{B}(\mathbf{r})\cdot\mathbf{i}_z\,dS = \frac{\mu_0 a^2 I_1}{4}\int_{r=b}^{\infty}\frac{1}{r^3}2\pi r\,dr = \frac{\mu_0 \pi a^2}{2b}I_1$$

と求まる．したがって，

$$L_{21} = \frac{\Phi_2}{I_1} = \frac{\mu_0 \pi a^2}{2b}$$

となって，L_{12} に一致する．

例 4. 一様な断面を持つ強磁性体で作られた環状の鉄心に N_1 巻きの 1 次コイルと N_2 巻きの 2 次コイルが巻いてある．磁性体の透磁率を μ，鉄心の断面積を S，長さを l として，自己インダクタンスと相互インダクタンスを求めよ．

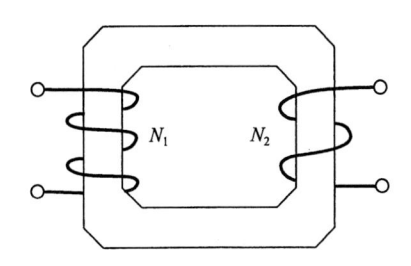

図 4.26 環状ソレノイドのインダクタンス

解. この環状鉄心の磁気抵抗は

$$R = \frac{l}{\mu S}$$

であるから，1次コイルに電流 I_1 を流したときにできる磁束は

$$\Phi = \frac{N_1 I_1}{R} = \frac{\mu S N_1 I_1}{l}$$

となる．したがって，N_1 巻きの1次コイルと鎖交する磁束の総数は，

$$N_1 \Phi = \frac{\mu S N_1^2 I_1}{l}$$

となり，1次コイルの自己インダクタンスは

$$L_{11} = \frac{N_1 \Phi}{I_1} = \frac{\mu S N_1^2}{l}$$

と求まる．また，2次コイルと鎖交する磁束の総数は $N_2 \Phi$ なので，相互インダクタンスは

$$L_{21} = \frac{N_2 \Phi}{I_1} = \frac{\mu S N_1 N_2}{l}$$

である．2次コイルに電流を流したときも同様に考えて，

$$L_{22} = \frac{\mu S N_2^2}{l}; \quad L_{12} = \frac{\mu S N_1 N_2}{l} = L_{21}$$

を得る．

演習問題

1. 無限に長い直線電流のまわりの磁界を，(1) Biot-Savart の法則，(2) Ampère の法則，(3) ベクトルポテンシャルによって求めよ．ただし，(3) では積分が発散するので，まず電流の長さを $2l$ として磁界を求め，その後 $l \to \infty$ とせよ．
2. 平面 $z = 0$ の上を一様な密度 K [A/m] の電流が y 方向に流れている．磁界を求めよ．
3. 円形コイルの軸上の磁界を等価板磁石の方法で求めよ．
4. $-d < x < d$ の範囲を一様な電流が z 方向に流れている．電流密度を i として，各部の磁界を (4.34) および (4.35) によって求めよ．
5. z 軸を中心軸とする大きさ I 半径 a の円電流が，$z = a/2$ および $z = -a/2$ に置かれている．原点付近の磁界 H_z はほぼ一定とみなせることを示せ．

6. 電流 I が流れている半径 a, 長さ $2l$, 単位長あたりの巻き数 n のソレノイドが, その軸が z 軸に一致するように置かれている. ソレノイドの中心を原点として, z 軸上の磁界を求めよ.

7. 2つの閉回路 C_1 および C_2 に電流 I_1 および I_2 が流れている. それぞれの回路が受ける力を $\mathbf{F}_1$ および $\mathbf{F}_2$ とすれば, $\mathbf{F}_1 + \mathbf{F}_2 = 0$ が成り立つことを示せ.

8. 質量 m 電荷 q の荷電粒子を, 一様な磁界の中に, 磁界と垂直に速さ v で打ち込んだ. 粒子の運動を調べよ.

9. 磁界 H によって一様に磁化している磁性体の中に, (1) 磁化と垂直に薄い平板状の穴をあけたとき, (2) 磁化と平行に細長い穴をあけたとき, 穴の内部の磁界はどうなるか.

10. 一様な磁界 H_0 の中に, 内径 a 外径 b の球殻状の強磁性体がある. 球殻の中心を原点として, 界の形を $r<a$ では一様な磁界 H_1, $a<r<b$ では一様な磁界 H_2 と中心に置いたモーメント $\mathbf{m}_2$ の双極子界の重ね合わせ, $r>b$ では一様な磁界 H_0 と中心に置いたモーメント $\mathbf{m}_0$ の双極子界の重ね合わせ, と仮定して界を求めよ. ただし, 磁性体の比透磁率は $\mu_r \gg 1$ を満たすものとする.

11. 間隔 d を隔てて平行に置かれた2本の導線を往復電流が流れている. 導線の半径を $a(\ll d)$, 透磁率を μ として, 単位長あたりの自己インダクタンスを求めよ.

12. 問題6.で求めた磁界がソレノイドの内部で一様であるものとして, 自己インダクタンスを求めよ.

5

電磁誘導とマクスウエルの方程式

　電界や磁界が時間的に変化すると，電界の変化は磁界の渦を生じ，磁界の変化は電界の渦を生じる．前者は変位電流の磁気的効果であり，後者は電磁誘導の法則として知られている．ここでは，まず電磁誘導の法則を説明し，磁界のエネルギーについて検討する．つぎに変位電流を導入して一般的な電磁界の基礎方程式である Maxwell の方程式を導き，若干の検討を加える．最後に，変位電流が無視できる場合として，準定常電流の界を説明する．

5.1 電磁誘導

　磁束密度が $\mathbf{B}(\mathbf{r})$ である磁界の中にコイルを置くと，コイルと鎖交する磁束は

$$\Phi = \int_S \mathbf{B}(\mathbf{r}) \cdot \mathbf{n}\, dS$$

で与えられる．何かの原因でこの鎖交磁束が時間的に変化すると，コイルには磁束の変化を妨げる向きの起電力が発生する．変化の原因としては，磁束密度が時間の関数 $\mathbf{B}(\mathbf{r},t)$ であること，コイルが一様でない磁界の中を運動していること，コイルの面積が時間的に変化することなど，さまざまな場合が考えられるが，原因がどのようなものであっても，コイルに発生する起電力は

$$v(t) = -\frac{d\Phi(t)}{dt} \tag{5.1}$$

で与えられる．この現象を電磁誘導といい，(5.1) を Faraday の電磁誘導の法則または Faraday-Neumann の法則と呼ぶ．二三の例をあげよう．

例1. 図のように，一様な磁界の中に置かれた矩形回路 ABCD の一辺 BC が，速さ u で x 方向に移動している．回路に生じる起電力を求めよ．

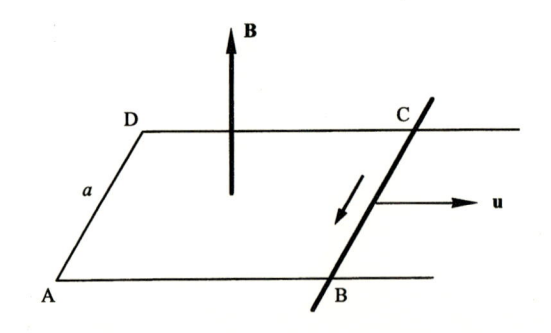

図 5.1 一様な磁界中に置かれた一辺が移動する矩形回路

解. 矩形の面積は b を定数として，$S(t) = a(ut+b)$ となるから，この矩形回路と鎖交する磁束は

$$\Phi(t) = BS(t) = aB(ut+b)$$

である．したがって，発生する起電力は，B から C へ向かう方向を正として，

$$V = -\frac{d\Phi(t)}{dt} = -auB$$

となる．起電力の向きは，図中の矢印で示してある．

例2. 一様な磁界の中に面積 S の円形コイルがあり，磁界に垂直な直線 AB を軸として角速度 ω で回転している．コイルに生じる起電力を求めよ．

解. ある時刻にコイルと鎖交する磁束は，ϕ を定数として，

$$\Phi(t) = BS\cos(\omega t + \phi)$$

となるから，

$$v(t) = -\frac{d\Phi(t)}{dt} = \omega BS\sin(\omega t + \phi)$$

である．

5.1 電磁誘導

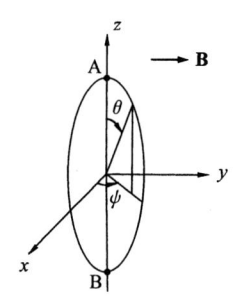

図 5.2 一様な磁界中に置かれた回転するコイル

例 3. 強磁性体で作られた環状の磁気回路に N_1 巻きの 1 次コイルと N_2 巻きの 2 次コイルが巻いてある．1 次コイルに時間的に変化する電流 $i_1(t) = I_1 \cos(\omega t + \phi)$ を流したとき，2 次コイルに発生する起電力を求めよ．

解． 透磁率が一定だとすると，磁気回路の中の磁束は

$$\Phi(t) = \frac{\mu S N_1}{l} i_1(t) = \frac{\mu S N_1}{l} I_1 \cos(\omega t + \phi)$$

である．2 次コイルに鎖交する総磁束数は $N_2 \Phi(t)$ であるから，求める起電力は

$$v_2(t) = -N_2 \frac{d\Phi(t)}{dt} = \omega \frac{\mu S N_1 N_2}{l} I_1 \sin(\omega t + \phi) = \omega L_{21} I_1 \sin(\omega t + \phi)$$

となる．ただし，L_{21} は相互インダクタンスである．

上に示した例のうち，はじめの 2 つは 4.2 節で述べた Lorentz 力によって説明できる．例えば，例 1 において，辺 BC は磁界と垂直な方向に速さ u で移動するから，この辺にある電子は C から B へ向かう力 $-euB$ を受ける．$-e$ は電子の持つ電荷である．このことは，辺 BC の上に C から B へ向かう電界 uB が生じていることを意味する．したがって，辺 BC 上に発生する起電力は，図の矢印の方向に auB となるが，このことには多少説明が必要であろう．まず，辺 BC が単独に存在し，電流が流れない場合を考える．このとき，C 付近は辺 BC 内の電子の一部が蓄積されて負に帯電し，一方，B 付近は電子が失われて正に帯電している．このため，辺 BC には B から C へ向かう保存的な電界

$$\mathbf{E}(\mathbf{r}) = -\nabla \phi(\mathbf{r})$$

ができている．また，辺 BC の上には，Lorentz 力による電界

$$\mathbf{E}_0(\mathbf{r}) = \mathbf{u} \times \mathbf{B}$$

も存在する．$\mathbf{E}(\mathbf{r})$ と $\mathbf{E}_0(\mathbf{r})$ の和が，辺 BC 上の全電界である．ここで，式 (4.13) を参照すれば，電流が流れないためには，この全電界は 0 でなければならない．これから，

$$\nabla \phi(\mathbf{r}) = \mathbf{u} \times \mathbf{B}$$

を得る．したがって，図の矢印方向の起電力が

$$V = \phi(\mathrm{B}) - \phi(\mathrm{C}) = \int_\mathrm{C}^\mathrm{B} \mathbf{u} \times \mathbf{B} \cdot \mathbf{t}\, ds = auB$$

と求まる．閉回路が形成されていても，辺 BC 上の起電力は不変である．

例 2 の場合は多少面倒であるが，コイルを円形であるとすれば，図の座標系でコイル上の線素 $d\mathbf{s}$ の速度は，$\varphi = \omega t + \phi$ として

$$\mathbf{u}(t) = \omega a \sin\theta (-\mathbf{i}_x \sin\varphi + \mathbf{i}_y \cos\varphi)$$

となる．また，$\mathbf{B} = \mathbf{i}_y B$ だから，Lorentz 力による電界は

$$\mathbf{E}_0(t) = \mathbf{u}(t) \times \mathbf{B} = -\mathbf{i}_z \omega a B \sin\theta \sin\varphi$$

と求まる．線素ベクトルは

$$d\mathbf{s} = a d\theta (\mathbf{i}_x \cos\varphi \cos\theta + \mathbf{i}_y \sin\varphi \cos\theta - \mathbf{i}_z \sin\theta)$$

だから，このコイル全体の起電力は

$$v(t) = \int_\mathrm{C} \mathbf{E}_0(t) \cdot d\mathbf{s} = \omega a^2 B \sin\varphi \int_0^{2\pi} \sin^2\theta\, d\theta = \omega B S \sin(\omega t + \phi)$$

となって，例 2 の解に一致する．

例 3 については，回路が運動していないので，Lorentz 力による解釈はできない．このことを検討するために，次の例を考えてみよう．

5.1 電磁誘導

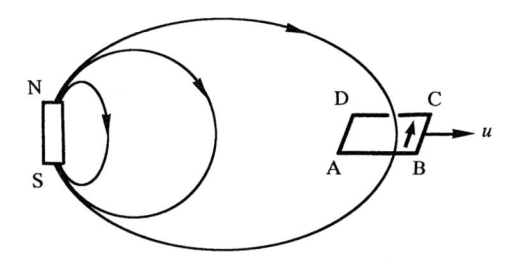

図 5.3 　一様でない磁界の中を移動する矩形コイル

例 4. 図のように，磁石が作る磁界の中を矩形のコイルが速さ u で y 方向に移動している．コイルに発生する起電力を求めよ．

解． この場合，辺 AB および CD 上の電荷に働く Lorentz 力は，辺に垂直であるから起電力とならない．辺 DA および BC では，それぞれ，D から A および C から B へ向かう起電力を発生する．その大きさは，それぞれの辺の磁束密度を B_1 および B_2 とすれば，uaB_1 および uaB_2 となる．$B_1 > B_2$ であるから，回路には全体として図の矢印の方向の起電力が生じ，その値は

$$v = ua(B_1 - B_2)$$

である．式 (5.1) を用いても，同じ結果を得ることができる．

さて，上の例では空間に固定された一様でない磁界の中を閉回路が移動したので，閉回路に生じる起電力を Lorentz の力によって説明できた．この現象を，閉回路に固定した座標系で観測するとどう見えるであろう．この場合，磁石は速さ u で閉回路から遠ざかることになり，それに伴って閉回路のある場所の磁界が時間的に変化することになるが，結果として生じる起電力は同じになるはずで，それは (5.1) で与えられる．

このとき，閉回路が感じるのは変化する磁界であって，その原因ではないことに注意しよう．すなわち，時間的に変化する磁界の中に置かれた閉回路には起電力が発生するが，変化の原因が磁石の運動であっても，閉回路の運動であっても，発生する起電力は同じである．また，磁石の代わりに電流の流れているソレノイドを用いてもよいことは明らかである．さらに，閉回路とソレノイド

を固定してソレノイドの電流を適当に調節し,閉回路上の磁界が遠ざかる磁石の作る磁界と同じになるようにすれば,閉回路からみた状況は何一つ変わらないから,同じ結果になることが結論される.

以上の考察から,例3の結果は,2次コイルが感じる磁界の変化によって生じた起電力であることが理解されよう.しかし,これは(5.1)の言い換えにすぎないので,多少の説明を加えておこう.4.2節で,Lorentzの力は,静電界のCoulombの法則から,特殊相対性原理の理論を用いて導かれることを述べた.Faradayの電磁誘導の法則(5.1)もまた,この理論の帰結の1つである.すなわち,Coulombの法則を実験事実として認めれば,これから運動する電荷に対してLorentzの力が働くことがわかり,Lorentzの力から(5.1)および後述する拡張されたAmpèreの法則が導かれる.これらは,電磁界の基礎方程式であるMaxwellの方程式そのものである.この意味で,電磁現象はすべてCoulombの法則によって支配されているといってよい.しかし,特殊相対性原理の理論は簡単なものではないから,このような考えで電磁現象を扱うことは得策とはいえない.したがって,現象論としての電磁気学では,例えばFaradayの電磁誘導の法則も実験事実として認めて,その体系を構築することが普通である.

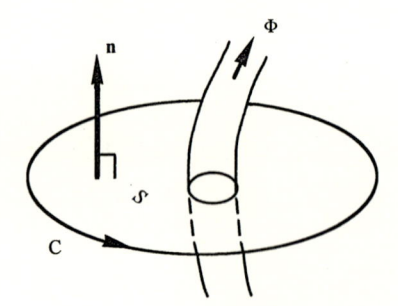

図 5.4 Faradayの電磁誘導の法則

さて,(5.1)における起電力$v(t)$は,閉曲線Cをコイル,$\mathbf{E}(\mathbf{r})$をコイル内部の保存的でない電界として

$$v(t) = \int_C \mathbf{E}(\mathbf{r}, t) \cdot d\mathbf{s} \qquad (5.2)$$

と書ける.また,Cを縁とする開いた曲面をSとし,その単位法線を$\mathbf{n}$とす

れば，
$$\Phi(t) = \int_S \mathbf{B}(\mathbf{r},t) \cdot \mathbf{n}\, dS \tag{5.3}$$
である．これらを (5.1) に代入すれば，
$$\int_C \mathbf{E}(\mathbf{r},t) \cdot d\mathbf{s} = -\frac{d}{dt} \int_S \mathbf{B}(\mathbf{r},t) \cdot \mathbf{n}\, dS$$
となる．左辺を Stokes の定理によって面積分に直し，右辺の微分と積分の順序を交換すると，
$$\int_S \nabla \times \mathbf{E}(\mathbf{r},t) \cdot \mathbf{n}\, dS = -\int_S \frac{\partial \mathbf{B}(\mathbf{r},t)}{\partial t} \cdot \mathbf{n}\, dS$$
を得るが，閉曲線 C の選びかたは勝手であり，また曲面 S も C を縁とする限り任意であるから，この式が成立するためには
$$\nabla \times \mathbf{E}(\mathbf{r},t) = -\frac{\partial \mathbf{B}(\mathbf{r},t)}{\partial t} \tag{5.4}$$
の関係がなければならない．すなわち，磁束密度が時間的に増加すると，そのまわりに反時計方向の電界の渦が生じる．これを，微分形の Faraday の電磁誘導の法則という．

5.2　磁界のエネルギー

回路系に電流が流れると，周囲の空間に磁界が生じ，磁界のエネルギーが蓄積される．また，電流が有限の導電率を持つ媒質の中を流れると，Joule の法則に従ってエネルギーが消費される．蓄積エネルギーと消費されるエネルギーは，ともに電源から供給されなければならない．ここでは，この蓄積エネルギーについて考え，磁界のエネルギー密度が (4.89) によって与えられることを示そう．

空間に回路系があって，これに起電力を印加し，電流を流したとする．印加起電力に伴う電界を $\mathbf{E}_0(\mathbf{r},t)$ とし，電流が流れている部分の電界を $\mathbf{E}(\mathbf{r},t)$ とする．ただし，定常電流の場合と異なり，$\mathbf{E}(\mathbf{r},t)$ も保存的ではなく，(5.4) の関係を満たしていることに注意しよう．このとき，(3.27) から，
$$\mathbf{E}_0(\mathbf{r},t) \cdot \mathbf{i}(\mathbf{r},t) = \rho |\mathbf{i}(\mathbf{r},t)|^2 - \mathbf{E}(\mathbf{r},t) \cdot \mathbf{i}(\mathbf{r},t) \tag{5.5}$$

を得る．この式の左辺は，印加起電力が供給する電力の密度である．右辺第1項は Joule 熱として失われる電力の密度であるから，第2項は単位時間に磁界がされる仕事の密度であると考えられる．

ここで，(4.34) および (5.4) を考慮すれば，

$$\nabla \cdot \mathbf{E}(\mathbf{r},t) \times \mathbf{H}(\mathbf{r},t) = -\mathbf{H}(\mathbf{r},t) \cdot \frac{\partial \mathbf{B}(\mathbf{r},t)}{\partial t} - \mathbf{E}(\mathbf{r},t) \cdot \mathbf{i}(\mathbf{r},t)$$

となる．この右辺の $-\mathbf{E}(\mathbf{r},t) \cdot \mathbf{i}(\mathbf{r},t)$ を (5.5) に代入すれば，

$$\mathbf{E}_0(\mathbf{r},t) \cdot \mathbf{i}(\mathbf{r},t) = \rho |\mathbf{i}(\mathbf{r},t)|^2 + \mathbf{H}(\mathbf{r},t) \cdot \frac{\partial \mathbf{B}(\mathbf{r},t)}{\partial t} + \nabla \cdot \mathbf{E}(\mathbf{r},t) \times \mathbf{H}(\mathbf{r},t) \quad (5.6)$$

を得る．

媒質が線形で $\mathbf{B}(\mathbf{r},t) = \mu \mathbf{H}(\mathbf{r},t)$ が成り立てば，右辺第2項は

$$\mathbf{H}(\mathbf{r},t) \cdot \frac{\partial \mathbf{B}(\mathbf{r},t)}{\partial t} = \frac{\partial}{\partial t} \left[\frac{1}{2} \mathbf{H}(\mathbf{r},t) \cdot \mathbf{B}(\mathbf{r},t) \right] \quad (5.7)$$

と書ける．この仮定の下で，(5.6) の両辺を全空間にわたって積分しよう．このとき，右辺第3項を積分したものは，Gauss の定理によって表面積分に直すと

$$\int_{\text{全空間}} \nabla \cdot \mathbf{E}(\mathbf{r},t) \times \mathbf{H}(\mathbf{r},t)\, dv = \lim_{r \to \infty} \int_{\text{半径 } r \text{ の球面}} \mathbf{E}(\mathbf{r},t) \times \mathbf{H}(\mathbf{r},t) \cdot \mathbf{i}_r\, dS$$

となるが，この右辺の積分は

$$\mathbf{E}(\mathbf{r},t) = O(r^{-2}), \quad \mathbf{H}(\mathbf{r},t) = O(r^{-3}) \quad (r \to \infty)$$

によって 0 となることが分かる．したがって，(5.6) を積分した結果を

$$P(t) = P_l(t) + \frac{dU(t)}{dt} \quad (5.8)$$

と書くことができる．ここで，

$$P(t) = \int_{\text{全空間}} \mathbf{E}_0(\mathbf{r},t) \cdot \mathbf{i}(\mathbf{r},t)\, dv \quad (5.9)$$

は印加起電力が回路系に供給する電力であり，

$$P_l(t) = \int_{\text{全空間}} \rho |\mathbf{i}(\mathbf{r},t)|^2\, dv \quad (5.10)$$

5.2 磁界のエネルギー

は Joule 熱によって失われる電力である。このため，エネルギー保存の法則によって，

$$\frac{dU(t)}{dt} = \frac{d}{dt}\int_{全空間} \frac{1}{2}\mathbf{H}(\mathbf{r},t)\cdot\mathbf{B}(\mathbf{r},t)\,dv \tag{5.11}$$

は蓄積された磁気エネルギーの単位時間あたりの増し高であると考えられる。これで，媒質が線形であれば，磁界のエネルギー密度が (4.89) のように書けることがわかった。

強磁性体では μ が一定でないが，$\mathbf{B}(\mathbf{r},t)$ が $\mathbf{B}$ から $\mathbf{B}+d\mathbf{B}$ まで変化するときに μ の変化を無視できるとすれば，この範囲で $\mathbf{H}=\mathbf{B}/\mu$ と書ける。したがって，磁束密度が $\mathbf{B}+d\mathbf{B}$ のときのエネルギー密度は

$$u_m + du_m = \frac{|\mathbf{B}+d\mathbf{B}|^2}{2\mu} = \frac{|\mathbf{B}|^2 + 2\mathbf{B}\cdot d\mathbf{B} + |d\mathbf{B}|^2}{2\mu} \simeq \frac{|\mathbf{B}|^2 + 2\mathbf{B}\cdot d\mathbf{B}}{2\mu}$$

である。よって，この変化に伴うエネルギー密度の変化は，

$$du_m = \frac{\mathbf{B}\cdot d\mathbf{B}}{\mu} = \mathbf{H}\cdot d\mathbf{B}$$

で与えられる。これから，磁束密度が $\mathbf{B}$ であるときの磁界のエネルギー密度は

$$u_m = \int_{B=0}^{B} \mathbf{H}\cdot d\mathbf{B} \tag{5.12}$$

となることがわかる。

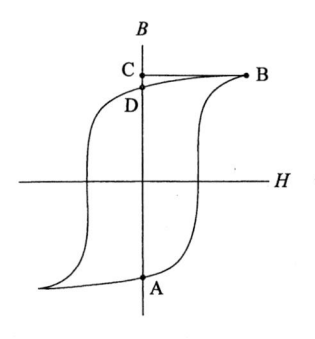

図 5.5 ヒステリシス損

図のような B-H 曲線で表されるヒステリシスを持つ磁性体が，交流磁界に

よって磁化される現象を考えてみよう．B-H 曲線上の点は，ある瞬間における磁性体内部の **B** と **H** を表している．交流の周波数を f とすれば，この点は，1s 間に f 回の速さで曲線に沿って回転する．この点が，図の A を出発し，曲線上を B まで移動すると，曲線 AB と線分 BC および CA で囲まれる面積に相当するエネルギーが磁性体の単位体積に入る．このうち，線分 BC, CD および曲線 BD で囲まれる面積のエネルギーは，点が B から D に移動するときに，磁性体から出てくる．点が D から出発して A へ戻るときにも，同じことがおこる．曲線をひと回りして A に帰ったとき，磁化の状態はもとに戻っているので，

$$U_h = \int_V \left(\int_{\text{B-H 曲線}} \mathbf{H} \cdot d\mathbf{B} \right) dv \tag{5.13}$$

で計算されるエネルギーが熱になって消費されているはずである．ただし，V は磁性体の占める体積を表す．この損失を，ヒステリシス損という．交流の 1 周期についての単位体積あたりのヒステリシス損は，B-H 曲線が囲む面積に等しい．また，単位体積あたりのヒステリシス損の電力は

$$P_h = fU_h \tag{5.14}$$

で求められる．

さて，磁界のエネルギーが求められると，これに伴う力を計算することができる．以下，このことを考えてみよう．磁界のエネルギー密度が

$$u_m(\mathbf{r}, t) = \frac{1}{2} \mathbf{H}(\mathbf{r}, t) \cdot \mathbf{B}(\mathbf{r}, t) \tag{5.15}$$

と書けるものとすれば，M 個の閉回路があるとき，閉回路を流れる電流を $I_m(t)$ とし，回路系のインダクタンスを L_{mn} として，

$$U(t) = \frac{1}{2} \sum_{m=1}^{M} \sum_{n=1}^{M} I_m(t) L_{mn} I_n(t) \tag{5.16}$$

で与えられる．この関係は，(L_{mn}) の逆行列を (N_{mn}) とすれば，

$$U(t) = \frac{1}{2} \sum_{m=1}^{M} \sum_{n=1}^{M} \Phi_m(t) N_{mn} \Phi_n(t) \tag{5.17}$$

と書き直すことができる.ただし,$\Phi_m(t)$は,m番目の閉路と鎖交する磁束である.N_{mn}を,逆インダクタンス係数と呼ぶ.式(5.16)および(5.17)の表現は,それぞれ静電界のエネルギーの表現(2.52)および(2.49)に対応する.

静電界の場合,電位を一定に保って導体に働く静電気力を求めようとすると,導体の仮想的な変位に伴って電荷の移動があり,エネルギーの授受がおこる.このことを考慮して静電気力を求めるには,(2.52)の表現を用いる必要があった.磁界においては,閉回路の移動に伴って回路系に電磁誘導の起電力を生じるから,電流を一定に保つには印加起電力とのエネルギーのやり取りが必要になる.このような状況で磁界の力を計算するには,(5.16)の表現によらねばならない.また,静電界において,電荷を一定に保った場合には,電源などとのエネルギーの授受はないから,仮想的な変位によって外力がする仕事は,そのまま系のエネルギーの増加になる.このときの力は,(2.49)から求められた.磁界において磁束を一定に保つことは,この場合に相当し,力を求めるには(5.17)によればよい.すなわち,静電界における電位一定の条件は磁界では電流一定の条件に,電荷一定の条件は磁束一定の条件にそれぞれ対応することになる.

各閉回路を一定の電流 I_m が流れている場合を考えよう.いま,k 番目の閉回路に働いている力を $\mathbf{F}_k$ とし,この閉回路を微小な速度 $\mathbf{u}_k$ で移動させたとすると,この力がする仕事率は $\mathbf{F}_k \cdot \mathbf{u}_k$ である.このとき,エネルギー保存則によって,

$$\mathbf{F}_k \cdot \mathbf{u}_k + \frac{dU}{dt} + \sum_{m=1}^{M} R_m I_m^2 = \sum_{m=1}^{M} V_m I_m \tag{5.18}$$

が成り立つ.ここで,dU/dt は磁界のエネルギーの増加率,$R_m I_m^2$ は m 番目の閉回路において Joule 熱として失われる電力,$V_m I_m$ は m 番目の閉回路に印加起電力から供給される電力である.磁界のエネルギーの表現としては(5.16)を用いるが,各閉回路を流れる電流は一定であるから,各閉回路における自己エネルギーの和

$$U^s = \frac{1}{2}\sum_{m=1}^{M} L_{mm} I_m^2 \tag{5.19}$$

は不変に保たれる.そこで,この系の相互エネルギー

$$U^m = U - U^s \tag{5.20}$$

を定義すれば,

$$\frac{dU}{dt} = \frac{dU^m}{dt}$$

であって，(5.18) から

$$\mathbf{F}_k \cdot \mathbf{u}_k + \frac{dU^m}{dt} + \sum_{m=1}^{M} R_m I_m^2 = \sum_{m=1}^{M} V_m I_m \qquad (5.21)$$

を得る.

各閉回路に鎖交する磁束を Φ_m とおけば,

$$V_m = R_m I_m + \frac{d\Phi_m}{dt}$$

が成り立つから，これを (5.21) に代入して整理すると,

$$\mathbf{F}_k \cdot \mathbf{u}_k + \frac{dU^m}{dt} = \sum_{m=1}^{M} I_m \frac{d\Phi_m}{dt}$$

となる. この式の右辺は

$$\Phi_m = \sum_{n=1}^{M} L_{mn} I_n$$

なので，I_m が一定であることも考慮して,

$$右辺 = \sum_{m=1}^{M} I_m \frac{d}{dt} \sum_{n=1}^{M} L_{mn} I_n = \frac{d}{dt} \sum_{m=1}^{M} \sum_{n=1}^{M} I_m L_{mn} I_n = 2\frac{dU}{dt} = 2\frac{dU^m}{dt}$$

と変形できる. したがって,

$$\mathbf{F}_k \cdot \mathbf{u}_k = \frac{dU^m}{dt} \qquad (5.22)$$

が得られた. k 番目の閉回路の位置を指定する座標が $x_1, x_2, \ldots$ のように与えられていれば，x_1 を増す方向に働く力は

$$F_{k1} = \frac{\partial U^m}{\partial x_1} \qquad (5.23)$$

で計算できる. 式 (5.22) の導出の過程をみればわかるように，閉回路系の電流を一定に保つために，印加起電力は，磁界のエネルギーの増加率の 2 倍の電力

を供給している．

式 (5.23) は，回路系が受ける力によって自己インダクタンス L_{mm} が変化することはないことを前提としている．もし，L_{mm} が変化する方向の力を求める必要があれば，この式の U^m は U で置き換えねばならない．この場合，L_{mm} の表現に Neumann の公式は利用できないので，注意を要する．

例 1． 単位長あたりの巻き数が n である無限長ソレノイドの中に半径 a，巻き数 N の円筒状のコイルを置いた．それぞれのコイルに電流 I_1 および I_2 を流したとき，円筒状コイルが受ける力を求めよ．ただし，円筒状コイルの軸と無限長ソレノイドの軸の間の角度を θ とする．

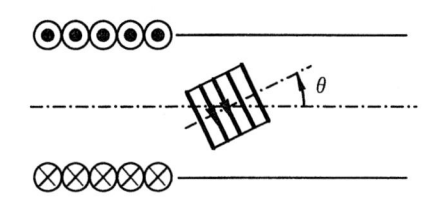

図 5.6 無限長ソレノイドの中の円筒状コイル

解． 両コイルに流れる電流の向きを図のようにとる．無限長ソレノイドだけに電流を流したとき，内部の磁界は $H = nI_1$ であるから，円筒状コイルと鎖交する磁束は

$$N\Phi = N\pi a^2 \mu_0 n I_1 \cos\theta$$

となる．これから，相互インダクタンスは

$$L_{12} = L_{21} = N\pi a^2 \mu_0 n \cos\theta$$

となる．円筒状コイルにも電流を流すと，(5.20) の U^m は

$$U^m = \frac{1}{2}(I_1 L_{12} I_2 + I_2 L_{21} I_1) = I_1 L_{12} I_2$$

となる．N および a は一定であり，ソレノイドは無限長であるから，この回路系で位置を指定するパラメータは θ のみである．したがって，円筒状コイルには θ を増す向

きの力の能率が働き，その値は，

$$\frac{\partial U^m}{\partial \theta} = \frac{\partial L_{12}}{\partial \theta} I_1 I_2 = -N\pi a^2 \mu_0 n \sin\theta\, I_1 I_2$$

である．この能率は，実際は θ を減少させる方向を向いていて，

$$\mathbf{m} = \pi a^2 I_2 N \mathbf{n}$$

のモーメントを持つ磁気双極子が一様な磁束密度 $\mathbf{B} = \mu_0 \mathbf{H}$ から受ける回転力の能率 $\mathbf{m} \times \mathbf{B}$ に等しいことに注意しよう．

磁束一定の条件で力を求める場合は，$V_m = R_m I_m$ となるから (5.18) より

$$\mathbf{F}_k \cdot \mathbf{u}_k = -\frac{dU}{dt} \tag{5.24}$$

を得る．これより，x_1 を増す方向に働く力が

$$F_{k1} = -\frac{\partial U^m}{\partial x_1} \tag{5.25}$$

と求まる．ただし，U^m は系のエネルギーを形式的に (5.17) で表現し，自己エネルギーを除いたものである．この場合も，必要があれば自己エネルギーも含めて考えてよい．また，静電界の場合にも注意したことであるが，系のエネルギーの表現は必ずしも (5.16) や (5.17) によらなくてもよい．電流または磁束を一定に保って，系のエネルギーをある座標変数で微分することで，その座標方向の力が求まることになる（2.7 節参照）．

例 2. 図 5.7 のような環状磁石の両極の表面に働く力を求めよ．ただし，磁石は透磁率 μ の強磁性体で作られていて，断面積を S，磁束密度を B とする．また，両極の間隔は十分狭くて，この部分でも磁束は広がらないものとする．

解． 磁極 A が微小な距離 dx だけ磁極 B の方へ動き，体積 $S\,dx$ が新たに磁性体で占められたとしよう．動く前にこの部分に蓄えられていたエネルギーは，

$$u = \frac{B^2}{2\mu_0} S\, dx$$

であり，動いた後のエネルギーは

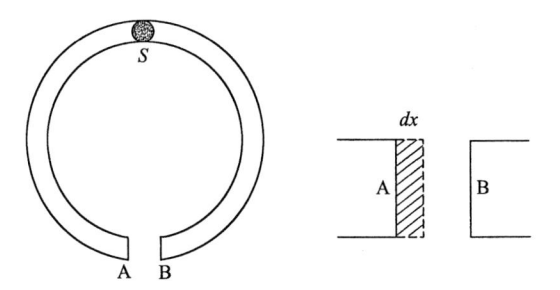

図 5.7 環状磁石の表面に働く力

$$u' = \frac{B^2}{2\mu} S\,dx$$

であるから，この移動によるエネルギーの変化は

$$dU = \frac{B^2 S}{2}\left(\frac{1}{\mu} - \frac{1}{\mu_0}\right) dx$$

となる．よって，x を増す方向に働く力が，

$$F_x = -\frac{\partial U}{\partial x} = \frac{B^2 S}{2}\left(\frac{1}{\mu_0} - \frac{1}{\mu}\right)$$

と求まる．

5.3 変 位 電 流

電磁誘導は，電流が一定でなく，時間的に変化するときに生じる現象である．すなわち，時間的に変化する電流 $\mathbf{i}(\mathbf{r},t)$ が流れると，Ampère の法則

$$\nabla \times \mathbf{H}(\mathbf{r},t) = \mathbf{i}(\mathbf{r},t) \tag{5.26}$$

に従って磁界 $\mathbf{H}(\mathbf{r},t)$ が発生する．この磁界に伴う磁束密度 $\mathbf{B}(\mathbf{r},t)$ もまた時間の関数であるから，Faraday の電磁誘導の法則

$$\nabla \times \mathbf{E}(\mathbf{r},t) = -\frac{\partial \mathbf{B}(\mathbf{r},t)}{\partial t} \tag{5.27}$$

によって電界 $\mathbf{E}(\mathbf{r},t)$ が生じることになる．ところで，式 (5.26) の発散をとればわかるように，この電流密度 $\mathbf{i}(\mathbf{r},t)$ は，

$$\nabla \cdot \mathbf{i}(\mathbf{r}, t) = 0 \tag{5.28}$$

を満たしている必要がある．式 (5.26) は，もともと $\nabla \cdot \mathbf{i}(\mathbf{r}) = 0$ を満たす定常電流が作る磁界 $\mathbf{H}(\mathbf{r})$ に対して導かれたものであるから，(5.28) はそのことを正しく反映している．

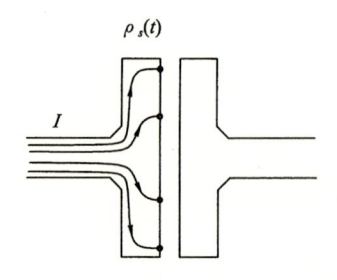

図 5.8　コンデンサの充電に伴う蓄積電荷の変化

式 (5.28) は，電流密度の流線が考えている領域の内部で途切れないことを意味している．また，この式を一般に成立する電荷の保存則 (3.3)，すなわち

$$\nabla \cdot \mathbf{i}(\mathbf{r}, t) + \frac{\partial \rho(\mathbf{r}, t)}{\partial t} = 0 \tag{5.29}$$

と比較すれば，下式が得られる．

$$\frac{\partial \rho(\mathbf{r}, t)}{\partial t} = 0 \tag{5.30}$$

このようなことは，一般には成り立たない．それは，次のような例を考えればわかる．極板の面積 S，極板間の間隔 d である平行平板コンデンサに一定の電流 I を流して充電しているとき，上側の導線を通ってきた電流密度の流線は上側の極板で途切れ，その代わりに，上側の極板に蓄積された正電荷は時間とともに増加する．この上側の極板に蓄積された電荷は，q_0 を定数として，

$$q(t) = It + q_0$$

と書けるから，(3.1) の関係

5.3 変位電流

$$-I + \frac{dq(t)}{dt} = 0$$

が成立する．電流 I についた負号は，流入する電流を意味する．一方，極板上の電荷密度を $\rho_s(t)$ とすれば，

$$q(t) = S\rho_s(t)$$

だから，上の式は

$$\frac{d\rho_s(t)}{dt} = \frac{I}{S} = i$$

と書ける．ここで，i は極板の表面に流入する電流の密度であり，0 でない値を持つ．したがって，この場合，(5.30) は成り立たない．

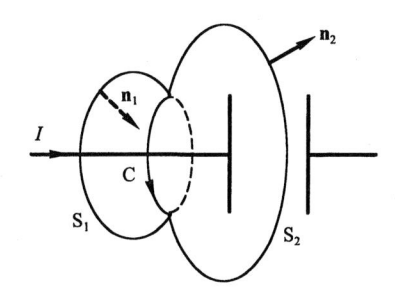

図 5.9 コンデンサを充電する電流による磁界

式 (5.26) は，上の例のように電流の流線が途切れる場合に適用すると，矛盾を生じる．図のようにコンデンサを充電する電流が流れている導線を囲む閉曲線 C を考え，C に沿う磁界の循環積分を作ると，(5.26) の積分形によって，

$$\int_C \mathbf{H}(\mathbf{r}) \cdot d\mathbf{s} = I$$

となるはずである．ここで，

$$I = \int_S \mathbf{i}(\mathbf{r}) \cdot \mathbf{n} \, dS$$

は，C を縁とする任意の開いた曲面を通る電流である．いま，S として図に示す S_1 のような導線を切る曲面を選べば，この積分は正しくコンデンサを充電

する電流 I を与える．一方，S_2 のような導線を切らない面をとると，この上では $\mathbf{i}(\mathbf{r}) = 0$ なので，積分値も 0 となる．これは明らかに矛盾であるから，定常状態でない電磁界を扱うためには，(5.26) には何らかの修正が必要である．

定常状態では (5.26) が正しいので，これを修正したものを

$$\nabla \times \mathbf{H}(\mathbf{r},t) = \mathbf{i}(\mathbf{r},t) + \mathbf{i}_D(\mathbf{r},t) \tag{5.31}$$

とする．$\mathbf{i}_D(\mathbf{r},t)$ は電流が時間的に一定で，したがって界のすべての量が時間に依存しないときは 0 とならねばならない．いま，(5.31) の発散をとり，電荷の保存則 (5.29) を考慮すれば，

$$\nabla \cdot \mathbf{i}_D(\mathbf{r},t) = \frac{\partial \rho(\mathbf{r},t)}{\partial t}$$

を得る．静電界の Gauss の法則が非定常状態でも成り立ち，

$$\nabla \cdot \mathbf{D}(\mathbf{r},t) = \rho(\mathbf{r},t) \tag{5.32}$$

となるものとすれば，この式は

$$\nabla \cdot \mathbf{i}_D(\mathbf{r},t) = \nabla \cdot \frac{\partial \mathbf{D}(\mathbf{r},t)}{\partial t}$$

と書くことができる．そこで，最も簡単な (5.26) の修正として

$$\mathbf{i}_D(\mathbf{r},t) = \frac{\partial \mathbf{D}(\mathbf{r},t)}{\partial t} \tag{5.33}$$

とおき，

$$\nabla \times \mathbf{H}(\mathbf{r},t) = \mathbf{i}(\mathbf{r},t) + \frac{\partial \mathbf{D}(\mathbf{r},t)}{\partial t} \tag{5.34}$$

を採用する．この式を，拡張された Ampère の法則あるいは Ampère-Maxwell の法則と呼ぶ．式 (5.33) の $\mathbf{i}_D(\mathbf{r},t)$ は，時間的に変化する界にだけ存在するもので，変位電流または電束電流と呼ばれている．また，$\mathbf{i}(\mathbf{r},t)+\mathbf{i}_D(\mathbf{r},t)$ を全電流密度ということもある．この法則は，電束密度の時間変化も，真の電流と同様に，磁界の源になることを意味している．

式 (5.34) は，その導出の過程からわかるように，電荷の保存則と矛盾しない．この式の発散をとると，(5.32) を考慮して，

5.3 変位電流

$$0 = \nabla \cdot \mathbf{i}(\mathbf{r},t) + \nabla \cdot \frac{\partial \mathbf{D}(\mathbf{r},t)}{\partial t} = \nabla \cdot \mathbf{i}(\mathbf{r},t) + \frac{\partial \rho(\mathbf{r},t)}{\partial t}$$

となるからである．もちろん，(5.26)の補正の仕方はこれ以外にも考えられるから，上の議論だけではこの補正が正しいかどうかは分からない．しかし，(5.34)から導かれる結果が実験事実と矛盾しないので，この補正が妥当なものであると考えられている．また，さきに触れたように，(5.34)は特殊相対性原理の理論の帰結でもあることに注意しておこう．

式(5.34)を用いれば，上に述べたコンデンサを充電する電流についての矛盾を取り除くことができる．図5.9のS_1とS_2をあわせた閉曲面をSとし，Sによって囲まれる体積をVとする．S_1上では電束密度が極めて小さいので

$$\int_{S_2} \mathbf{i}_D(\mathbf{r},t) \cdot \mathbf{n}_2 \, dS = \int_{S_2} \frac{\partial \mathbf{D}(\mathbf{r},t)}{\partial t} \cdot \mathbf{n}_2 \, dS = \int_S \frac{\partial \mathbf{D}(\mathbf{r},t)}{\partial t} \cdot \mathbf{n} \, dS$$

である．ただし，$\mathbf{n}$はVからの外向きの単位法線を表す．この右辺をGaussの定理でVに関する体積分に直し，(5.32)および(5.29)を考慮すれば，

$$与式 = \int_V \frac{\partial \rho(\mathbf{r},t)}{\partial t} \, dv = \int_V -\nabla \cdot \mathbf{i}(\mathbf{r},t) \, dv$$

を得る．再度Gaussの定理を用いて，

$$与式 = \int_S -\mathbf{i}(\mathbf{r},t) \cdot \mathbf{n} \, dS$$

となるが，S_2上では$\mathbf{i}(\mathbf{r},t) = 0$だから，

$$与式 = \int_{S_1} -\mathbf{i}(\mathbf{r},t) \cdot \mathbf{n} \, dS$$

である．S_1上では$\mathbf{n} = -\mathbf{n}_1$であるから，この式は

$$与式 = \int_{S_1} -\mathbf{i}(\mathbf{r},t) \cdot (-\mathbf{n}_1) \, dS = I$$

となる．この結果は，S_1を通って入ってくる真の電流とS_2を通って出て行く電束電流が等しいことを意味する．あるいは，(5.34)の1つの帰結として，全電流は常に保存されるといってもよい．

例1. 図 5.9 のコンデンサに正弦波交流電圧 $v(t) = V_m \sin\omega t$ を印加したとき，極板間の変位電流密度および導線を流れる電流を求めよ．ただし，端の効果は無視する．

解. 角周波数 ω が極めて大きくない限り，極板間の電位差はいたるところで $v(t)$ であると考えてよい．このとき，極板に蓄えられた電荷の大きさは，コンデンサの静電容量を C として，$q(t) = Cv(t)$ で与えられる．したがって，極板上の電荷密度の大きさは

$$\rho_s(t) = \frac{q(t)}{S} = \frac{CV_m}{S}\sin\omega t$$

である．極板の間には電束密度が $D(t) = \rho_s(t)$ である一様な電界ができる．よって，変位電流の密度は，

$$i_D(t) = \frac{dD(t)}{dt} = \frac{\omega C}{S} V_m \cos\omega t$$

となる．これから，全電流が

$$I(t) = Si_D(t) = \omega C V_m \cos\omega t$$

と求まる．全電流は連続であり，導線の部分では変位電流は極めて小さいから，これは導線を流れる電流である．

例2. 例1のコンデンサの極板が半径 a の円板であるとき，コンデンサ内部に生じる磁界を求めよ．

解. 対称性から，磁界はコンデンサの中心軸からの距離 r のみの関数であり，その方向は軸を中心とする同心円の接線方向を向いていることがわかる．いま，$r < a$ として，半径 r の円を考え，ここで拡張された Ampère の法則 (5.34) の積分形を適用する．

$$\int_{\text{半径 } r \text{ の円}} \mathbf{H}(\mathbf{r}) \cdot d\mathbf{s} = 2\pi r H(r)$$

であり，また

$$\int_{\text{円の内部}} \frac{\partial \mathbf{D}}{\partial t} \cdot \mathbf{n}\, dS = \frac{r^2}{a^2}\omega C V_m \cos\omega t$$

であるから，これらを等しいとおいて，

$$H(r) = \frac{r}{2\pi a^2}\omega C V_m \cos\omega t$$

を得る．

5.4 マクスウエルの方程式

これまでの議論で，電磁界の基本的な法則はすべて出そろった．これらの法則のうちのいくつかは互いに独立でないから，必要なものだけ整理して示すと

$$\nabla \times \mathbf{E}(\mathbf{r},t) = -\frac{\partial \mathbf{B}(\mathbf{r},t)}{\partial t} \tag{5.35}$$

$$\nabla \times \mathbf{H}(\mathbf{r},t) = \mathbf{i}(\mathbf{r},t) + \frac{\partial \mathbf{D}(\mathbf{r},t)}{\partial t} \tag{5.36}$$

および

$$\nabla \cdot \mathbf{D}(\mathbf{r},t) = \rho(\mathbf{r},t) \tag{5.37}$$

$$\nabla \cdot \mathbf{B}(\mathbf{r},t) = 0 \tag{5.38}$$

となる．これらはまとめて Maxwell の方程式と呼ばれているが，それぞれ，Faraday の電磁誘導の法則，拡張された Ampère の法則，および電界と磁界に対する Gauss の法則である．

Maxwell の方程式は，前節で述べたように，電荷の保存則を含んでいる．すなわち，(5.36) の発散をとり，(5.37) を考慮して，連続の式

$$\nabla \mathbf{i}(\mathbf{r},t) + \frac{\partial \rho(\mathbf{r},t)}{\partial t} = 0 \tag{5.39}$$

が得られる．しかし，電荷の保存を基本的な法則と考えれば，次のような理解も可能である．いま，基本的な法則として，(5.35), (5.36) および (5.39) を採用する．すると，(5.36) の発散をとり，(5.39) を用いて

$$\frac{\partial}{\partial t}[\nabla \cdot \mathbf{D}(\mathbf{r},t) - \rho(\mathbf{r},t)] = 0$$

を得る．この式を Fourier 変換し，$\mathbf{D}(\mathbf{r},t)$ などの Fourier 変換を $\mathbf{D}(\mathbf{r},\omega)$ などと表すと，j を虚数単位として，

$$j\omega[\nabla \cdot \mathbf{D}(\mathbf{r},\omega) - \rho(\mathbf{r},\omega)] = 0$$

となる．あるいは，同じことであるが，電磁界のすべての量が角周波数 ω で振

動している場合を考え，後に 5.7 節や第 6 章で説明する交流理論の方法を用いて導いたと理解してもよい．この式は，$\omega = 0$ である直流分を除いて

$$\nabla \cdot \mathbf{D}(\mathbf{r},\omega) = \rho(\mathbf{r},\omega) \tag{5.40}$$

であることを意味する．情報あるいはエネルギーの伝達において直流分は意味を持たないことを考えれば，少なくとも工学の立場からいって，(5.36) と (5.39) の組が (5.37) を含むと考えて差し支えない．同様の考察は (5.35) と (5.38) の間にも成立し，(5.35) は (5.38) を含むと考えられる．

このように考えると，Maxwell の方程式は 4 個のベクトル $\mathbf{E}$，$\mathbf{B}$，$\mathbf{D}$，および $\mathbf{H}$ に関する連立の偏微分方程式であるが，本質的に意味を持つのは (5.35) と (5.36) の 2 つであって，このままでは解は不定になる．そこで，Maxwell の方程式を補足するものとして，媒質と界を関係づける構成方程式

$$\mathbf{D}(\mathbf{r},t) = \varepsilon \mathbf{E}(\mathbf{r},t) \tag{5.41}$$

$$\mathbf{B}(\mathbf{r},t) = \mu \mathbf{H}(\mathbf{r},t) \tag{5.42}$$

が重要な意味を持つことになる．上式中の誘電率 ε や透磁率 μ は，媒質によって定まる．媒質が線形・等方かつ時間的に不変であれば，これらはただの定数である．この場合，Maxwell の方程式は，

$$\nabla \times \mathbf{E}(\mathbf{r},t) = -\mu \frac{\partial \mathbf{H}(\mathbf{r},t)}{\partial t} \tag{5.43}$$

$$\nabla \times \mathbf{H}(\mathbf{r},t) = \mathbf{i}(\mathbf{r},t) + \varepsilon \frac{\partial \mathbf{E}(\mathbf{r},t)}{\partial t} \tag{5.44}$$

となるから，$\mathbf{E}$ と $\mathbf{H}$ はこれらの方程式および次に述べる境界条件で完全に決定される．一方，非線型の媒質や非等方性の媒質では，ε や μ が $\mathbf{D}$ や $\mathbf{B}$ の関数であったり異方性を表すテンソルであったりするから，このように簡単ではない．しかし，この場合でも，$\mathbf{E}$，$\mathbf{B}$，$\mathbf{D}$，および $\mathbf{H}$ の間の関数関係を利用して $\mathbf{E}$ または $\mathbf{D}$ のいずれかを消去し，さらに $\mathbf{B}$ または $\mathbf{H}$ のいずれかを消去して，残りの 2 つに関する連立の偏微分方程式を導くことができるから，Maxwell の方程式によって電磁界が決定されることは変わらない．

5.4 マクスウエルの方程式

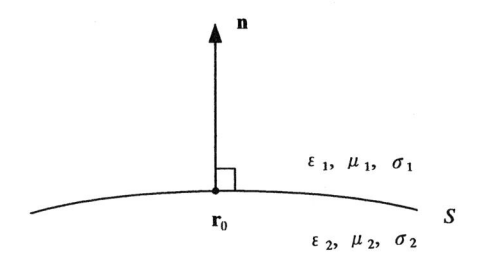

図 5.10 2つの媒質の境界

ここで，図のように 2 つの異なる媒質が曲面 S を境界として接しているときの，電磁界の接続の条件を示しておこう．2 つの媒質は，いずれも完全導体 ($\sigma = \infty$) ではないものとする．このとき，(5.35) および (5.36) に対応して，

$$\mathbf{n} \times (\mathbf{E}_1 - \mathbf{E}_2) = 0 \tag{5.45}$$

$$\mathbf{n} \times (\mathbf{H}_1 - \mathbf{H}_2) = 0 \tag{5.46}$$

が得られる．ここで，$\mathbf{n}$ は，媒質 2 が占める領域 V_2 から媒質 1 が占める領域 V_1 へ向かう面 S の単位法線ベクトルである．また，$\mathbf{E}_1$ などは，S 上の点を $\mathbf{r}_0$ として，

$$\mathbf{E}_1 = \mathbf{E}_1(\mathbf{r}_0) = \lim_{\mathbf{r} \to \mathbf{r}_0} \mathbf{E}(\mathbf{r}) \quad (\mathbf{r} \in V_1) \tag{5.47}$$

のように定義されている．これらの条件は，異なる媒質の境界面において電界および磁界の接線成分が連続であることを示している．また，(5.37) と (5.38) に対応する条件は

$$\mathbf{n} \cdot (\mathbf{D}_1 - \mathbf{D}_2) = \rho_s \tag{5.48}$$

$$\mathbf{n} \cdot (\mathbf{B}_1 - \mathbf{B}_2) = 0 \tag{5.49}$$

となる．ここで，ρ_s は 3.2 節で注意した表面電荷であり，媒質が無損失 ($\sigma = 0$) であるか，または損失があっても

$$\varepsilon_1 \sigma_2 = \varepsilon_2 \sigma_1$$

の条件が満たされるときは $\rho_s = 0$ となる．これらの条件は，電束密度の法線成

分には表面電荷に相当する不連続があり，磁束密度の法線成分は常に連続であることを意味する．

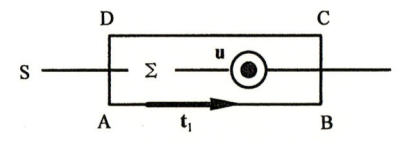

図 5.11　境界条件 (5.45) の導出

繰り返しになるが，これらの条件のうち，(5.45) と (5.48) を導いておこう．図 5.11 のように境界 S をまたぐ形で微小な矩形の閉路 ABCD を描く．AB および CD は，面 S に平行である．この閉路について (5.35) の積分形である Faraday の法則を適用すると，閉路が囲む微小な面分を Σ，Σ の単位法線を $\mathbf{u}$ として，

$$\int_{ABCD} \mathbf{E} \cdot d\mathbf{s} = -\frac{d}{dt} \int_{\Sigma} \mathbf{B} \cdot \mathbf{u} \, dS$$

が得られる．ここで辺 BC の長さ $\to 0$ とすれば，$|\mathbf{B}|$ が有限であり，かつその変化の速さが有限であれば，右辺 $\to 0$ となる．このとき，左辺では辺 BC および DA からの寄与が 0 となるから，AB 方向の単位ベクトルを $\mathbf{t}_1$ とし，辺 AB の長さを l とすれば，

$$\int_{ABCD} \mathbf{E} \cdot d\mathbf{s} = (\mathbf{E}_2 \cdot \mathbf{t}_1 - \mathbf{E}_1 \cdot \mathbf{t}_1) l$$

となる．したがって，

$$\mathbf{t}_1 \cdot (\mathbf{E}_1 - \mathbf{E}_2) = 0$$

が得られた．矩形の描きかたは，S をまたぐ形であればどのような方向を向いていても構わないから，$\mathbf{n} \times \mathbf{t}_1 = \mathbf{t}_2$ で決まる $\mathbf{t}_2$ の方向に AB をとれば，

$$\mathbf{t}_2 \cdot (\mathbf{E}_1 - \mathbf{E}_2) = 0$$

となる．これらの 2 つの式から，(5.45)

5.4 マクスウエルの方程式

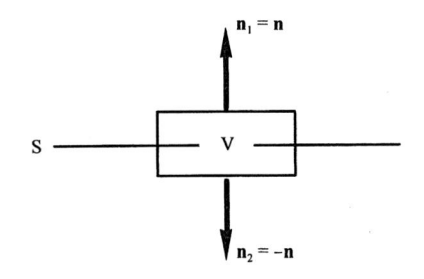

図 5.12 境界条件 (5.48) の導出

$$\mathbf{n} \times (\mathbf{E}_1 - \mathbf{E}_2) = (\mathbf{t}_1 \times \mathbf{t}_2) \times (\mathbf{E}_1 - \mathbf{E}_2) = 0$$

が導かれ,逆に (5.45) からこれらの式が成立しなければならないことがわかる.

次に,(5.48) の導出について説明しよう.図 5.12 のような,境界 S をまたぐ微小な円柱状の体積 V を考える.V の高さを h とし,底面積を S とする.2 つの底面は,境界 S に平行にとる.このとき,(5.37) の積分形である Gauss の法則をこの体積に適用すると,

$$\int_{円柱の表面} \mathbf{D} \cdot \mathbf{n}\, dS = \int_V \rho\, dv$$

となる.ここで $h \to 0$ とすれば,左辺の積分における円柱の側面からの寄与は 0 となり,

$$\text{左辺} = (\mathbf{D}_1 \cdot \mathbf{n}_1 + \mathbf{D}_2 \cdot \mathbf{n}_2)S = \mathbf{n} \cdot (\mathbf{D}_1 - \mathbf{D}_2)S$$

を得る.ここで,$\mathbf{n}_1 = \mathbf{n}$ および $\mathbf{n}_2 = -\mathbf{n}$ は,それぞれ上側と下側の底面における V からの外向き単位法線ベクトルである.一方,右辺の体積分は,$|\rho| < \infty$ であれば 0 となるが,もし S 上に表面電荷密度 $\rho_s\,[\mathrm{C/m^2}]$ で表される分布(この分布は,体積密度としては ∞ になる)があれば,

$$\text{右辺} = \rho_s S$$

となる.これらの両式から (5.48) が得られる.

電磁界の理論的な解析においては,一方の媒質が $\sigma = \infty$ で定義される完全導体で作られているという近似を行うことが多い.媒質 2 を完全導体として,こ

の場合の境界条件を導いておこう．完全導体の内部は等電位であるから，そこには電界が存在しない．したがって，$\mathbf{E}_2 = 0$ である．また，このことと (5.35) によって，完全導体の内部には時間的に変化する磁界も存在できないことがわかる．あるとすれば時間的に一定な静磁界だけであるが，この静磁界は外部から磁界を印加して作れるものではないし，また，そこからエネルギーや何らかの情報を取り出しうるものでもない．このため，完全導体の内部の磁界も $\mathbf{H}_2 = 0$ であるとしてよい．このような性質を持つ媒質の表面 S において電磁界が満たす条件は，(5.45) において $\mathbf{E}_2 = 0$ とおき，

$$\mathbf{n} \times \mathbf{E}_1 = 0 \tag{5.50}$$

となる．すなわち，完全導体の表面 S は等電位面であるから，電界はこれに直交する．このとき，$\mathbf{H}_1 \not\equiv 0$ であり $\mathbf{H}_2 \equiv 0$ であるから，磁界はこの面で不連続になり，(5.46) が満たされなくなる．磁界の接線成分に生じるこの不連続は，S 上を流れる表面電流によって補われる．すなわち，

$$\mathbf{n} \times \mathbf{H}_1 = \mathbf{K} \tag{5.51}$$

ここで，$\mathbf{K}\,[\mathrm{A/m}]$ は S 上の表面電流密度である．法線成分に関する条件は

$$\mathbf{n} \cdot \mathbf{D}_1 = \rho_s \tag{5.52}$$

$$\mathbf{n} \cdot \mathbf{B}_1 = 0 \tag{5.53}$$

で与えられる．

　この節のはじめで，(5.35) および (5.36) の組と (5.37) および (5.38) の組は必ずしも独立ではなく，時間的に変化する界については前者から後者が導かれることを述べた．境界条件は，Maxwell の方程式が異なる媒質の境界面でとる特別の形であるから，同様の関係は (5.45) および (5.46) と (5.48) および (5.49) の組の間にも存在する．たとえば，(5.45) が成り立てば，

$$\mathbf{n} \cdot (\nabla \times \mathbf{E}_1 - \nabla \times \mathbf{E}_2) = 0$$

となるから，(5.35) を考慮して，(5.49) が得られる．ただし，この式の $\nabla \times \mathbf{E}_1$

などは，(5.47) とは異なり，

$$\nabla \times \mathbf{E}_1 = \lim_{\mathbf{r} \to \mathbf{r}_0} \nabla \times \mathbf{E}(\mathbf{r}) \quad (\mathbf{r} \in V_1)$$

のように定義されていることに注意されたい．式 (5.46) と (5.48) の関係も同様である．

5.5 定　常　界

Maxwell の方程式は，本質的には，Faraday の電磁誘導の法則と拡張された Ampère の法則からなっている．それでは，前章までに述べた静電界や定常電流が作る静磁界，そしてそこで説明したいくつかの法則は，Maxwell の方程式の体系の中でどのように位置づけられるであろう．ここでは，このことについて少し検討しておこう．同時に，これまで触れなかった準定常および準静的な電磁界を，それぞれ電束密度および磁束密度の時間微分が無視できる場合として定義し，簡単な説明を加える．ただし，準定常電磁界は重要な概念であるから，次節で改めて詳しく述べる．

Maxwell の方程式において，界が時間的に変化しないか，または変化が緩やかですべての時間微分が無視できるとき，電界と磁界は形式上互いに独立になる．すなわち，電界を支配する方程式系は

$$\nabla \times \mathbf{E}(\mathbf{r}) = 0 \tag{5.54}$$

$$\nabla \cdot \mathbf{D}(\mathbf{r}) = \rho(\mathbf{r}) \tag{5.55}$$

$$\mathbf{D}(\mathbf{r}) = \varepsilon \mathbf{E}(\mathbf{r}) \tag{5.56}$$

であり，磁界の方程式系は

$$\nabla \times \mathbf{H}(\mathbf{r}) = \mathbf{i}(\mathbf{r}) \tag{5.57}$$

$$\nabla \cdot \mathbf{B}(\mathbf{r}) = 0 \tag{5.58}$$

$$\mathbf{B}(\mathbf{r}) = \mu \mathbf{H}(\mathbf{r}) \tag{5.59}$$

である．

式 (5.54) は渦無しの法則であり，静電界が保存力の界であることを意味する．このため，静電界には $\mathbf{E}(\mathbf{r}) = -\nabla \phi(\mathbf{r})$ で定義される電位が存在する．また，(5.55) は Gauss の法則で，電界の力が逆 2 乗則に従うことを表している．電位が満足する Poisson の方程式は，電位の定義を (5.55) に代入し，(5.56) を考慮すれば得られる．

式 (5.57) は Ampère の法則であり，この方程式系は，時間的に変化しない定常電流が作る磁界を表すものである．電流密度 $\mathbf{i}(\mathbf{r})$ は，通常 Ohm の法則 $\mathbf{i}(\mathbf{r}) = \sigma \mathbf{E}(\mathbf{r})$ によって電界と結ばれているから，磁界 $\mathbf{H}(\mathbf{r})$ は電界 $\mathbf{E}(\mathbf{r})$ と完全に無関係ではない．さて，(5.58) によって磁束密度は泉無しの界であるから，$\mathbf{B}(\mathbf{r}) = \nabla \times \mathbf{A}(\mathbf{r})$ となるベクトルポテンシャル $\mathbf{A}(\mathbf{r})$ がある．ベクトルポテンシャルには任意性があるが，$\nabla \cdot \mathbf{A}(\mathbf{r}) = 0$ の条件を与えれば一義に決まる．このとき，$\mathbf{A}(\mathbf{r})$ から $\mathbf{H}(\mathbf{r})$ を求めることは，Biot-Savart の法則を用いることと同じである．

時間的に変化しないもう 1 つの界は，定常電流の界である．この界を記述する方程式は，

$$\nabla \times \mathbf{E}(\mathbf{r}) = 0 \tag{5.60}$$

$$\nabla \cdot \mathbf{i}(\mathbf{r}) = 0 \tag{5.61}$$

となる．式 (5.60) は (5.54) そのものであり，(5.61) は (5.57) から導かれることに注意されたい．多くの媒質については，Maxwell の法則とは独立な実験法則である Ohm の法則

$$\mathbf{i}(\mathbf{r}) = \sigma[\mathbf{E}(\mathbf{r}) + \mathbf{E}_0(\mathbf{r})] \tag{5.62}$$

が成り立っている．ただし，$\mathbf{E}_0(\mathbf{r})$ は印加起電力の作る電界である．この場合，印加起電力は電池などの内部に存在し，それが作る電界 $\mathbf{E}_0(\mathbf{r})$ も電池の外部にはない．したがって，普通に観測される電界は保存力の界である $\mathbf{E}(\mathbf{r})$ のみであり，空間の各点で一義的な電位が定まる．

時間的に変化する界は，(5.35) から (5.38) に示した Maxwell の方程式に従う．このとき，良い導体の中では変位電流 $\mathbf{i}_D(\mathbf{r}, t) = \partial \mathbf{D}(\mathbf{r}, t)/\partial t$ が真の電流 $\mathbf{i}(\mathbf{r}, t) = \sigma \mathbf{E}(\mathbf{r}, t)$ に比べて無視できる．この場合を，準定常電流の界という．

このことについては，次節で改めて説明する．一方，コンデンサの内部などを考えると，そこに存在する磁束密度の時間変化 $\partial \mathbf{B}(\mathbf{r},t)/\partial t$ は，周波数が極めて高い場合を除いて一般に非常に小さい量であり，これを無視することができる．このとき，Maxwell の方程式は，

$$\nabla \times \mathbf{E}(\mathbf{r},t) = 0 \tag{5.63}$$

$$\nabla \times \mathbf{H}(\mathbf{r},t) = \mathbf{i}(\mathbf{r},t) + \frac{\partial \mathbf{D}(\mathbf{r},t)}{\partial t} \tag{5.64}$$

となる．このような近似が成り立つ場合を，準静的電磁界と呼んでいる．$\partial \mathbf{B}(\mathbf{r},t)/\partial t$ が小さいといっても，準定常の界のように比較の対象があるわけではない．しかし，コンデンサの内部などでは，電界のエネルギーが磁界のエネルギーにくらべて極めて大きく，磁界のエネルギーは，その時間的な変化まで含めて，無視しても構わない．ちなみに，5.3 節の例 2 で取り上げた円盤コンデンサの場合，媒質を真空とすると，電界のエネルギー密度は

$$u_e(t) = \frac{D^2}{2\varepsilon_0} = \frac{C^2 V_m^2}{2\varepsilon_0 S^2} \sin^2 \omega t$$

であり，磁界のエネルギー密度は，中心軸から r だけ離れた場所で，

$$u_m(t) = \frac{\mu_0}{2} H^2 = \frac{\mu_0 r^2}{8S^2} \omega^2 C^2 V_m^2 \cos^2 \omega t$$

となる．これらの振幅の比をとると，$(\varepsilon_0 \mu_0)^{-1} = c^2$ なので，

$$\frac{u_e}{u_m} = \frac{4c^2}{\omega^2 r^2}$$

を得る．これで，磁界のエネルギー密度が電界のエネルギー密度にくらべて非常に小さいことがわかった．電界と異なり，磁界はコンデンサの外部にも生じているが，その値はコンデンサから離れると急速に減少する．したがって，$\omega r \ll c$ である限り，磁界のエネルギーを考慮する必要はない．

5.6 準定常電流の界

時間的に変化する電磁界は Maxwell の方程式によって記述されるが，このとき導体の内部ではどのようなことが起こっているかを考えてみよう．導電率 σ,

誘電率 ε である導体の内部に電界 $\mathbf{E}(\mathbf{r},t)$ があるとき，真の電流は

$$\mathbf{i}(\mathbf{r},t) = \sigma \mathbf{E}(\mathbf{r},t)$$

となり，一方，変位電流は

$$\mathbf{i}_D(\mathbf{r},t) = \varepsilon \frac{\partial \mathbf{E}(\mathbf{r},t)}{\partial t}$$

で与えられる．議論を明確にするために，電界の時間的な変化が正弦波状で，

$$\mathbf{E}(\mathbf{r},t) = \mathbf{E}_m(\mathbf{r}) \sin \omega t \tag{5.65}$$

である場合を考えよう．これは，Maxwell の方程式を Fourier 変換して，角周波数 ω の成分について考えることと同等であり，一般性を失うことはない．

このとき，真の電流および変位電流は，それぞれ

$$\mathbf{i}(\mathbf{r},t) = \sigma \mathbf{E}_m(\mathbf{r}) \sin \omega t$$

および

$$\mathbf{i}_D(\mathbf{r},t) = \omega \varepsilon \mathbf{E}_m(\mathbf{r}) \cos \omega t$$

となる．これらの振幅の比をとると，

$$\frac{|\text{変位電流}|}{|\text{真の電流}|} = \frac{\omega \varepsilon}{\sigma} \tag{5.66}$$

を得る．導体として金属を考えればその導電率はほぼ 10^7 の程度であり，一方，その誘電率は真空の誘電率と大差なく 10^{-10} の程度である．したがって，

$$\omega \ll 10^{17}$$

であれば，導体中の変位電流は真の電流に対して無視しても構わない．$\omega = 10^{17}$ は紫外光の周波数に対応するので，おおよそ光より低い周波数の電磁気現象において，導体内の変位電流を考慮する必要はない．Maxwell の方程式において変位電流を無視して得られる界を，準定常電流の界と呼ぶ．

　準定常電流の界において成立する方程式は，

5.6 準定常電流の界

$$\nabla \times \mathbf{E}(\mathbf{r},t) = -\frac{\partial \mathbf{B}(\mathbf{r},t)}{\partial t} \tag{5.67}$$

$$\nabla \times \mathbf{H}(\mathbf{r},t) = \mathbf{i}(\mathbf{r},t) \tag{5.68}$$

である．式 (5.68) の発散をとることにより，

$$\nabla \cdot \mathbf{i}(\mathbf{r},t) = 0 \tag{5.69}$$

が得られる．Ohm の法則が成立しているときは，この式から $\nabla \cdot \mathbf{E}(\mathbf{r},t) = 0$, したがって

$$\nabla \cdot \mathbf{D}(\mathbf{r},t) = 0 \tag{5.70}$$

となる．すなわち，準定常電流の界では，導体内に電荷は存在しない．また，

$$\nabla \cdot \mathbf{B}(\mathbf{r},t) = 0 \tag{5.71}$$

は常に成立する．

ここで，$\mathbf{B}(\mathbf{r},t) = \mu \mathbf{H}(\mathbf{r},t)$ が成り立つ媒質について，$\mathbf{i}(\mathbf{r},t)$ が満足する方程式を導いておこう．まず，(5.67) の回転をとると，

$$\nabla \times \nabla \times \mathbf{E}(\mathbf{r},t) = -\mu \frac{\partial}{\partial t} \nabla \times \mathbf{H}(\mathbf{r},t)$$

となる．左辺を微分公式 j) を用いて変形し，$\nabla \cdot \mathbf{E} = 0$, $\mathbf{E} = \mathbf{i}/\sigma$ および (5.68) を代入して整理すれば，

$$\nabla^2 \mathbf{i}(\mathbf{r},t) - \sigma\mu \frac{\partial \mathbf{i}(\mathbf{r},t)}{\partial t} = 0 \tag{5.72}$$

が得られる．まったく同様にして，$\mathbf{H}(\mathbf{r},t)$ が満たす方程式

$$\nabla^2 \mathbf{H}(\mathbf{r},t) - \sigma\mu \frac{\partial \mathbf{H}(\mathbf{r},t)}{\partial t} = 0 \tag{5.73}$$

も導かれる．これらの方程式は拡散の式と呼ばれ，良い導体の内部の電流密度や磁界の振る舞いを記述する．

例 1. 図 5.13 に示すように，$x > 0$ の部分が導電率 σ, 透磁率 μ の媒質で占め

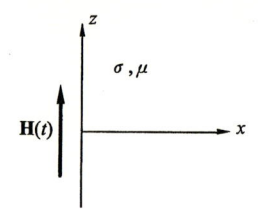

図 5.13 導体表面に印加された磁界

られている. $x=0$ において z 方向の磁界が

$$H(t) = H_m \sin\omega t$$

で与えられているとき, $x>0$ における磁界および電流密度を求めよ.

解. この場合, z 方向の磁界の時間変化が y 方向の電流を生じ, この電流は再び z 方向の磁界を作る. したがって, 磁界は z 成分のみを持つが, y および z に関する一様性のため, これは x と t のみの関数 $H_z(x,t)$ である. $H_z(x,t)$ が満たすべき条件は, (5.73) において $\partial/\partial y = \partial/\partial z = 0$ としたもの

$$\frac{\partial^2 H_z(x,t)}{\partial x^2} - \sigma\mu\frac{\partial H_z(x,t)}{\partial t} = 0 \qquad (1)$$

$x=0$ における境界条件

$$H_z(0,t) = H_m \sin\omega t \qquad (2)$$

および導体表面から離れれば印加磁界の影響がなくなり

$$H_z(x,t) \to 0 \quad (x \to \infty) \qquad (3)$$

となることである. 印加磁界は角周波数 ω で振動しているから, 結果として生じる磁界も同じ角周波数で振動すると考えられる. そこで, 5.7 節で述べる電気回路理論の方法を用いることとし, 時間因子を $e^{j\omega t}$ として, $H_z(x,t)$ を

$$H_z(x,t) = \mathrm{Im}[h(x)e^{j\omega t}] \qquad (4)$$

と表す. ただし, $j=\sqrt{-1}$ は虚数単位であり, $h(x)$ は未知の複素振幅である. このとき, 時間微分は $j\omega$ で置き換えられるので, (1) は

$$\frac{d^2 h(x)}{dx^2} - j\omega\sigma\mu h(x) = 0 \qquad (5)$$

となり，(2) は $h(0) = H_m$ となる．ここで，

$$\gamma = \sqrt{j\omega\sigma\mu} = \frac{1+j}{\sqrt{2}}\sqrt{\omega\sigma\mu} \tag{6}$$

とおくと，(5) の一般解は

$$h(x) = h_+ e^{\gamma x} + h_- e^{-\gamma x} \tag{7}$$

で与えられるが，h_+ の項は (3) を満たさないので不適である．よって $h_+ = 0$．また，このとき $x = 0$ での境界条件によって $h_- = H_m$ となるので，結局，

$$h(x) = H_m e^{-\gamma x} \tag{8}$$

を得る．これを (4) に代入すると，

$$H_z(x,t) = \text{Im}(H_m e^{-\gamma x} e^{j\omega t}) = H_m e^{-x/\delta} \sin(\omega t - x/\delta) \tag{9}$$

となる．ただし，

$$\delta = \sqrt{\frac{2}{\omega\sigma\mu}} \tag{5.74}$$

は長さの次元を持つ量で，表皮の厚さと呼ばれる．電流密度は，(9) を (5.68) に代入して，

$$i_y(x,t) = \frac{\sqrt{2}H_m}{\delta} e^{-x/\delta} \sin(\omega t - x/\delta + \pi/4) \tag{10}$$

と求まる．

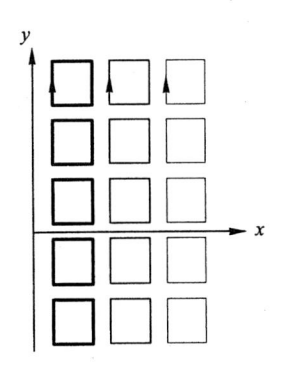

図 5.14 渦電流と表皮効果

上の例は，導体表面に交流磁界が加わると，導体の内部には電磁誘導の効果

によって電界が生じ，これに伴って電流が流れることを表している．この電流は磁界の変化を妨げる向きに流れるので，結果として，磁界や電流は導体の表面付近に集中する．これを，表皮効果という．式 (5.74) で定義される表皮の厚さ δ は，表皮効果の大きさの目安である．導体内部の電磁界は，表面から δ の深さで $1/e$ に減衰する．周波数が高くなるか，または導電率や透磁率が大きくなると，δ は小さくなり，表皮効果は著しくなる．ちなみに，銅の場合，δ の値は 10mm(50Hz)，0.4mm(30kHz)，0.07mm(1MHz) の程度である．表皮効果が強くなると，それに応じて導体表面の電流密度の振幅が大きくなり，$\delta \to 0$ では表面電流密度となる．

このように電磁誘導の効果で流れる電流は，(5.69) を満たしているから，その流線は閉曲線となる．図 5.14 に，この電流のようすを模式的に示している．これを，渦電流と呼んでいる．導体内部の表面付近で還流する電流は大きく，深いところでは小さい．このような環状の電流を合成すると，表面に垂直な成分は互いに打ち消し，平行な成分だけが残る．

5.7　交　流　回　路

準定常電流の界の重要な応用として，電気回路の理論がある．第 3 章では，時間的に変化しない電流を対象として，直流回路の基礎について述べた．ここでは，正弦波状の時間変化をする交流電流，および交流電流が流れる交流回路の取り扱いについて，電磁気学の立場から簡単に説明しておこう．

電気回路の問題を電磁気学の立場から基礎方程式と境界条件によって解こうとすれば，多くの場合大変な困難に出合う．問題が非常に複雑である上，回路を構成している回路素子や回路素子の間を結ぶ導線の配置をわずかに変えただけで，問題自身がまったく違ったものになるからである．しかし，よく知られているように，実際には回路を流れる電流と回路素子にかかっている電圧の間の関係だけを用いて，極めて高い精度の解を求めることができる．ここで利用されるのが，集中定数回路の近似である．この近似では，回路素子はその端子電圧と端子電流の関係で定義され，回路素子を結ぶ導線の長さやその幾何学的な配置は無視される．

5.7 交流回路

まず，交流回路において用いられる基本的な回路素子の種類と，その性質について述べる．回路素子には，自ら電力を発生する能動素子と，自らは電力を発生しない受動素子がある．抵抗，コンデンサ，コイル，変成器（トランス）などは受動素子であり，電圧源，電流源などは能動素子である．受動素子のうちコンデンサ，コイル，変成器は，外部から受け取った電力を蓄え，これをふたたび外部に戻す働きをする．このような素子をリアクタンス素子と呼ぶ．

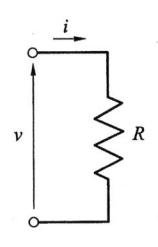

図 5.15 抵抗とその端子電圧および端子電流

図 5.15 は，抵抗とその端子電圧および端子電流の関係を示したものである．抵抗 R に電流 $i(t)$ が流れると，その端子電圧は，直流の場合と同様に

$$v(t) = Ri(t) \tag{5.75}$$

となる．これは，集中定数回路における抵抗の定義である．本節においては，時間的に変化する電圧および電流の瞬時値は小文字 $v(t)$ および $i(t)$ を用いることとし，大文字の V および I は後に述べる交流電圧や交流電流の振幅や複素表示に使用する．なお，電流の矢印はその方向の電流を正と約束することを意味し，電圧の矢印は先端の電位から根元の電位を引いたものを正と約束することを表している．式 (5.75) は，抵抗 R を電流 $i(t)$ が流れたとき，$Ri(t)$ の電圧降下が生じることを表す．また，$v(t)$ が外部から与えられた電圧であると考えた場合，$Ri(t)$ は $v(t)$ に釣り合っているので，$Ri(t)$ を逆起電力ということがある．ただし，同じ状況において，$-Ri(t)$ が $v(t)$ との和を 0 にするという理由で，$-Ri(t)$ を逆起電力と呼ぶこともあるから注意を要する．

インダクタンス L のコイルの端子電圧が $v(t)$ であり，そのときに流れる電流

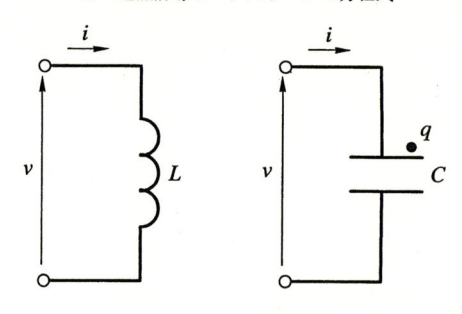

図 5.16 コイルおよびコンデンサ

が $i(t)$ であるとしよう．この状態は，コイルからみれば，起電力が $v(t)$ である電圧源がコイルに接続されて閉回路が構成され，その結果電流 $i(t)$ が流れている場合と同じである．この閉回路に存在する起電力は，コイルに鎖交している磁束を $\Phi(t)$ として，

$$e(t) = v(t) - \frac{d\Phi(t)}{dt}$$

である．この閉回路には抵抗がないものとすれば，

$$e(t) = Ri(t) = 0$$

であるから，端子電圧は

$$v(t) = \frac{d\Phi(t)}{dt}$$

を満たさねばならない．自己インダクタンスの定義によって $\Phi(t) = Li(t)$ だから，この式は

$$v(t) = L\frac{di(t)}{dt} \tag{5.76}$$

となる．これが，コイルの端子電圧と端子電流の関係である．

コンデンサの端子電圧は，静電容量 C が時間的に変化する電荷に対してもそのまま利用できるものとすれば，

$$v(t) = \frac{q(t)}{C}$$

となる．ここで，$q(t)$ は図 5.16 の黒丸印をつけた極板にある電荷である．当然，もう一方の極板には $-q(t)$ の電荷がある．電荷 $q(t)$ は，電荷の保存則によって

$$q(t) = \int_{t_0}^{t} i(t')\, dt'$$

で図 5.16 の電流 $i(t)$ と結ばれているから,電流と端子電圧の関係は

$$v(t) = \frac{1}{C} \int_{t_0}^{t} i(t')\, dt' \tag{5.77}$$

となる.ここで,t_0 は $q(t) = 0$ である任意の時刻である.コンデンサの容量は,周波数が高くなると電極間の変位電流が作る磁界の影響を受け,静電界の場合とは異なる値をとる.これを動電容量ということもある.しかし,静電容量と動電容量の相対的な違いは,コンデンサの極板の大きさを a,光速を c,角周波数を ω とすると $(\omega a/c)^2$ の程度であって,集中定数回路が利用される周波数領域では完全に無視できる.

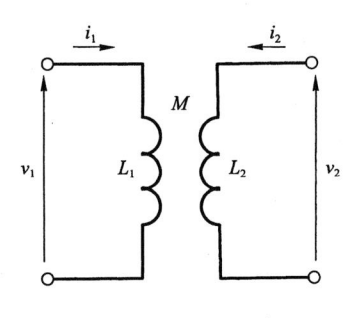

図 5.17 変成器

図 5.17 は,2 つのコイルからなる変成器と,端子電圧および端子電流を示している.2 つのコイルの自己インダクタンスを L_1 および L_2 とし,相互インダクタンスを $M\,(=L_{12})$ としよう.このとき,それぞれのコイルの鎖交磁束数は

$$\begin{cases} \Phi_1(t) = L_1 i_1(t) + M i_2(t) \\[4pt] \Phi_2(t) = M i_1(t) + L_2 i_2(t) \end{cases} \tag{5.78}$$

となるから,端子電圧と端子電流の関係は

$$\begin{cases} v_1(t) = L_1 \dfrac{di_1(t)}{dt} + M \dfrac{di_2(t)}{dt} \\ v_2(t) = M \dfrac{di_1(t)}{dt} + L_2 \dfrac{di_2(t)}{dt} \end{cases} \tag{5.79}$$

で与えられることになる．このとき，端子電圧および端子電流のとり方と M の符号の関係について多少の注意が必要であるが，このことについては，回路理論の教科書を参照されたい．

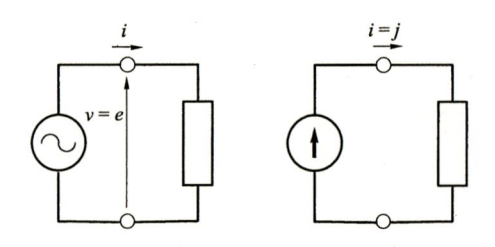

図 5.18 電圧源および電流源

端子電圧が，端子間に接続される外部回路に無関係に

$$v(t) = e(t) \tag{5.80}$$

となる回路素子を電圧源，$e(t)$ を起電力という．特に，電圧の瞬時値が

$$e(t) = E_m \sin(\omega t + \phi)$$

であるとき，これを正弦波交流電圧源または交流電圧源と呼び，E_m を振幅，

$$\omega = 2\pi f$$

を角周波数，f を周波数，ϕ を位相角という．ただし，回路理論では，振幅の代わりに

$$E_e = \frac{E_m}{\sqrt{2}}$$

で定義される実効値を用いて

$$e(t) = \sqrt{2} E_e \sin(\omega t + \phi)$$

5.7 交流回路

と表示することが普通である．また，電流源は，端子電流が，外部回路に無関係に

$$i(t) = j(t) \tag{5.81}$$

となる回路素子である．$j(t)$ が正弦波交流電流であるとき，これを交流電流源という．能動素子である電圧源と電流源では，端子電流の正の方向が，抵抗やコイルなどの受動素子の場合と異なることに注意されたい．

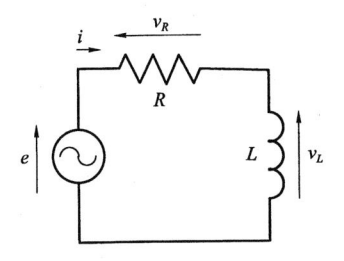

図 5.19 R-L 直列回路

さて，図 5.19 に示すような R-L の直列回路を考えよう．回路を流れる電流を $i(t)$ とすれば，抵抗およびコイルにおける電圧降下は

$$v_R(t) = Ri(t), \quad v_L(t) = L\frac{di(t)}{dt}$$

である．Kirchhoff の法則が準定常電流の界においても成立するものとして，電流 $i(t)$ に伴う電圧降下の総和がその電流を流そうとする起電力に等しいとすれば，

$$L\frac{di(t)}{dt} + Ri(t) = \sqrt{2}E_e \sin(\omega t + \phi)$$

を得る．これが，$i(t)$ を決定するための方程式である．

この方程式の一般解は，A を積分定数として，

$$i(t) = Ae^{-Rt/L} + \sqrt{2}\frac{E_e}{|Z|}\sin(\omega t + \phi - \theta)$$

ただし

$$|Z| = \sqrt{R^2 + (\omega L)^2}, \quad \theta = \tan^{-1}\frac{\omega L}{R}$$

で与えられる．$i(t)$ を構成する成分のうち，

$$i_t(t) = Ae^{-Rt/L}$$

は回路に電源が接続されたときの過渡現象に対応するもので，自由振動項と呼ばれる．A の値は，初期条件によって定まる．この項は，時間の経過とともに減衰し，十分時間が経てば消滅する．一方，この方程式の特解である

$$i_s(t) = \sqrt{2}\frac{E_e}{|Z|}\sin(\omega t + \phi - \theta)$$

は印加された起電力と同じ周波数で振動する電流で，強制振動項と呼ばれる．回路理論では，自由振動項が減衰して $i(t) = i_s(t)$ となった状態を，定常状態と呼ぶ習慣である．以下では，この意味における定常状態を見通しよく取り扱う方法である交流理論について，簡単に紹介する．

この方法では，瞬時値が

$$v(t) = \sqrt{2}V_e \sin(\omega t + \phi) \tag{5.82}$$

である正弦波交流電圧が，絶対値 V_e，偏角 ϕ である複素数

$$V = V_e e^{j\phi} \tag{5.83}$$

によって，

$$v(t) = \sqrt{2}\mathrm{Im}(Ve^{j\omega t}) \tag{5.84}$$

のように表されることを利用する．V を $v(t)$ の複素表示またはフェーザ表示という．上式は，瞬時値と複素表示の対応関係を表している．

複素表示を用いれば，たとえば，次の計算

$$v(t) = v_1(t) + v_2(t) = \sqrt{2}V_{1e}\sin(\omega t + \phi_1) + \sqrt{2}V_{2e}\sin(\omega t + \phi_2)$$

は，

$$V_1 = V_{1e}e^{j\phi_1}, \quad V_2 = V_{2e}e^{j\phi_2}$$

として，

$$V = V_1 + V_2 = |V_1 + V_2|e^{j\arg(V_1+V_2)}$$

したがって,
$$v(t) = \sqrt{2}|V_1 + V_2|\sin[\omega t + \arg(V_1 + V_2)]$$

となる.

複素表示を用いた導関数の計算は,
$$\frac{d}{dt}\sqrt{2}V_e\sin(\omega t + \phi) = \frac{d}{dt}\sqrt{2}\mathrm{Im}(Ve^{j\omega t}) = \sqrt{2}\mathrm{Im}(j\omega V e^{j\omega t})$$

となる.すなわち,$v(t)$ の複素表示が V であれば,$dv(t)/dt$ の複素表示は $j\omega V$ である.上に述べた対応関係から,この結果は

$$\frac{d}{dt}\sqrt{2}V_e\sin(\omega t + \phi) = \sqrt{2}\omega V_e\sin\left(\omega t + \phi + \frac{\pi}{2}\right)$$

であることを意味する.また,積分の計算は,

$$\int_{t_0}^{t}\sqrt{2}V_e\sin(\omega t' + \phi)\,dt' = \int_{t_0}^{t}\sqrt{2}\mathrm{Im}(Ve^{j\omega t'})\,dt' = \sqrt{2}\mathrm{Im}\left(\frac{V}{j\omega}e^{j\omega t}\right)$$

とする.ただし,積分の下限の t_0 は,この積分値が 0 であるような任意の時刻

$$\omega t_0 + \phi - \frac{\pi}{2} = n\pi \quad (n = 0, \pm 1, \pm 2, \ldots)$$

をとるものと考え,結果から省いている.これで,$v(t)$ の積分の複素表示が $V/j\omega$ であることがわかった.また,積分の結果は,

$$\int_{t_0}^{t}\sqrt{2}V_e\sin(\omega t' + \phi)\,dt' = \sqrt{2}\frac{V_e}{\omega}\sin\left(\omega t + \phi - \frac{\pi}{2}\right)$$

で与えられる.

例 1. 図 5.19 に示す R-L 直列回路の定常解を求めよ.

解.印加電圧と回路を流れる電流の複素表示を E および I とすれば,この回路の微分方程式は
$$RI + j\omega LI = E$$

で置き換えることができる．ただし，

$$E = E_e e^{j\phi}$$

である．この代数方程式を解くと，

$$I = \frac{E}{Z}$$

となる．ただし，

$$Z = R + j\omega L = |Z| e^{j\theta}$$

は R-L 直列回路のインピーダンス，$|Z|$ はその大きさ，θ はその偏角である．場合によっては，$|Z|$ をインピーダンス，Z を複素インピーダンスと呼ぶこともある．

$$I = \frac{E_e e^{j\phi}}{|Z| e^{j\theta}} = \frac{E_e}{|Z|} e^{j(\phi - \theta)}$$

であるから，瞬時値と複素表示の対応関係によって，

$$i(t) = \sqrt{2} \frac{E_e}{|Z|} \sin(\omega t + \phi - \theta)$$

が得られる．

例 2． 図に示す回路の方程式を立てよ．ただし，変成器の端子電圧と端子電流の間には，(5.79) の関係があるものとする．

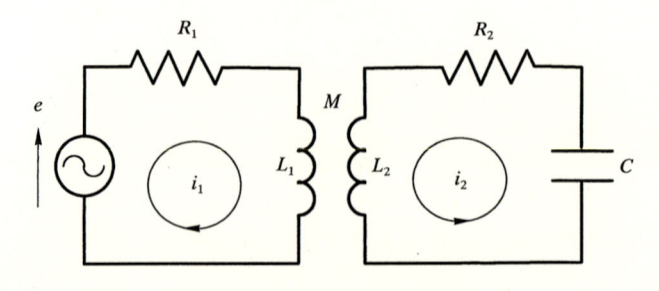

図 5.20 変成器を含む回路

解. 2つの閉路を還流する電流 $i_1(t)$ および $i_2(t)$ の向きを図のように定める. 瞬時値に対する方程式は,

$$\begin{cases} R_1 i_1(t) + L_1 \dfrac{di_1(t)}{dt} + M \dfrac{di_2(t)}{dt} = e(t) \\ M \dfrac{di_1(t)}{dt} + R_2 i_2 + L_2 \dfrac{di_2(t)}{dt} + \dfrac{1}{C} \int_{t_0}^{t} i_2(t')\, dt' = 0 \end{cases}$$

となる. 一方, 複素表示した場合の方程式は, 下式のとおりである.

$$\begin{cases} (R_1 + j\omega L_1) I_1 + j\omega M I_2 = E \\ j\omega M I_1 + \left(R_2 + j\omega L_2 + \dfrac{1}{j\omega C} \right) I_2 = 0 \end{cases}$$

定常解のみを問題とする限り, 複素表示を用いると, 瞬時値を用いた場合にくらべて, 同じ現象を表す方程式が非常に簡明なものになることが理解されよう. しかし, この方法が有効であるのは, 回路全体が共通の角周波数 ω で振動している場合であることに注意されたい. 回路に非線型の素子があり, これに伴って周波数間のエネルギーの移動がある場合には, 複素表示の方法は原則として適用できない. また, 回路が線形で角周波数が共通であっても, 電力

$$p(t) = v(t) i(t) \tag{5.85}$$

を計算する場合には, 2ω の周波数成分が生じるから, $p(t)$ の複素表示を考えることはできない. ただし, 交流回路では電力の瞬時値はあまり重要ではなく, その1周期にわたる平均が意味を持っている. この平均電力については, 以下に述べる複素電力を定義すると便利である.

例1のように抵抗とコイルを直列につなぎ, これに電圧源を接続して電流を流したとしよう. 回路を流れる電流の実効値を $I_e = E_e/|Z|$ とし, さきに求めた電流の瞬時値を

$$\begin{aligned} i(t) &= \sqrt{2} I_e \sin(\omega t + \phi - \theta) \\ &= \sqrt{2} I_e \cos\theta \sin(\omega t + \phi) + \sqrt{2} I_e \sin\theta \cos(\omega t + \phi) \end{aligned}$$

と表す. このとき電圧源が供給する電力の瞬時値は

$$p(t) = e(t)i(t)$$
$$= E_e I_e \cos\theta [1 - \cos 2(\omega t + \phi)] - E_e I_e \sin\theta \sin 2(\omega t + \phi)$$

となる．右辺第1項は負になることがなく，その1周期にわたる時間平均は $E_e I_e \cos\theta$ である．このため，

$$P = E_e I_e \cos\theta \tag{5.86}$$

を有効電力，実効電力，あるいは平均電力などと呼ぶ．また，第2項はリアクタンス素子であるコイルに供給される電力で，正負の値をとり，その時間平均は0である．この項が正であるときは電圧源からコイルにエネルギーが送られ，負であるときは逆にコイルから電圧源にエネルギーが送り返されている．この項の振幅

$$P_r = E_e I_e \sin\theta \tag{5.87}$$

を無効電力，正確には遅れの無効電力という．「遅れの」と断ったのは，電流の位相が電圧の位相より遅れていることを意味する．いま，$e(t)$ および $i(t)$ の複素表示を用いて，複素電力 $P_c = E\overline{I}$ を定義すれば，

$$P_c = E_e e^{j\phi} I_e e^{-j(\phi-\theta)} = E_e I_e \cos\theta + j E_e I_e \sin\theta$$

となる．ここで，$\overline{I}$ は I の複素共役である．複素共役をとったのは，電圧と電流の位相差 θ を求めるためである．この式からわかるように，複素電力はその実部が有効電力を，虚部が無効電力をそれぞれ表している．ここでは R-L の直列回路を例にとって説明したが，以上のことはリアクタンス素子を含む回路網について一般に成り立つ．ただし，回路理論の教科書では複素電力の定義を $P_c = \overline{E}I$ とすることも多いので，注意されたい．

演 習 問 題

1. 一様な磁界の中に，磁界と平行な軸を中心とする半径 a の導体で作られた円盤があり，軸のまわりに角速度 ω で回転している．円盤の中心と円周に接触させたブラシの間に生じる起電力を求めよ．

2. 一様な磁界の中を，磁界に垂直に置かれた幅 l の導体板が，磁界および幅の両方に垂直な方向に速さ v で移動する．このときに生じる静電界を求めよ．
3. 無限に長い直線電流 $I(t) = I_m \cos \omega t$ による誘導電界を求めよ．
4. 抵抗 R の導線で作られた辺の長さが a である正方形の回路がある．この回路で囲まれた面分に垂直な磁界 $H(t) = H_m \sin \omega t$ が加えられたとき，回路を流れる電流を求め，磁界の 1 周期に対応する電流の変化を図示せよ．ただし，R は十分に大きく，電流が作る磁界は無視できるものとする．
5. 図 4.26 の変成器の 1 次コイルに正弦波交流電圧 $v(t) = \sqrt{2} V_e \sin(\omega t + \phi)$ を印加したとき，2 次コイルに発生する電圧を求めよ．
6. 半径 a および $b (\ll a)$ の 2 つのコイルが距離 d を隔てて同軸に配置され，それぞれ電流 I_a および I_b が流れている．両者の間に働く力を求めよ．
7. コンデンサに抵抗を介して起電力を接続し，充電を行った．十分に時間が経った後にコンデンサに蓄えられているエネルギーと，充電している間に抵抗で消費されたエネルギーは等しいことを示せ．
8. 十分広い極板を持つ間隔 d の平行平板コンデンサの両方の極板を，コンデンサ外部の導線で短絡しておく．いま，一方の極板から電荷 q を持つ荷電粒子が飛び出して，速さ v で他の極板に向かって移動するものとする．粒子と極板の距離を x および $d-x$ としたとき，それぞれの極板に誘導される電荷が $-(d-x)q/d$ および $-xq/d$ となることを用いて，導線を流れる変位電流を求めよ．
9. R-L 直列回路に正弦波交流電圧を加えたとき，電源から供給される無効電力はコイルに蓄積されるエネルギーの時間平均に 2ω を乗じたものに等しいことを示せ．
10. R-L-C 直列回路に正弦波交流電圧を加えたとき，
    (1) 回路を流れる電流を求めよ．
    (2) 電源の角周波数が $\omega_r = 1/\sqrt{LC}$ に一致すると，
        (2-a) 流れる電流の大きさは最大，その位相は電圧の位相と同じになる
        (2-b) コイル，コンデンサの端子電圧は加えた電圧の $\omega_r L/R$ 倍となる
    ことを示せ．この現象を，直列共振または単に共振という．
11. ある回路に複素表示が $V = V_e e^{j\phi}$ である正弦波交流電圧を印加したところ，複素表示が $I = I_e e^{j\theta}$ である電流が流れた．回路のインピーダンスとこのときの複素電力，有効電力，無効電力を求めよ．

6

電　磁　波

　変位電流が磁界を生じることの著しい効果は，電磁波の存在にみられる．本章では，まず源を含まない自由空間における電磁波の性質について述べ，ついで電磁波の放射や，異なる媒質の境界面における電磁波の透過と反射について説明する．

6.1　波動方程式と平面電磁波

　真空中における Maxwell の方程式は，電流および電荷のない場所で，

$$\nabla \times \mathbf{E}(\mathbf{r}, t) = -\mu_0 \frac{\partial \mathbf{H}(\mathbf{r}, t)}{\partial t} \tag{6.1}$$

$$\nabla \times \mathbf{H}(\mathbf{r}, t) = \varepsilon_0 \frac{\partial \mathbf{E}(\mathbf{r}, t)}{\partial t} \tag{6.2}$$

となる．第1式の回転をとり，第2式を代入すると

$$\nabla \times \nabla \times \mathbf{E}(\mathbf{r}, t) = -\varepsilon_0 \mu_0 \frac{\partial^2 \mathbf{E}(\mathbf{r}, t)}{\partial t^2}$$

を得るが，ここでベクトル解析の微分公式 (j) を用い，電荷がないので $\nabla \cdot \mathbf{E}(\mathbf{r}, t) = 0$ となることを考慮すれば，

$$\nabla^2 \mathbf{E}(\mathbf{r}, t) - \frac{1}{c^2} \frac{\partial^2 \mathbf{E}(\mathbf{r}, t)}{\partial t^2} = 0 \tag{6.3}$$

であることがわかる．また，第2式の回転をとって同様の操作を行えば，

$$\nabla^2 \mathbf{H}(\mathbf{r},t) - \frac{1}{c^2}\frac{\partial^2 \mathbf{H}(\mathbf{r},t)}{\partial t^2} = 0 \tag{6.4}$$

が得られる．源のない自由空間において，電界と磁界はまったく同じ方程式 (6.3) および (6.4) を満足することがわかった．ただし，これらの式において

$$c = \frac{1}{\sqrt{\varepsilon_0 \mu_0}} \simeq 2.998 \times 10^8 \,\mathrm{m/s} \tag{6.5}$$

は光速である．この方程式は，波動方程式または D'Alembert の方程式と呼ばれている．この方程式にはさまざまな形の解があるが，ここでは平面波の解を調べてみよう．

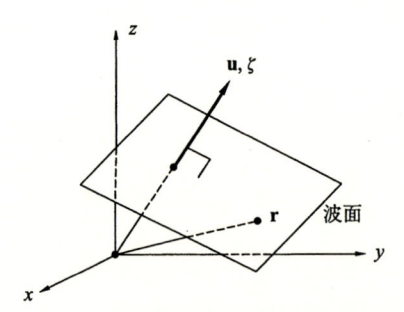

図 6.1　u 方向に進行する平面電磁波

$\mathbf{E}(\mathbf{r},t)$ および $\mathbf{H}(\mathbf{r},t)$ の直角座標成分を $f(\mathbf{r},t)$ とすると，$f(\mathbf{r},t)$ は

$$\nabla^2 f(\mathbf{r},t) - \frac{1}{c^2}\frac{\partial^2 f(\mathbf{r},t)}{\partial t^2} = 0 \tag{6.6}$$

を満足する．この方程式は，$\mathbf{u} = (u_x, u_y, u_z)$ を任意の単位ベクトルとして，

$$f(\mathbf{r},t) = f(\mathbf{u}\cdot\mathbf{r} - ct) \tag{6.7}$$

の形の解を持つ．このことは，直接代入して確かめることができる．いま，u を固定して考えると，$f(\mathbf{r},t)$ は

$$\zeta = \mathbf{u}\cdot\mathbf{r} \tag{6.8}$$

と t の関数であって，

$$f(\mathbf{r},t) = f(\zeta - ct)$$

と書けることが明らかである．ζ は $\mathbf{u}$ 方向の座標で，その方向余弦は (u_x, u_y, u_z) である．このとき，x, y, および z に関する微分は

$$\partial_x = u_x \partial_\zeta, \quad \partial_y = u_y \partial_\zeta, \quad \partial_z = u_z \partial_\zeta \tag{6.9}$$

で置き換えられる．ただし，∂_x などは $\partial/\partial x$ などの略記である．したがって，(6.7) は，実際には 1 次元の波動方程式

$$\frac{\partial^2 f(\zeta,t)}{\partial \zeta^2} - \frac{1}{c^2}\frac{\partial^2 f(\zeta,t)}{\partial t^2} = 0$$

の解である．

固定した座標系から見た $f(\zeta - ct)$ の形は，時間とともに変わる．すなわち，$t=0$ の瞬間の関数形は $f(\zeta)$ であり，$t=t_0$ には $f(\zeta - ct_0)$ となって ζ の正方向に ct_0 だけ移動している．ここで，

$$\zeta(t) - ct = \text{const.}$$

となる点を考えれば，この点は時刻 t に無関係に関数の形の 1 点を指定している．このような点は時刻とともに移動し，その速さは

$$v_{ph} = \frac{d\zeta(t)}{dt} = c \tag{6.10}$$

となる．このような波形の移動の速さを位相速度という．この用語の意味は，後に正弦波状の時間変化をする波動を扱うときに明らかになる．次にある瞬間の波動のようすをみると，ζ が一定である平面内で，$f(\zeta - ct)$ の値は一定である．このような波動を，平面波と呼ぶ．これで，(6.7) で与えられる解は $\mathbf{u}$ 方向に伝搬する平面波で，その位相速度は光速に等しいことがわかった．

以上，波動方程式 (6.6) の平面波解の性質について簡単に述べた．波動方程式は Maxwell の方程式の必要条件だから，Maxwell の方程式の解はすべて波動方程式の解に含まれる．逆にいうと，波動方程式の解のうち，Maxwell の方程式を満たすものだけが，現実に存在できる電磁波を表す．次に，Maxwell の

方程式に戻って，より詳細に界の振る舞いを調べてみよう．このとき，電磁界の各成分の微分について，(6.9) が成立するから，(6.1) および (6.2) は

$$\mathbf{u} \times \partial_\zeta \mathbf{E} = -\mu_0 \partial_t \mathbf{H}, \quad \mathbf{u} \times \partial_\zeta \mathbf{H} = \varepsilon_0 \partial_t \mathbf{E} \qquad (6.11)$$

となる．ただし，変数は記述から省略した．同様に，$\nabla \cdot \mathbf{E} = \nabla \cdot \mathbf{H} = 0$ の条件は，

$$\mathbf{u} \cdot \partial_\zeta \mathbf{E} = \mathbf{u} \cdot \partial_\zeta \mathbf{H} = 0$$

と書ける．式 (6.11) の第 1 式の両辺に $\mathbf{u}$ を内積すると，左辺は 0 となるので，

$$\mathbf{u} \cdot \partial_t \mathbf{H} = 0$$

を得る．これと，1 つ前の式から，$\mathbf{H}$ の $\mathbf{u}$ 方向の成分は，時間的にも空間的にも一定な静磁界しか許されないことがわかる．同様にして，$\mathbf{E}$ の $\mathbf{u}$ 方向成分も，静電界以外にはあり得ないことが導かれる．これらの静電界と静磁界は，電磁波の伝搬には無関係であるから，0 として差し支えない．したがって，$\mathbf{u}$ 方向に進行する平面電磁波は，$\mathbf{u}$ 方向の界成分を持たない横波である．

次に，進行方向に垂直な面内の電磁界成分の間に成り立つ関係を求めよう．このために，ζ が一定である平面内に

$$\mathbf{i}_\xi \times \mathbf{i}_\eta = \mathbf{u} \qquad (6.12)$$

となるような 2 つの単位ベクトル $\mathbf{i}_\xi$ と $\mathbf{i}_\eta$ をとり，電界 $\mathbf{E}$ が ξ 方向の成分しか持たないものとしよう．すると，電界は

$$\mathbf{E} = \mathbf{i}_\xi E_\xi(\zeta - ct)$$

と書ける．また，(6.11) によって，磁界 $\mathbf{H}$ は η 方向の成分 H_η しか持たない．

さて，上式で与えられる $\mathbf{E}$ について，$'$ を変数に関する微分として，

$$\mathbf{u} \times \partial_\zeta \mathbf{E} = \mathbf{i}_\eta E'_\xi(\zeta - ct) = -\frac{1}{c} \mathbf{i}_\eta \partial_t E_\xi(\zeta - ct)$$

となるから，これを (6.11) の第 1 式に代入して整理すると，

$$\partial_t (E_\xi - Z_0 H_\eta) = 0$$

が得られる．ここで，

$$Z_0 = \sqrt{\frac{\mu_0}{\varepsilon_0}} \simeq 120\pi \tag{6.13}$$

は抵抗の次元を持つ量で，真空の固有インピーダンスと呼ばれている．同様にして，

$$\partial_\zeta (E_\xi - Z_0 H_\eta) = 0$$

となることも導かれる．これらのことから，E_ξ と $Z_0 H_\eta$ の差は時間的かつ空間的に一定な静電界であることがわかる．この静電界を 0 とおけば，

$$E_\xi = Z_0 H_\eta \tag{6.14}$$

を得る．一般に，進行方向に垂直な面内の電界と磁界の大きさの比を，波動インピーダンスという．この結果は，真空中を伝搬する平面電磁波の波動インピーダンスが真空の固有インピーダンスに等しいことを意味している．

式 (6.14) によれば，ある (ζ, t) に対して $E_\xi > 0$ であれば $H_\eta > 0$ であり，また，$E_\xi < 0$ のときは $H_\eta < 0$ となる．したがって，電界の方向から磁界の方向へ右ネジを回したとすると，ネジの進む向きは電磁波の進行方向に一致する．すなわち，(電界・磁界・進行方向) は，この順で右手系を構成する．

以上では (E_ξ, H_η) の組について考察したが，同じ状況の下で，これとは独立なもう 1 つの組 (E_η, H_ξ) が存在する．後者の組についての議論は，(6.14) に相当する式が

$$E_\eta = -Z_0 H_\xi$$

となることを除いて，前者の場合と共通であるからここでは省略する．

6.2 ポインティングのベクトル

何かの原因で，空間の一部の電磁界が時間的に変化したとしよう．この変化は，電磁波の形で，まわりの空間に伝搬していく．このとき，まわりの空間では，はじめに 0 であった電磁界が新たに生じ，電界と磁界の蓄積エネルギーが 0 でない値を持つようになるから，電磁波によってエネルギーが運び込まれたことになる．

空間に領域 V を考え，この内部には起電力に伴う電界 $\mathbf{E}_0$ が存在するものとする．このとき，Ohm の法則は，

$$\mathbf{i} = \sigma(\mathbf{E} + \mathbf{E}_0)$$

となる．ここで，$\mathbf{E}$ は電界，σ は導電率である．また，煩雑さを避けるために，変数 $(\mathbf{r}, t)$ は記述から省いている．この式の両辺に $\mathbf{i}$ を内積して，

$$\mathbf{E}_0 \cdot \mathbf{i} = \frac{|\mathbf{i}|^2}{\sigma} - \mathbf{E} \cdot \mathbf{i}$$

を得る．左辺は起電力が供給する単位体積あたりの電力であり，右辺第 1 項は Joule 熱として失われる電力の密度である．右辺第 2 項は，Maxwell の方程式と微分公式 (f) を用いて変形すると，

$$-\mathbf{E} \cdot \mathbf{i} = \mathbf{E} \cdot \frac{\partial \mathbf{D}}{\partial t} + \mathbf{H} \cdot \frac{\partial \mathbf{B}}{\partial t} + \nabla \cdot \mathbf{E} \times \mathbf{H}$$

となる．これを用いてもとの式を書き直し，両辺を V で積分して，$\nabla \cdot \mathbf{E} \times \mathbf{H}$ の項は Gauss の定理で V の表面 S についての面積分に直すと，

$$\int_V \mathbf{E}_0 \cdot \mathbf{i} \, dv = \int_V \frac{|\mathbf{i}|^2}{\sigma} \, dv + \int_V \left(\mathbf{E} \cdot \frac{\partial \mathbf{D}}{\partial t} + \mathbf{H} \cdot \frac{\partial \mathbf{B}}{\partial t} \right) dv + \int_S \mathbf{E} \times \mathbf{H} \cdot \mathbf{n} \, dS$$

を得る．

この結果を，次のように表現しよう：

$$P(t) = P_l(t) + \frac{d}{dt}[U_e(t) + U_m(t)] + \int_S \mathbf{S}(\mathbf{r}, t) \cdot \mathbf{n} \, dS \tag{6.15}$$

ここで，

$$P(t) = \int_V \mathbf{E}_0 \cdot \mathbf{i} \, dv \tag{6.16}$$

は起電力が体積 V に供給する電力であり，

$$P_l(t) = \int_V \frac{|\mathbf{i}|^2}{\sigma} \, dv \tag{6.17}$$

は V 中で Joule 熱として失われる電力である．また，

$$U_e(t) = \int_V \frac{1}{2} \mathbf{E} \cdot \mathbf{D} \, dv \tag{6.18}$$

および
$$U_m(t) = \int_V \frac{1}{2} \mathbf{H} \cdot \mathbf{B}\, dv \tag{6.19}$$

は，V 中に蓄えられた電界および磁界のエネルギーであり，$U_e(t) + U_m(t)$ は V 中の全蓄積エネルギーである．右辺の面積分に含まれる

$$\mathbf{S}(\mathbf{r}, t) = \mathbf{E} \times \mathbf{H} \tag{6.20}$$

は Poynting のベクトルと呼ばれる量で，電力の単位をワット [W] として，[W/m^2] の単位を持っている．式 (6.15) は次のように解釈できる．すなわち，V に供給された電力 $P(t)$ は，その一部が Joule 熱として消費され，残りの一部が V 中の蓄積エネルギーを増加させるために使われる．さらに，その残りの電力は，V の表面 S を通って V の外部に流出する．この電力の流れを担うものが，Poynting のベクトルである．

例 1. 損失のない導体で作られた同軸線路と直流電圧源および抵抗を用いて，図のような回路を構成した．同軸線路内に生じる Poynting のベクトルを求め，同軸線路を通って伝送される電力を求めよ．ただし，同軸線路の内導体の外径を a，外導体の内径を b とし，電圧源の起電力を V，線路に接続された抵抗の抵抗値を R とする．

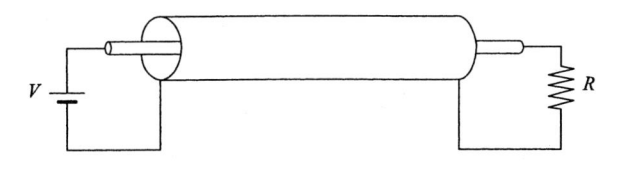

図 6.2 同軸線路によって伝送される電力

解． 同軸線路の内部で，電界は内導体と外導体の間に生じる．その電界は，電位差が V であるから，

$$\mathbf{E} = \mathbf{i}_r \frac{V}{\log(b/a)} \frac{1}{r}$$

と求まる．ただし，r は中心軸からの距離である．磁界は内導体の内部および内導体と

外導体の間に生じるが，内導体の内部では電界が0なので，そこではPoyntingのベクトルは0である．したがって，ここで興味があるのは，内導体と外導体の間の磁界

$$\mathbf{H} = \mathbf{i}_\varphi \frac{I}{2\pi r}$$

のみである．ここで，$I = V/R$は内導体をz方向に流れる電流である．Poyntingのベクトルは，内導体と外導体の間で，

$$\mathbf{S} = \mathbf{E} \times \mathbf{H} = \mathbf{i}_z \frac{VI}{\log(b/a)} \frac{1}{2\pi r^2}$$

となり，その他の場所では0である．これを導体間の面積で積分すると，

$$\int_{導体間} \mathbf{S} \cdot \mathbf{i}_z \, dS = \frac{VI}{\log(b/a)} \int_a^b \frac{1}{2\pi r^2} 2\pi r \, dr = VI$$

となって，回路理論の結果と一致する．

上の例では，Poyntingのベクトルが電力の流れを表していると理解できる．しかし，Poyntingのベクトルを電力の流れと解釈することが適当でない場合も存在する．たとえば，直交する静電界$\mathbf{E} = \mathbf{i}_x E$と静磁界$\mathbf{H} = \mathbf{i}_y H$があったとき，$\mathbf{S} = \mathbf{i}_z EH$で与えられる$\mathbf{S}$は0でない値を持ち得るが，常識的には，このような場合にエネルギーの流れがあるとは考え難い．より複雑な状況の下で(6.20)で定義されるPoyntingのベクトルが電力の流れを表すかどうかは，注意深く検討する必要があろう．

6.3 ポテンシャル

起電力によって時間的に変動する電流が流れると，電磁波が励振される．このときの電磁界は，電流を含んだMaxwellの方程式(5.35)および(5.36)で記述されるが，通常，電磁波の励振の問題は，ポテンシャルを用いて扱われることが多い．ここでは，時間的に変動する電流が空間に作るポテンシャルについて述べる．ただし，簡単のために媒質は真空であると仮定する．外部からの印加起電力があるとき，式(5.36)の右辺の電流密度は，印加起電力によって流れる電流$\mathbf{i}_0(\mathbf{r}, t)$と，結果として生じる電界$\mathbf{E}(\mathbf{r}, t)$に伴う電流$\sigma \mathbf{E}(\mathbf{r}, t)$の和で，

$$\mathbf{i}(\mathbf{r},t) = \mathbf{i}_0(\mathbf{r},t) + \sigma \mathbf{E}(\mathbf{r},t) \tag{6.21}$$

となっているものと理解すべきであるが，この仮定によって $\sigma\mathbf{E}(\mathbf{r},t)=0$ であるから，以下の議論においては

$$\mathbf{i}(\mathbf{r},t) = \mathbf{i}_0(\mathbf{r},t)$$

とする．なお，$\sigma \neq 0$ である場合については，結果のみをまとめて示す．

さて，磁束密度は，その発散が常に0であるから，

$$\mathbf{B}(\mathbf{r},t) = \nabla \times \mathbf{A}(\mathbf{r},t) \tag{6.22}$$

と書ける．これを (5.35) に代入すると，

$$\nabla \times \left[\mathbf{E}(\mathbf{r},t) + \frac{\partial \mathbf{A}(\mathbf{r},t)}{\partial t} \right] = 0$$

となる．したがって，$\mathbf{E} + \partial \mathbf{A}/\partial t$ は渦無しであって，

$$\mathbf{E}(\mathbf{r},t) + \frac{\partial \mathbf{A}(\mathbf{r},t)}{\partial t} = -\nabla \phi(\mathbf{r},t)$$

となるスカラポテンシャル $\phi(\mathbf{r},t)$ が存在する．よって，

$$\mathbf{E}(\mathbf{r},t) = -\frac{\partial \mathbf{A}(\mathbf{r},t)}{\partial t} - \nabla \phi(\mathbf{r},t) \tag{6.23}$$

である．$\mathbf{B} = \mu_0 \mathbf{H}$ および $\mathbf{D} = \varepsilon_0 \mathbf{E}$ を考慮してこれらを (5.36) に代入すると，記述から変数を省略して，

$$\nabla \times \nabla \times \mathbf{A} = \mu_0 \mathbf{i}_0 - \frac{1}{c^2} \frac{\partial^2 \mathbf{A}}{\partial t^2} - \frac{1}{c^2} \nabla \frac{\partial \phi}{\partial t}$$

を得る．ただし，$\varepsilon_0 \mu_0 = 1/c^2$ の関係を用いた．微分公式 (j) を用いてこの式を整理すると，

$$\nabla^2 \mathbf{A} - \frac{1}{c^2} \frac{\partial^2 \mathbf{A}}{\partial t^2} + \mu_0 \mathbf{i}_0 = \nabla \left(\nabla \cdot \mathbf{A} + \frac{1}{c^2} \frac{\partial \phi}{\partial t} \right) \tag{6.24}$$

となる．この先の議論を進める前に，多少の準備をしておこう．

4.4 節に述べたように, 同一の $\mathbf{B}$ を与える $\mathbf{A}$ には, スカラの勾配の分の任意性がある. すなわち, $\mathbf{A}$ を $\mathbf{B}$ のベクトルポテンシャルとすれば, $\mathbf{A}_1 = \mathbf{A} + \nabla f$ で与えられる $\mathbf{A}_1$ もまた $\mathbf{B}$ のベクトルポテンシャルである. 4.4 節では, f は任意の滑らかな座標の関数であった. 今の場合は, 静磁界のときとは異なり, ベクトルポテンシャルとスカラポテンシャルの組 $(\mathbf{A}, \phi)$ が, 電界と磁界の組 $(\mathbf{E}, \mathbf{H})$ に対応している. このため, 同じ $(\mathbf{E}, \mathbf{H})$ を与える $(\mathbf{A}, \phi)$ の組合せは無数にあるが, $\mathbf{A}$ を

$$\mathbf{A}_1 = \mathbf{A} + \nabla f$$

で置き換えると, これに伴って ϕ にも変更が必要になる. ただし, $f = f(\mathbf{r}, t)$ は座標と時間の滑らかな関数である. いま, $\mathbf{A}$ の置き換えに伴う ϕ の変更を

$$\phi_1 = \phi + \psi$$

とおいてみる. ただし, $\psi = \psi(\mathbf{r}, t)$ である. $\mathbf{A}_1$ は $\mathbf{B}$ のベクトルポテンシャルであるから, ポテンシャルの組 $(\mathbf{A}_1, \phi_1)$ が $(\mathbf{A}, \phi)$ と同じ $(\mathbf{E}, \mathbf{H})$ を与えるためには, $(\mathbf{A}_1, \phi_1)$ から導かれる $\mathbf{E}$ がもとと同じものであればよい. よって,

$$-\frac{\partial \mathbf{A}}{\partial t} - \nabla \phi = -\frac{\partial}{\partial t}(\mathbf{A} + \nabla f) - \nabla(\phi + \psi)$$

でなければならない. これより,

$$\nabla \left(\frac{\partial f}{\partial t} + \psi \right) = 0$$

を得る. これは, 括弧内の量が時間だけの関数であることを意味するから, $g(t)$ を任意の時間の関数として,

$$\psi = g - \frac{\partial f}{\partial t}$$

が得られた. 以上の結果をまとめると, $(\mathbf{A}, \phi)$ の組と同じ $(\mathbf{E}, \mathbf{H})$ を与えるポテンシャルの組は

$$\begin{cases} \mathbf{A}_1 = \mathbf{A} + \nabla f \\ \\ \phi_1 = \phi - \dfrac{\partial f}{\partial t} + g \end{cases} \tag{6.25}$$

となることがわかる. このような制限の中で $(\mathbf{A}, \phi)$ を $(\mathbf{A}_1, \phi_1)$ に変換するこ

とをゲージ変換といい，特定の $(\mathbf{A}, \phi)$ の決め方をゲージという．具体的には，$\mathbf{A}$ の発散 $\nabla \cdot \mathbf{A}$ の決め方と理解してよい．

さて，(6.25) の変換によって，(6.24) の右辺の括弧内に対応する量は，

$$\nabla \cdot \mathbf{A}_1 + \frac{1}{c^2}\frac{\partial \phi_1}{\partial t} = \nabla \cdot (\mathbf{A} + \nabla f) + \frac{1}{c^2}\frac{\partial}{\partial t}\left(\phi - \frac{\partial f}{\partial t} + g\right)$$

となるが，f と g を適当に選んでこの右辺を 0 とすることは常に可能である．このため，(6.24) の右辺の括弧内が

$$\nabla \cdot \mathbf{A} + \frac{1}{c^2}\frac{\partial \phi}{\partial t} = 0 \tag{6.26}$$

を満たすものとして差し支えない．これを Lorentz ゲージと呼ぶ．ちなみに，定常状態で用いた関係

$$\nabla \cdot \mathbf{A} = 0 \tag{6.27}$$

は Coulomb ゲージと呼ばれている．Lorentz ゲージの下で，(6.24) は

$$\nabla^2 \mathbf{A} - \frac{1}{c^2}\frac{\partial^2 \mathbf{A}}{\partial t^2} = -\mu_0 \mathbf{i}_0 \tag{6.28}$$

となる．この方程式を解いて $\mathbf{A}$ を求めれば，(6.26) によって ϕ が定まる．これらを (6.22) と (6.23) に代入すれば，$\mathbf{E}$ と $\mathbf{H}$ が求められることになる．もっとも，ϕ については，(6.23) を $\varepsilon_0 \nabla \cdot \mathbf{E} = \rho$ に代入して得られる式に Lorentz の条件を用い，$\sigma \mathbf{E} = 0$ であるために ρ は $\mathbf{i}_0$ と連続の式で結ばれる電荷 ρ_0 しかないことを考慮して，

$$\nabla^2 \phi - \frac{1}{c^2}\frac{\partial^2 \phi}{\partial t^2} = -\frac{\rho_0}{\varepsilon_0} \tag{6.29}$$

を導くことができるので，こちらを利用しても構わない．

真空中に外部起電力による電流 $\mathbf{i}_0(\mathbf{r}, t)$ があるとき，Lorentz の条件を満たす電磁界のポテンシャルは非同次の波動方程式 (6.28) および (6.29) によって決定されることがわかった．媒質が真空でなく，媒質定数 ε，μ，および σ を持つ場合，Lorentz の条件は

$$\nabla \cdot \mathbf{A} + \varepsilon\mu\frac{\partial \phi}{\partial t} + \sigma\mu\phi = 0 \tag{6.30}$$

となる．また，Lorentzの条件の下でAが満足する波動方程式は，

$$\nabla^2 \mathbf{A} - \varepsilon\mu \frac{\partial^2 \mathbf{A}}{\partial t^2} - \sigma\mu \frac{\partial \mathbf{A}}{\partial t} = -\mu \mathbf{i}_0 \tag{6.31}$$

で与えられる．したがって，(6.31) を解いて A を求め，これを (6.30) に代入して ϕ を見出せば，(6.22) と (6.23) から E と H が計算できる．この場合も，ϕ が満たす方程式

$$\nabla^2 \phi - \varepsilon\mu \frac{\partial^2 \phi}{\partial t^2} - \sigma\mu \frac{\partial \phi}{\partial t} = -\frac{\rho}{\varepsilon}$$

を導くことができるが，この式の利用には注意を要する．すなわち，この場合，電荷分布 ρ は $\mathbf{i}_0$ と連続の式で結ばれている電荷 ρ_0 と，$\sigma\mathbf{E}$ に伴う電荷 ρ_c の和になっている．前者は既知であると考えてよいが，後者は一般に未知の量であるから，この式の利用にあたっては，ρ_c を消去する工夫が必要になる．

次に，媒質が真空である場合に戻って，A および ϕ が満足する波動方程式 (6.28) および (6.29) の積分解について調べよう．A の各成分および ϕ は，

$$\nabla^2 \psi(\mathbf{r},t) - \frac{1}{c^2}\frac{\partial^2 \psi(\mathbf{r},t)}{\partial t^2} = -f(\mathbf{r},t) \tag{6.32}$$

の形の方程式を満足している．この方程式を解く方法はいくつかあるが，ここでは Fourier 変換を用いる方法を紹介しよう．これを行うために，$\psi(\mathbf{r},t)$ の Fourier 変換とその逆変換を

$$\begin{cases} \Psi(\mathbf{r},\omega) = \dfrac{1}{2\pi} \displaystyle\int_{-\infty}^{\infty} \psi(\mathbf{r},t)\, e^{-j\omega t}\, dt \\[2mm] \psi(\mathbf{r},t) = \displaystyle\int_{-\infty}^{\infty} \Psi(\mathbf{r},\omega)\, e^{j\omega t}\, d\omega \end{cases} \tag{6.33}$$

で定義し，右辺の非斉次項 $f(\mathbf{r},t)$ の Fourier 変換 $F(\mathbf{r},\omega)$ も同様に定義する．このとき，時間微分 $\partial/\partial t$ は $j\omega$ で置き換えられるので，(6.32) は

$$\nabla^2 \Psi(\mathbf{r},\omega) + k^2 \Psi(\mathbf{r},\omega) = -F(\mathbf{r},\omega) \tag{6.34}$$

となる．ただし，

$$k = \frac{\omega}{c} \tag{6.35}$$

は波数と呼ばれる量であり，(6.34) は（非同次の）Helmholtz の方程式という．方程式 (6.34) の解は，座標の原点に単位の源があるときに成立する方程式

$$\nabla^2 G(\mathbf{r},\omega) + k^2 G(\mathbf{r},\omega) = -\delta(\mathbf{r}) \tag{6.36}$$

の解である Green 関数 $G(\mathbf{r},\omega)$ を用いて，

$$\Psi(\mathbf{r},\omega) = \int_V G(\mathbf{r}-\mathbf{r}',\omega)\, F(\mathbf{r}',\omega)\, dv' \tag{6.37}$$

と表現できる．ただし，V は $F(\mathbf{r},\omega)$ が分布している領域である．

$G(\mathbf{r},\omega)$ を求めよう．このために，(6.36) を極座標で表すと，$r=0$ 以外で

$$\frac{d}{dr}\left[r^2 \frac{dG(\mathbf{r},\omega)}{dr}\right] + k^2 r^2 G(\mathbf{r},\omega) = 0$$

となる．ここで，

$$G(\mathbf{r},\omega) = \frac{R(\mathbf{r},\omega)}{r}$$

とおけば，$R(\mathbf{r},\omega)$ に関する方程式

$$\frac{d^2 R(\mathbf{r},\omega)}{dr^2} + k^2 R(\mathbf{r},\omega) = 0$$

を得る．この解は，A を定数として

$$R(\mathbf{r},\omega) = A e^{\pm jkr}$$

で与えられるから，

$$G(\mathbf{r},\omega) = A \frac{e^{\pm jkr}}{r}$$

となる．この結果を (6.36) に代入し，両辺を原点のまわりの小さな球内で積分し，Gauss の定理を用いて

$$A = \frac{1}{4\pi}$$

を得る．したがって，$G(\mathbf{r},\omega)$ は

$$G(\mathbf{r},\omega) = \frac{e^{\pm jkr}}{4\pi r} \tag{6.38}$$

と求まる.

このようにして得られる $G(\mathbf{r},\omega)$ を (6.37) に代入すると,

$$\Psi(\mathbf{r},\omega) = \frac{1}{4\pi}\int_V \frac{F(\mathbf{r}',\omega)}{|\mathbf{r}-\mathbf{r}'|}e^{\pm jk|\mathbf{r}-\mathbf{r}'|}\,dv' \tag{6.39}$$

となる.これが,(6.34) の積分解である.式 (6.32) の解は,Fourier 逆変換によって求められる.すなわち,

$$\psi(\mathbf{r},t) = \frac{1}{4\pi}\int_{-\infty}^{\infty} e^{j\omega t}\,d\omega \int_V \frac{F(\mathbf{r}',\omega)}{|\mathbf{r}-\mathbf{r}'|}e^{\pm jk|\mathbf{r}-\mathbf{r}'|}\,dv'$$

であるが,右辺の積分の順序を変更し,(6.35) を考慮すると

$$\psi(\mathbf{r},t) = \frac{1}{4\pi}\int_V \frac{dv'}{|\mathbf{r}-\mathbf{r}'|}\int_{-\infty}^{\infty} F(\mathbf{r}',\omega)\exp\left[j\omega\left(t\pm\frac{|\mathbf{r}-\mathbf{r}'|}{c}\right)\right]d\omega$$

となる.ここで,

$$t' = t \pm \frac{|\mathbf{r}-\mathbf{r}'|}{c}$$

とおくと,右辺の 2 番目の積分は $f(\mathbf{r}',t')$ に等しいことがわかる.よって,

$$\psi(\mathbf{r},t) = \frac{1}{4\pi}\int_V \frac{f(\mathbf{r}',t\pm|\mathbf{r}-\mathbf{r}'|/c)}{|\mathbf{r}-\mathbf{r}'|}\,dv'$$

が得られた.

ここで,試みに,原点にある源が時間的に変動し,

$$f(\mathbf{r},t) = \delta(\mathbf{r})\,T(t)$$

となる場合を考える.すると,

$$\psi(\mathbf{r},t) = \frac{1}{4\pi r}T(t\pm r/c)$$

となる.複号のうち $-$ をとったものは,原点と同じ時間的な変動が,$1/4\pi r$ の減衰を受けながら,かつ r/c だけの時間遅れを伴って $\mathbf{r}$ 点に伝わったものである.真空中における電磁波の伝播の速さは c であるから,原点における変動が r/c だけ遅れて $\mathbf{r}$ に到達することは,正しい因果関係を表している.一方,複号の $+$ をとった項は,時刻 t より r/c だけ後に原点でおこる変動が,時間をさ

かのぼって $\mathbf{r}$ 点で観測されることを意味している．波動方程式 (6.32) の解がこのような項を含むことの原因は，この方程式の左辺が t を $-t$ で置き換えても不変であるからで，この項は物理的に意味のない無縁解であると考えるのが普通である．

以上の考察によって，(6.32) の因果律を満たす解は

$$\psi(\mathbf{r},t) = \frac{1}{4\pi}\int_V \frac{f(\mathbf{r}',t-|\mathbf{r}-\mathbf{r}'|/c)}{|\mathbf{r}-\mathbf{r}'|}\,dv' \tag{6.40}$$

であることがわかった．したがって，$\mathbf{A}$ および ϕ は

$$\mathbf{A}(\mathbf{r},t) = \frac{\mu_0}{4\pi}\int_V \frac{\mathbf{i}_0(\mathbf{r}',t-|\mathbf{r}-\mathbf{r}'|/c)}{|\mathbf{r}-\mathbf{r}'|}\,dv' \tag{6.41}$$

および

$$\phi(\mathbf{r},t) = \frac{1}{4\pi\varepsilon_0}\int_V \frac{\rho_0(\mathbf{r}',t-|\mathbf{r}-\mathbf{r}'|/c)}{|\mathbf{r}-\mathbf{r}'|}\,dv' \tag{6.42}$$

で与えられる．これらのポテンシャルを，遅延ポテンシャルと呼ぶ．

6.4　正弦波状の時間変化をする電磁界

電磁波の励振や伝播に関する問題では，電磁界が決まった角周波数 ω で正弦波状の振動している場合を考えることが多い．ここでは，このような場合の取り扱いについて述べる．正弦波状の振動をしていない場合も，前節で触れた Fourier 変換を行って，時間的な変化を正弦波状の振動に分解して考えることができる．したがって，ここで用いる方法は，広い適用範囲を持つものである．

電界や磁界が，時間に関して $\cos\omega t$ の形で振動していて，たとえば，

$$e_x(\mathbf{r},t) = \sqrt{2}E_{xe}(\mathbf{r})\cos(\omega t + \phi_x)$$

のように書けるものとしよう．ただし，$\mathbf{r}$ のみの関数 $E_{xe}(\mathbf{r})$ は $e_x(\mathbf{r},t)$ の実効値である．また，混乱を避けるために，瞬時値は小文字で表すことにした．このような $e_x(\mathbf{r},t)$ に対して，複素表示

$$E_x(\mathbf{r}) = E_{xe}(\mathbf{r})e^{j\phi_x}$$

を考えれば，瞬時値と複素表示の関係は

$$e_x(\mathbf{r},t) = \sqrt{2}\mathrm{Re}[E_x(\mathbf{r})e^{j\omega t}]$$

となる．この関係は，回路理論における瞬時値と複素表示の間の関係に類似している．ただし，回路理論では時間関数として $\sin\omega t$ を用いるのに対し，電磁界では上記のように $\cos\omega t$ を使う習慣である．このため，回路理論とは異なって，$E_x(\mathbf{r})e^{j\omega t}$ の実部が物理量を表すことになる．

電界の他の成分についても同様の複素表示を考え，複素表示と瞬時値の関係を

$$\mathbf{e}(\mathbf{r},t) = \sqrt{2}\mathrm{Re}[\mathbf{E}(\mathbf{r})e^{j\omega t}] \tag{6.43}$$

で定義する．$\mathbf{E}(\mathbf{r})$ は，各成分が複素数であるベクトルである．これを，電界の複素振幅と呼ぶことにしよう．磁界の複素振幅も同様に定義され，複素振幅と瞬時値の関係は電界の場合と同じである．複素振幅を用いることの利点は，時間微分を $j\omega$ で置き換えられることにある．媒質定数が (ε,μ,σ) である媒質の中での Maxwell の方程式は，複素振幅を使って書くと，

$$\nabla \times \mathbf{E}(\mathbf{r}) = -j\omega\mu\mathbf{H}(\mathbf{r}) \tag{6.44}$$

$$\nabla \times \mathbf{H}(\mathbf{r}) = (\sigma + j\omega\varepsilon)\mathbf{E}(\mathbf{r}) + \mathbf{J}_0(\mathbf{r}) \tag{6.45}$$

となる．ただし，$\mathbf{J}_0(\mathbf{r})$ は印加起電力による電流 $\mathbf{i}_0(\mathbf{r},t)$ の複素振幅である．

これらの式から $\mathbf{H}(\mathbf{r})$ を消去すると，簡単な計算の後，

$$\nabla^2 \mathbf{E} - j\omega\mu(\sigma + j\omega\varepsilon)\mathbf{E} = j\omega\mu\mathbf{J}_0 + \nabla\frac{\rho}{\varepsilon}$$

を得る．ただし，変数 $\mathbf{r}$ は記述から省略した．また，$\rho = \rho(\mathbf{r})$ は $\rho(\mathbf{r},t)$ の複素振幅である．前節で注意したように，ρ は $\sigma\mathbf{E}$ と連続の式

$$\nabla \cdot (\sigma\mathbf{E}) + j\omega\rho_c = 0$$

で結ばれている ρ_c と，$\mathbf{J}_0$ に伴う ρ_0 との和である．上の式と $\varepsilon\nabla\cdot\mathbf{E}=\rho$ を用いて ρ を ρ_0 で表すと，

$$\rho = \frac{j\omega\varepsilon}{\sigma + j\omega\varepsilon}\rho_0$$

を得る.これを **E** の式に代入し,また複素数値をとる波数を

$$k^2 = -j\omega\mu(\sigma + j\omega\varepsilon) \tag{6.46}$$

とおいて,電界の複素振幅 $\mathbf{E}(\mathbf{r})$ が満足する Helmholtz の方程式

$$\nabla^2 \mathbf{E}(\mathbf{r}) + k^2 \mathbf{E}(\mathbf{r}) = j\omega\mu \mathbf{J}_0(\mathbf{r}) + \frac{j\omega}{\sigma + j\omega\varepsilon} \nabla \rho_0(\mathbf{r}) \tag{6.47}$$

が求められる.同様にして,磁界の複素振幅が満足する方程式

$$\nabla^2 \mathbf{H}(\mathbf{r}) + k^2 \mathbf{H}(\mathbf{r}) = -\nabla \times \mathbf{J}_0(\mathbf{r}) \tag{6.48}$$

も導かれる.これらの方程式は,源のない場所では

$$(\nabla^2 + k^2) \begin{bmatrix} \mathbf{E}(\mathbf{r}) \\ \mathbf{H}(\mathbf{r}) \end{bmatrix} = 0 \tag{6.49}$$

となる.

ここで,6.1 節で検討した真空中を **u** の方向に伝搬する平面波について,もう一度調べてみよう.**u** 方向の座標を ζ とし,$k > 0$ として,波動の形を

$$f(\zeta, t) = \sqrt{2} A_e \cos(\omega t - k\zeta + \phi)$$

と想定してみる.k の値は $\omega\sqrt{\varepsilon_0\mu_0}$ となることを予想しているが,今のところその制限はない.この波動の複素振幅は

$$A = A_e e^{-jk\zeta + j\phi}$$

であるから,複素表示を用いると,(6.11) などにおける ζ についての微分は $-jk$ で置き換えることができる.ここで,

$$\mathbf{k} = \mathbf{u}k \tag{6.50}$$

を定義すると,∇ は $-j\mathbf{k}$ で置き換えられ,複素振幅についての Maxwell の方程式は

$$-j\mathbf{k} \times \mathbf{E} = -j\omega\mu_0 \mathbf{H}, \quad -j\mathbf{k} \times \mathbf{H} = j\omega\varepsilon_0 \mathbf{E} \tag{6.51}$$

となる．これよりただちに，$\mathbf{E}$ と $\mathbf{H}$ が $\mathbf{u}$ 方向の成分を持たず，

$$\mathbf{u}\cdot\mathbf{E}=\mathbf{u}\cdot\mathbf{H}=0$$

となることがわかる．また，上の Maxwell の方程式に $\mathbf{k}$ を外積することによって，

$$(k^2-\omega^2\varepsilon_0\mu_0)\mathbf{E}=0$$

を得る．これから，$\mathbf{E}$ が 0 とならないための条件として，

$$k^2=\omega^2\varepsilon_0\mu_0 \tag{6.52}$$

が得られる．このような関係を，分散式という．与えられた条件の下で伝搬することのできる波動の性質のいくつかは，分散式によって決まる．今の場合，真空中をある方向に伝搬する平面電磁波では，k と ω の間に (6.52) の関係があり，したがって，k は真空中の波数

$$k=\frac{\omega}{c}=\frac{2\pi}{\lambda} \tag{6.53}$$

であることがわかる．ただし，λ は ζ 方向の波長である．このため，(6.50) の $\mathbf{k}$ を波数ベクトルと呼ぶ．また，このことから，位相速度すなわち

$$\omega t-k\zeta(t)=\text{const.}$$

である等位相面の伝搬の速さが，

$$v_{ph}=\frac{\omega}{k}=c \tag{6.54}$$

と求まる．これは，正弦波状の平面波に対する (6.10) の表現である．

さて，$\mathbf{u}$ 方向に伝搬する平面電磁波の電界の複素振幅は，$\mathbf{E}_0$ を成分が複素数でかつ ζ 方向の成分を持たない定数ベクトル

$$\mathbf{E}_0=\mathbf{i}_\xi E_{0\xi}+\mathbf{i}_\eta E_{0\eta}=\mathbf{i}_\xi E_{e\xi}e^{j\phi_\xi}+\mathbf{i}_\eta E_{e\eta}e^{j\phi_\eta} \tag{6.55}$$

として，

$$\mathbf{E}=\mathbf{E}_0 e^{-jk\zeta}=\mathbf{E}_0 e^{-j\mathbf{k}\cdot\mathbf{r}} \tag{6.56}$$

と書ける．ここで，$\mathbf{i}_\xi$ および $\mathbf{i}_\eta$ は $\mathbf{i}_\xi \times \mathbf{i}_\eta = \mathbf{u}$ となる2つの単位ベクトルである．この電界に伴う磁界は，(6.51) の第1式から，

$$\mathbf{H} = \frac{1}{Z_0} \mathbf{u} \times \mathbf{E}_0 e^{-jk\zeta} = \frac{1}{Z_0} (\mathbf{i}_\eta E_{0\xi} - \mathbf{i}_\xi E_{0\eta}) e^{-jk\zeta} = (\mathbf{i}_\xi H_{0\xi} + \mathbf{i}_\eta H_{0\eta}) e^{-jk\zeta} \tag{6.57}$$

となる．このことから，電界の ξ 成分および η 成分にはそれぞれ磁界の η 成分および ξ 成分が伴うこと，$(E_{0\xi}, H_{0\eta})$ の組と $(E_{0\eta}, H_{0\xi})$ の組は互いに独立であること，およびそれぞれの組について波動インピーダンスが真空の固有インピーダンスに等しく

$$\frac{E_{0\xi}}{H_{0\eta}} = -\frac{E_{0\eta}}{H_{0\xi}} = Z_0 \tag{6.58}$$

が成り立つことがわかる．

ここで，このような平面電磁波が運ぶ電力を計算しておこう．回路理論を紹介した際に注意したように，電力の計算では 2ω の角周波数で振動する成分が生じるので，瞬時電力の複素表示を考えることはできない．しかし，時間的に振動する電磁界において興味があるのは，電力の瞬時値ではなく，その時間平均であるから，複素数値をとる Poynting のベクトルを定義して，時間平均された電力の流れを表現できる．このために 6.2 節にならって，Ohm の法則から得られる式の両辺に，電流密度 $\mathbf{J}$ の複素共役 $\overline{\mathbf{J}}$ を内積して，

$$\mathbf{E}_0 \cdot \overline{\mathbf{J}} = \frac{|\mathbf{J}|^2}{\sigma} - \mathbf{E} \cdot \overline{\mathbf{J}}$$

を得る．Maxwell の方程式などを用いてこの式の右辺を変形すれば，

$$\mathbf{E}_0 \cdot \overline{\mathbf{J}} = \frac{|\mathbf{J}|^2}{\sigma} + 2j\omega \left(\frac{\mu_0}{2} |\mathbf{H}|^2 - \frac{\varepsilon_0}{2} |\mathbf{E}|^2\right) + \nabla \cdot \mathbf{E} \times \overline{\mathbf{H}}$$

となる．これを体積 V で積分し，$\nabla \cdot \mathbf{E} \times \overline{\mathbf{H}}$ の項は Gauss の定理によって V の表面 S についての面積分に直すと，

$$\int_V \mathbf{E}_0 \cdot \overline{\mathbf{J}} \, dv = \int_V \frac{|\mathbf{J}|^2}{\sigma} \, dv + 2j\omega \int_V \left(\frac{\mu_0}{2} |\mathbf{H}|^2 - \frac{\varepsilon_0}{2} |\mathbf{E}|^2\right) dv + \int_S \mathbf{E} \times \overline{\mathbf{H}} \cdot \mathbf{n} \, dS$$

を得る．式 (6.15) にならってこれを書き直すと，

$$P_c = P_l + 2j\omega(U_m - U_e) + \int_S \mathbf{S} \cdot \mathbf{n} \, dS \tag{6.59}$$

となる．左辺は電源が V に供給する複素電力であり，その実部は有効電力を，虚部は無効電力を表している．右辺の第 1 項は V で Joule 熱として失われる電力であり，第 2 項は V 中に蓄積された磁界のエネルギーと電界のエネルギーの差に $2j\omega$ を掛けたものである．この差が 0 でない場合，電源は差の 2ω 倍の無効電力を供給することになるが，これは電気回路のリアクタンス素子において常に起こっていることである．第 3 項の面積分は，S を通って流出する複素電力を与えると考えられ，複素 Poynting ベクトル

$$\mathbf{S} = \mathbf{E} \times \overline{\mathbf{H}} \tag{6.60}$$

はその複素電力流の密度であると理解される．この式に (6.56) と (6.57) を代入すれば，平面電磁波の運ぶ電力の密度が

$$\mathbf{S} = \mathbf{u}\frac{1}{Z_0}|\mathbf{E}_0|^2 \tag{6.61}$$

と求められる．

さて，$\mathbf{u}$ 方向に伝播する平面電磁波は $\mathbf{u}$ 方向の界成分を持たない．逆にいうと，この平面電磁波は，$\mathbf{i}_\xi$ と $\mathbf{i}_\eta$ が張る平面内の任意の方向の成分を持つことができる．ただし，上でみたように $E_{0\xi}$ と $H_{0\eta}$ および $E_{0\eta}$ と $H_{0\xi}$ はそれぞれ比例関係にあるから，(6.55) の $\mathbf{E}_0$ を指定すれば，それに応じて磁界の複素振幅 $\mathbf{H}_0$ も決まる．電界ベクトルの向きを，偏波という．たとえば，$(E_{0\xi}, H_{0\eta})$ の組は，ξ 方向に偏波し，$\mathbf{u}$ 方向に進行する平面電磁波を表している．もし，$E_{0\eta} = 0$ であれば，電界の瞬時値は

$$e_\xi(\zeta,t) = \sqrt{2}E_{e\xi}\cos(\omega t - k\zeta + \phi_\xi)$$

となるから，電界ベクトルの先端は ξ 方向の直線上を振動する．このような場合を，直線偏波という．$E_{0\eta} \neq 0$ であるときは $e_\xi(\zeta,t)$ に加えて，

$$e_\eta(\zeta,t) = \sqrt{2}E_{e\eta}\cos(\omega t - k\zeta)$$

が存在する．ただし，時間的に振動する電磁界では個々の波動が持つ位相の絶対値は重要でなく，波動の間の位相差が意味を持つことを考慮して，$\phi_\eta = 0$ と

おいた．これらの両式から $\omega t - k\zeta$ を消去すると，傾いた楕円の方程式

$$\frac{e_\xi^2}{2E_{e\xi}^2} + \frac{e_\eta^2}{2E_{e\eta}^2} - \frac{e_\xi e_\eta}{E_{e\xi}E_{e\eta}}\cos\phi_\xi = \sin^2\phi_\xi$$

を得る．電界ベクトルの先端は，この楕円の上を回転する．このような場合を，楕円偏波という．特定の条件の下で，この楕円は円または線分に縮退するが，このことについては省略する．

次に，損失のある媒質の中を伝播する平面電磁波について，簡単に述べておこう．損失のある媒質の中で成立する Maxwell の方程式は，(6.44) および (6.45) で与えられ，源がない場所で，電界と磁界は Helmholtz の方程式 (6.49) を満足する．この媒質中を ζ 方向に伝播する平面電磁波の電界および磁界は，形式的には (6.56) および (6.57) と同様に

$$\mathbf{E}(\zeta) = \mathbf{E}_0 e^{-jk\zeta}, \quad \mathbf{H}(\zeta) = \mathbf{H}_0 e^{-jk\zeta}$$

で与えられる．ただし，$\mathbf{E}_0$ は ζ 方向の成分を持たない定数ベクトルであり，

$$\mathbf{H}_0 = \frac{1}{Z_0}\mathbf{u}\times\mathbf{E}_0$$

である．損失の効果は，無損失の場合と異なり，k や Z_0 が複素数となることであるが，このことを調べよう．

α および β を正として

$$k = \beta - j\alpha \tag{6.62}$$

とおき，これを (6.46) に代入すれば，

$$\begin{pmatrix}\alpha\\ \beta\end{pmatrix} = \omega\sqrt{\varepsilon\mu}\sqrt{\frac{1}{2}\left[\sqrt{1+\left(\frac{\sigma}{\omega\varepsilon}\right)^2}\mp 1\right]} \tag{6.63}$$

が得られる．すべての電磁界は

$$e^{-jk\zeta} = e^{-\alpha\zeta}e^{-j\beta\zeta}$$

に比例するから，α は進行方向への波動の減衰を表し，β は位相の遅れを表す．

このため，α を減衰定数，β を位相定数と呼ぶ．また，

$$\gamma = jk = \alpha + j\beta$$

を伝搬定数という．もし，媒質に損失がなく $\sigma = 0$ であれば，

$$\alpha = 0, \quad \beta = \omega\sqrt{\varepsilon\mu} \ (\geq \omega/c)$$

となって，電磁波は ζ 方向に減衰なく伝搬するが，その位相速度は光速より小さくなる．損失のある媒質では，位相速度がさらに小さくなり，かつ ζ 方向に振幅の減衰がおこる．媒質の固有インピーダンスは，

$$Z_0 = \frac{\omega\mu}{k} \tag{6.64}$$

で計算できる．

もし，媒質の導電率が小さく $\sigma/\omega\varepsilon \ll 1$ であれば，

$$\alpha = \frac{\sigma}{2}\sqrt{\frac{\mu}{\varepsilon}}, \quad \beta = \omega\sqrt{\varepsilon\mu}\left[1 + \frac{1}{8}\left(\frac{\sigma}{\omega\varepsilon}\right)^2\right] \tag{6.65}$$

の近似が成り立つ．逆に，導電率が大きく $\sigma/\omega\varepsilon \gg 1$ なら，

$$\alpha = \beta = \sqrt{\frac{\omega\sigma\mu}{2}} \tag{6.66}$$

がよい近似となる．5.6 節で扱った準定常電流の界は，この場合にあたる．

6.5 電磁波の放射

時間的に変化する電流が流れると，電磁波の放射が起こる．簡単な例について，このことを調べてみる．自由空間中を微小な長さ l にわたって線状の電流が流れ，その複素振幅が $I\,(>0)$ であるとしよう．これを，微小ダイポールまたは Hertz ダイポールという．電流のある場所を座標の原点とし，電流の流れている方向に z 軸をとる．すると，この電流密度は，$|z| < l/2$ の微小な区間で

$$\mathbf{i}(\mathbf{r}, t) = \mathbf{i}_z \sqrt{2} I \cos\omega t\, \delta(x)\delta(y)$$

6.5 電磁波の放射

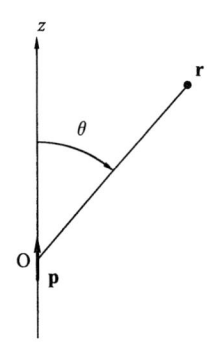

図 6.3 微小ダイポール

であり，その他の場所では 0 となる．この電流が作る電磁界を求める際に，長さ l にわたって電流を積分することになるが，l が微小であるから，その計算は単に l を被積分関数にかけることである．したがって，この電流分布の複素振幅を

$$\mathbf{J}_0(\mathbf{r}) = \mathbf{i}_z Il\, \delta(\mathbf{r}) \tag{6.67}$$

としてよい．

次に，この電流分布が作るベクトルポテンシャルの複素振幅 $\mathbf{A}(\mathbf{r})$ を求めよう．この場合，$\mathbf{A}(\mathbf{r})$ は (6.28) の複素表示

$$\nabla^2 \mathbf{A}(\mathbf{r}) + k^2 \mathbf{A}(\mathbf{r}) = -\mu_0 \mathbf{J}_0(\mathbf{r}) \tag{6.68}$$

の解であるから，(6.36) の因果律を満たす解 $e^{-jkr}/4\pi r$ を用いて，

$$\mathbf{A}(\mathbf{r}) = \frac{\mu_0}{4\pi} \int_V \frac{\mathbf{J}_0(\mathbf{r}')}{|\mathbf{r}-\mathbf{r}'|} e^{-jk|\mathbf{r}-\mathbf{r}'|}\, dv'$$

で計算できる．ただし，V は原点を含む体積である．(このことは，(6.41) の Fourier 変換と理解してもよい．実際，この式で与えられる $\mathbf{A}(\mathbf{r})$ の各成分は，(6.39) の形をしている．) この式に (6.67) を代入すれば，微小ダイポールが作るベクトルポテンシャルが

$$\mathbf{A}(\mathbf{r}) = \mathbf{i}_z \frac{\mu_0 Il}{4\pi r} e^{-jkr} = j\omega\mu_0 \frac{\mathbf{p}}{4\pi r} e^{-jkr} \tag{6.69}$$

と求められる．ただし，

$$\mathbf{p} = \mathbf{i}_z Q l = \mathbf{i}_z \frac{Il}{j\omega} \tag{6.70}$$

は，微小ダイポールのモーメントである．

上式で与えられるベクトルポテンシャルから，電磁界を求めよう．まず，

$$\mathbf{H}(\mathbf{r}) = \frac{1}{\mu_0} \nabla \times \mathbf{A}(\mathbf{r}) = j\omega \nabla \times \frac{e^{-jkr}}{4\pi r} \mathbf{p}$$

であるが，$\mathbf{p}$ が定数ベクトルであることと，

$$\nabla \frac{e^{-jkr}}{4\pi r} = -\mathbf{i}_r \frac{e^{-jkr}}{4\pi r} \left(jk + \frac{1}{r} \right)$$

となることを用いれば，

$$\mathbf{H}(\mathbf{r}) = -j\omega \frac{e^{-jkr}}{4\pi r} \left(jk + \frac{1}{r} \right) \mathbf{i}_r \times \mathbf{p}$$

を得る．今の場合，$\mathbf{p} = \mathbf{i}_z p$ となっているから，

$$\mathbf{i}_r \times \mathbf{p} = -\mathbf{i}_\varphi p \sin\theta$$

が成り立つ．よって，

$$\mathbf{H}(\mathbf{r}) = \mathbf{i}_\varphi j\omega p \frac{e^{-jkr}}{4\pi r} \left(jk + \frac{1}{r} \right) \sin\theta \tag{6.71}$$

が得られた．

次に，電界を求めよう．このためには，$\mathbf{A}(\mathbf{r})$ を (6.26) の複素表示

$$\nabla \cdot \mathbf{A}(\mathbf{r}) + j\omega \varepsilon_0 \mu_0 \phi(\mathbf{r}) = 0$$

に代入して $\phi(\mathbf{r})$ を求め，(6.23) の複素表示

$$\mathbf{E}(\mathbf{r}) = -j\omega \mathbf{A}(\mathbf{r}) - \nabla \varphi(\mathbf{r})$$

を用いることもできるが，今の場合には (6.45) によって，

$$\mathbf{E}(\mathbf{r}) = \frac{1}{j\omega \varepsilon} \nabla \times \mathbf{H}(\mathbf{r})$$

6.5 電磁波の放射

とする方が簡単である．この計算を実行すると，

$$\mathbf{E}(\mathbf{r}) = \frac{e^{-jkr}}{4\pi\varepsilon_0 r}\left\{-k^2(\mathbf{p}\times\mathbf{i}_r)\times\mathbf{i}_r + \left(\frac{jk}{r}+\frac{1}{r^2}\right)[2(\mathbf{p}\cdot\mathbf{i}_r)\mathbf{i}_r + (\mathbf{p}\times\mathbf{i}_r)\times\mathbf{i}_r]\right\}$$

となる．これを，

$$(\mathbf{p}\cdot\mathbf{i}_r)\mathbf{i}_r = \mathbf{i}_r p\cos\theta, \quad \mathbf{p}\times\mathbf{i}_r = \mathbf{i}_\varphi p\sin\theta, \quad (\mathbf{p}\times\mathbf{i}_r)\times\mathbf{i}_r = \mathbf{i}_\theta p\sin\theta$$

を用いて整理すると，

$$\mathbf{E}(\mathbf{r}) = \mathbf{i}_r p\frac{e^{-jkr}}{2\pi\varepsilon_0 r}\left(\frac{jk}{r}+\frac{1}{r^2}\right)\cos\theta + \mathbf{i}_\theta p\frac{e^{-jkr}}{4\pi\varepsilon_0 r}\left(-k^2+\frac{jk}{r}+\frac{1}{r^2}\right)\sin\theta \tag{6.72}$$

が得られる．式 (6.71) と (6.72) が，角周波数 ω で振動している微小ダイポールが作る電磁界である．

この電磁界について，多少の説明を加えておこう．これらの式をみると，電磁界は r^{-3}, r^{-2}, および r^{-1} に比例する項からなっていることがわかる．r^{-3} に比例する項は電界だけに含まれるが，(6.72) の 2 つ前の式から，この項は

$$\mathbf{E}_s(\mathbf{r}) = \frac{e^{-jkr}}{4\pi\varepsilon_0}\left[-\frac{\mathbf{p}}{r^3}+\frac{3\mathbf{r}(\mathbf{p}\cdot\mathbf{r})}{r^5}\right]$$

という形をしていることがわかる．これは，静電界の微小ダイポールが作る電界 (1.36) が，kr の位相遅れを伴って $\mathbf{r}$ 点で観測されるものである．このため，この項を静電界と呼んでいる．r^{-2} に比例する項は，電界および磁界の両方にみられる．この磁界成分を取り出してみると，

$$\mathbf{H}_i(\mathbf{r}) = \frac{Il\mathbf{i}_z\times\mathbf{r}}{4\pi r^3}e^{-jkr}$$

となる．この項は，原点にある電流素片 $Il\mathbf{i}_z$ が $\mathbf{r}$ に作る磁界の位相を kr だけ遅らせたものになっている．このため，r^{-2} に比例する電磁界を，誘導電磁界と呼ぶ．最後に，r^{-1} に比例する項であるが，これは電磁波に特有の項であって，無限遠に電力を伝える働きをする．これを，放射電磁界と呼ぶ．電流が流れている原点から十分離れて $kr \gg 1$ が成立する場所で観測される電磁界は，放射電磁界が主要である．

放射電磁界について，さらに検討しよう．式 (6.71) および (6.72) から放射電磁界だけを取り出すと，

$$E_\theta(\mathbf{r}) = -\frac{pk^2}{4\pi\varepsilon_0}\frac{e^{-jkr}}{r}\sin\theta, \quad H_\varphi(\mathbf{r}) = -\frac{\omega pk}{4\pi}\frac{e^{-jkr}}{r}\sin\theta \qquad (6.73)$$

となる．電界，磁界ともに，r に関する依存性は e^{-jkr}/r となる．このような波動を，球面波という．この波動は，r が増大する方向に位相が遅れるので，等位相面は r 方向に伝搬し，その位相速度は

$$v_{ph} = c$$

である．また，(6.73) によれば，電界および磁界は進行方向すなわち r 方向の成分を持たず，電界・磁界・進行方向の順で右手系を構成し，かつ

$$E_\theta(\mathbf{r}) = Z_0 H_\varphi(\mathbf{r})$$

の関係があることがわかる．したがって，放射電磁界は，局所的にみれば平面波と同じ性質を持っている．

放射電磁界によって無限遠に放射される電力を計算しよう．式 (6.73) から作られる複素ポインティングベクトルは，$|p| = |Il|/\omega$，および $k = 2\pi/\lambda$ であることを考慮して，

$$\mathbf{S}(\mathbf{r}) = \mathbf{i}_r Z_0 \frac{|Il|^2}{4r^2\lambda^2}\sin^2\theta$$

となる．放射電磁界のみを取り出せば，複素ポインティングベクトルは，実数値をとる．これを，半径 r の球面で積分すると，$Z_0 \simeq 120\pi$ を用いて，

$$P = \int_{\text{半径 } r \text{ の球面}} \mathbf{S}(\mathbf{r}) \cdot \mathbf{i}_r \, dS = 80\pi^2 \left(\frac{l}{\lambda}\right)^2 |I|^2 \qquad (6.74)$$

を得る．これが，モーメントが $p = Il/j\omega$ である微小ダイポールから放射される電力の時間平均値である．この電力は，無限遠に放射されるという形で消費されるものであるが，これに関連して，微小ダイポールの放射抵抗を

$$R_r = \frac{P}{|I|^2} = 80\pi^2 \left(\frac{l}{\lambda}\right)^2 \qquad (6.75)$$

で定義する．この値はかなり小さく，たとえば $l = \lambda/100$ なら $0.08\,\Omega$ に過ぎない．一般に，電磁波を能率良く放射させるためには，電流の流れる広がりの大きさが電磁波の波長程度であることが必要であり，その場合，放射抵抗は数十オーム程度となることが普通である．

6.6 境界面における反射と屈折

電磁波が 2 つの媒質の境界面に入射すると，反射と屈折の現象が生じる．ここでは，入射波を平面電磁波として，この現象を調べよう．

媒質定数が $(\varepsilon_1, \mu_1, \sigma_1)$ である媒質 1 と，$(\varepsilon_2, \mu_2, \sigma_2)$ である媒質 2 が平面 $y = 0$ で接しているものとし，媒質 1 から媒質 2 に平面電磁波が入射する場合を考える．入射電磁波の進行方向の単位ベクトルを $\mathbf{u}_i$ とし，入射面すなわち $\mathbf{u}_i$ と y 軸を含む平面を xy 平面とする．このとき，$\mathbf{u}_i$ は直角座標で

$$\mathbf{u}_i = (\sin\iota, -\cos\iota, 0) \tag{6.76}$$

と表される．もし，電磁波が境界 $y = 0$ に垂直に入射し，$\mathbf{u}_i = -\mathbf{i}_y$ となるときは，xy 平面は境界面に垂直な任意の方向にとることができる．この場合，後に述べる偏波による場合分けは不要である．

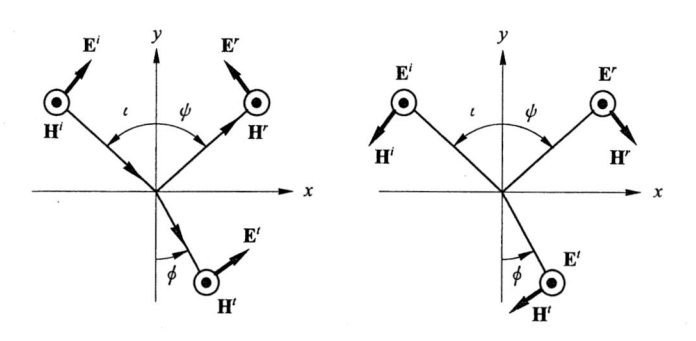

図 6.4 平面境界における反射と透過

さて，座標系を上のように定めれば，z 方向の一様性のため，電磁界のすべての量は z に依存しない．このため，$\partial_z = \partial/\partial z = 0$ とおくことができ，した

がって電磁界を 2 つの独立な偏波の組 (H_z, E_x, E_y) および (E_z, H_x, H_y) に分けることができる．前者は電界が入射面内にあるときで，H 波，TM 波，または p 偏波などと呼ばれる．後者は磁界が入射面内にある場合で，E 波，TE 波，または s 偏波などの呼び方がある．

まず，H 波の場合を検討しよう．入射磁界を

$$\mathbf{H}^i = \mathbf{i}_z H_i e^{-jk_1 x \sin \iota + jk_1 y \cos \iota} \tag{6.77}$$

とする．ただし，k_1 は (6.62) および (6.63) で与えられる媒質 1 の中の波数であり，ι は図に示す入射角である．この磁界に伴う電界は，

$$\mathbf{E}^i = Z_1 \mathbf{H}^i \times \mathbf{u}_i = Z_1 H_i (\mathbf{i}_x \cos \iota + \mathbf{i}_y \sin \iota) e^{-jk_1 x \sin \iota + jk_1 y \cos \iota} \tag{6.78}$$

となる．ここで，Z_1 は (6.64) で定義した媒質 1 の固有インピーダンスである．同様に，反射波の磁界と電界を

$$\begin{cases} \mathbf{H}^r = \mathbf{i}_z R_H H_i e^{-jk_1 x \sin \psi - jk_1 y \cos \psi} \\ \mathbf{E}^r = Z_1 \mathbf{H}^r \times \mathbf{u}_r = R_H Z_1 H_i (-\mathbf{i}_x \cos \psi + \mathbf{i}_y \sin \psi) e^{-jk_1 x \sin \psi - jk_1 y \cos \psi} \end{cases} \tag{6.79}$$

と表す．$\mathbf{u}_r = (\sin \psi, \cos \psi, 0)$ は反射波の進行方向の単位ベクトルであり，R_H は H 波に対する反射係数である．また，境界面を透過して媒質 2 の中に進行する透過波の磁界と電界は，

$$\begin{cases} \mathbf{H}^t = \mathbf{i}_z T_H H_i e^{-jk_2 x \sin \phi + jk_2 y \cos \phi} \\ \mathbf{E}^t = Z_2 \mathbf{H}^t \times \mathbf{u}_t = T_H Z_2 H_i (\mathbf{i}_x \cos \phi + \mathbf{i}_y \sin \phi) e^{-jk_2 x \sin \phi + jk_2 y \cos \phi} \end{cases} \tag{6.80}$$

と表現する．ここに，k_2 は媒質 2 の中の波数，Z_2 は固有インピーダンスであり，$\mathbf{u}_t = (\sin \phi, -\cos \phi, 0)$ は透過波の進行方向の単位ベクトル，T_H は H 波の透過係数である．

境界面 $y = 0$ において電界と磁界の接線成分（磁界の z 成分および電界の x 成分）が連続であるという条件に (6.77) ないし (6.80) を代入すると，

$$\begin{cases} e^{-jk_1 x \sin \iota} + R_H e^{-jk_1 x \sin \psi} = T_H e^{-jk_2 x \sin \phi} \\ Z_1 \cos \iota e^{-jk_1 x \sin \iota} - R_H Z_1 \cos \psi e^{-jk_1 x \sin \psi} = T_H Z_2 \cos \phi e^{-jk_2 x \sin \phi} \end{cases} \tag{6.81}$$

を得る.これらの式が x に無関係に成立するためには

$$\psi = \iota \tag{6.82}$$

および

$$k_1 \sin\iota = k_2 \sin\phi \tag{6.83}$$

が必要である.すなわち,入射角 ι と反射角 ψ は等しく,入射角と屈折角 ϕ の間には (6.83) の関係がある.この関係は,Snell の法則として知られている.

式 (6.81) に (6.82) と (6.83) を代入して整理すると,R_H および T_H に関する連立1次方程式が得られる.この方程式を解いて Z を媒質定数で表すと,

$$R_H = \frac{\mu_1 \nu^2 \cos\iota - \mu_2 \sqrt{\nu^2 - \sin^2\iota}}{\mu_1 \nu^2 \cos\iota + \mu_2 \sqrt{\nu^2 - \sin^2\iota}} \tag{6.84}$$

$$T_H = \frac{2\mu_2 \nu \cos\iota}{\mu_1 \nu^2 \cos\iota + \mu_2 \sqrt{\nu^2 - \sin^2\iota}} \tag{6.85}$$

となる.これを,Fresnel の公式という.ただし,ν は媒質2の1に対する相対屈折率で,

$$\nu = \frac{k_2}{k_1} = \sqrt{\frac{\mu_2}{\mu_1}} \sqrt{\frac{\varepsilon_2 - j\sigma_2/\omega}{\varepsilon_1 - j\sigma_1/\omega}} \tag{6.86}$$

で定義されている.

ここで,媒質が無損失で $\sigma_1 = \sigma_2 = 0$ となり,かつ透磁率が等しくて $\mu_1 = \mu_2$ が成立する場合を考えよう.このとき,$R_H = 0$ とおくと,

$$\iota = \tan^{-1}\nu \tag{6.87}$$

が得られる.すなわち,(6.87) で決まる入射角に対して,反射波は存在しない.この角度を,Brewster 角と呼んでいる.このとき,入射角と屈折角の間には

$$\iota + \phi = \frac{\pi}{2} \tag{6.88}$$

の関係がある.

同じ状況で,もし $\varepsilon_1 > \varepsilon_2$ であるときは,$\nu < 1$ となるから,$\sin\iota > \nu$ となる ι の範囲がある.この範囲では,$|R_H| = 1$ が成立し,入射波の電力はすべて

反射波に移る．透過側の電界と磁界は，境界面から離れると指数関数的に減少する．この現象を全反射という．特に，

$$\sin \iota = \nu \tag{6.89}$$

で決まる入射角を，全反射の臨界角と呼ぶ．$\nu < 1$ の場合は，この角度より大きい入射角に対して，全反射が起こる．

次に，入射波がE波である場合を考えよう．このとき，入射電界，反射電界，および透過電界を

$$\mathbf{E}^i = \mathbf{i}_z E_i e^{-jk_1 x \sin \iota + jk_1 y \cos \iota} \tag{6.90}$$

$$\mathbf{E}^r = \mathbf{i}_z R_E E_i e^{-jk_1 x \sin \psi - jk_1 y \cos \psi} \tag{6.91}$$

$$\mathbf{E}^t = \mathbf{i}_z T_E E_i e^{-jk_2 x \sin \phi + jk_2 y \cos \phi} \tag{6.92}$$

のように表す．R_E および T_E は，E波に対する反射係数と透過係数である．これらの電界に伴う磁界を求め，電界と磁界が $y = 0$ における境界条件を満足するようにすれば，(6.82) と (6.83) が導かれ，また反射係数と透過係数は

$$R_E = \frac{\mu_2 \cos \iota - \mu_1 \sqrt{\nu^2 - \sin^2 \iota}}{\mu_2 \cos \iota + \mu_1 \sqrt{\nu^2 - \sin^2 \iota}} \tag{6.93}$$

$$T_E = \frac{2\mu_2 \cos \iota}{\mu_2 \cos \iota + \mu_1 \sqrt{\nu^2 - \sin^2 \iota}} \tag{6.94}$$

となることがわかる．この偏波に対しては，H波と同じ条件の下で全反射が起こるが，$R_E = 0$ となる Brewster 角は存在しない．

演習問題

1. 損失のない誘電体の中を z 方向に伝搬する x 方向に偏波した平面電磁波の電界成分を $f(z - vt)$ とする．
   (1) v を真空中の光速 c と誘電体の比誘電率 ε_r で表せ．
   (2) 磁界成分を求めよ．
2. 平面電磁波が運ぶ電力の密度を電界と磁界のエネルギー密度の和に電磁波の伝搬速度を乗じたものとして求め，結果が Poynting のベクトルに一致することを示せ．

3. 単位長あたりの抵抗が R である円筒形の導体に,軸方向の定常電流 I が流れている.導体表面での電力の流れを計算し,単位長あたりに流れ込む電力がその部分で Joule 熱として失われる電力に等しいことを示せ.
4. 平行に置かれた 2 本の導線に往復電流 $\pm I$ が流れている.導線の間の電位差を V として,導線に垂直な平面を通過する電力を求めよ.
5. 角周波数 ω で振動している電磁界のすべての量が座標 z に依存しないとき,電磁界は 2 つの独立な偏波の組 (E_z, H_x, H_y) および (H_z, E_x, E_y) に分けられることを示せ.
6. 固有インピーダンスが Z_1 および Z_2 である 2 つの無損失媒質が平面を境界として接している.Z_1 の媒質から平面電磁波が境界面に垂直に入射したとき,電界の反射係数と透過係数を求めよ.
7. 周波数がわずかに異なる 2 つの波動

$$\cos[(\omega - \delta\omega)t - (k - \delta k)z], \quad \cos[(\omega + \delta\omega)t - (k + \delta k)z]$$

が同時に伝搬するとき,包絡線が移動する速さを求めよ.

8. 角周波数 ω で振動する電磁波が,無損失でかつ波源のない空間を z 方向に伝搬している.この電磁波が z 方向の界成分を持たないとき,以下の問いに答えよ.
   (1) 横方向の電磁界成分は,$\partial^2 f/\partial z^2 + k^2 f = 0$ を満足することを示せ.
   (2) z 軸に垂直な面内の電界は $\nabla_T \times \mathbf{E} = 0$ を満たすことを示し,このことの意味を述べよ.ただし $\nabla_T = (\partial_x, \partial_y, 0)$ は 2 次元のナブラ演算子である.

A
ベクトル公式

A.1 線積分と面積分

1) 線積分

空間に 2 点 P, Q を結ぶ曲線 C があり，その上で関数 $f(\mathbf{r}) = f(x, y, z)$ が定義されているものとする．C を微小な線分 Δs_i に分割し，Δs_i 上にとった任意の点の関数値を f_i としたとき，極限値 $\sum_i f_i \Delta s_i$ が確定するなら，これを $f(\mathbf{r})$ の線積分といい，

$$\int_C f(\mathbf{r})\, ds = I$$

と書く．C は積分路と呼ばれる．もし曲線 C が C に沿って測られた弧長 s によって $x = x(s)$ のようにパラメータ表示されていれば，この積分は

$$I = \int_{s_0}^{s_1} f(\mathbf{r}(s))\, ds$$

のように定積分に帰着される．ただし，s_0 および s_1 は，P および Q に対応する s の値である．

2) 接線線積分

電磁気学では，$f(\mathbf{r})$ があるベクトル $\mathbf{A}(\mathbf{r})$ の接線成分で，$f(\mathbf{r}) = \mathbf{A}(\mathbf{r}) \cdot \mathbf{t}(\mathbf{r})$ となる場合が重要である．このとき，$d\mathbf{s} = \mathbf{t}(\mathbf{r})\, ds$ を線素ベクトルとして，

$$I = \int_C \mathbf{A}(\mathbf{r}) \cdot \mathbf{t}(\mathbf{r})\, ds = \int_C \mathbf{A}(\mathbf{r}) \cdot d\mathbf{s} = \int_C A_t(\mathbf{r})\, ds$$

を $\mathbf{A}(\mathbf{r})$ の接線線積分という．接線成分の積分であることが自明であるときは，単に線積分と呼ぶこともある．もし被積分関数が弧長 s によって

$$\mathbf{A}(\mathbf{r}) \cdot \mathbf{t}(\mathbf{r}) = f(s)$$

のように表されれば，この積分は上述のように通常の定積分に帰着される．一般には，たとえば
$$\mathbf{A}(\mathbf{r}) = [A_x(\mathbf{r}), A_y(\mathbf{r}), A_z(\mathbf{r})], \quad d\mathbf{s} = (dx, dy, dz)$$
であるとき，I は
$$I_x = \int_C A_x(\mathbf{r})\, dx$$
などの 3 つの項の和である．C 上で $y = y(x)$, $z = z(x)$ となるものとすれば，これらの各項は
$$I_x = \int_{x_0}^{x_1} A_x(x, y(x), z(x))\, dx$$
のようにして計算できる．C が閉曲線であるとき，I を循環積分という．

3) 面積分 I

空間に曲面 S があり，その上で関数 $f(\mathbf{r})$ が定義されているものとする．S を微小な面分 ΔS_i に分割し，ΔS_i 上の任意の点における関数値を f_i としたとき，極限値 $\sum_i f_i \Delta S_i$ を $f(\mathbf{r})$ の面積分といい，
$$\int_S f(\mathbf{r})\, dS$$
と表す．面積分を通常の 2 重積分に帰着させるには，たとえば次のようにすればよい：曲面 S が，$z = z(x, y)$ と表される場合を考えよう．このとき，x 軸および y 軸に垂直な平面によって曲面 S を微小な面分 dS に分割し，dS の xy 平面への正射影を $dx\, dy$ と書く．dS における単位法線ベクトル $\mathbf{n}(\mathbf{r})$ が z 軸の正の方向となす角を γ とすれば，
$$dx\, dy = |\mathbf{n}(\mathbf{r}) \cdot \mathbf{i}_z|\, dS = |\cos\gamma|\, dS$$
である．したがって，
$$\int_S f(\mathbf{r})\, dS = \int_{S_z} f(x, y, z(x, y))|\sec\gamma|\, dx\, dy$$
となる．ただし，S_z は S の xy 平面への正射影である．また，$|\sec\gamma|$ は
$$|\sec\gamma| = |\mathbf{n}(\mathbf{r}) \cdot \mathbf{i}_z|^{-1} = \sqrt{1 + (\partial z/\partial x)^2 + (\partial z/\partial y)^2}$$
で計算できる．

4) 面積分 II

面 S に表裏の区別があるとき，これに対応して面積分に符号をつけることがある．この場合，$\mathbf{n}(\mathbf{r})$ が出ている側の面を表，もう一方を裏として，

$$\int_\text{裏} f(\mathbf{r})\, dS = -\int_\text{表} f(\mathbf{r})\, dS$$

と約束する．実際には，上記 3) において $|\cos\gamma|$ の絶対値記号を外して，

$$dx\, dy = \cos\gamma\, dS$$

とすればよい．したがって，$dx\, dy$ は，$\gamma < \pi/2$ なら正，$\pi/2 < \gamma < \pi$ なら負の面積を表すことになる．このことは，$\mathbf{n}(\mathbf{r})$ の方向を定めれば右手系の約束に従って dS の周囲を回る方向が決まり，それに伴って dx および dy に正負の区別が生じるものと理解してもよい．

5) 法線面積分

電磁気学では，$\mathbf{n}(\mathbf{r})$ を $\mathbf{r}$ 点における S の単位法線ベクトルとして，$f(\mathbf{r}) = \mathbf{A}(\mathbf{r})\cdot\mathbf{n}(\mathbf{r})$ である場合がしばしば現れる．これを，$\mathbf{A}(\mathbf{r})$ の法線面積分と呼ぶ．このときは，α，β，および γ を $\mathbf{n}(\mathbf{r})$ が x，y，および z の正方向となす角とすれば，

$$\mathbf{A}(\mathbf{r})\cdot\mathbf{n}(\mathbf{r}) = A_n = A_x\cos\alpha + A_y\cos\beta + A_z\cos\gamma$$

であるから，上記 4) にならって $dS\cos\alpha = dy\, dz$ などとすれば，

$$\mathbf{A}(\mathbf{r})\cdot\mathbf{n}(\mathbf{r})\, dS = A_x dy\, dz + A_y dz\, dx + A_z dx\, dy$$

となる．したがって，法線面積分は

$$\int_S \mathbf{A}(\mathbf{r})\cdot\mathbf{n}(\mathbf{r})\, dS = \int_{S_x} A_x\, dy\, dz + \int_{S_y} A_y\, dz\, dx + \int_{S_z} A_z\, dx\, dy$$

のように通常の二重積分に帰着される．S を閉曲面，$\mathbf{n}(\mathbf{r})$ を外向きの単位法線ベクトルとしたとき，これを流出積分という．

A.2 微 分 公 式

1) スカラの勾配 (gradient)

ある点 $\mathbf{r}$ におけるスカラ関数 $\phi(\mathbf{r})$ の勾配は 1 つのベクトルであり，その方向は $\phi(\mathbf{r})$ の変化率が最大である方向で，大きさはその最大の変化率である．直角座標系 (x,y,z)，円筒座標系 (r,φ,z)，および極座標系 (r,θ,φ) で表した勾配は，以下のようになる．

$$\begin{aligned}\mathrm{grad}\phi &= \nabla\phi \\ &= \mathbf{i}_x\frac{\partial\phi}{\partial x} + \mathbf{i}_y\frac{\partial\phi}{\partial y} + \mathbf{i}_z\frac{\partial\phi}{\partial z} = \mathbf{i}_r\frac{\partial\phi}{\partial r} + \mathbf{i}_\varphi\frac{1}{r}\frac{\partial\phi}{\partial\varphi} + \mathbf{i}_z\frac{\partial\phi}{\partial z}\end{aligned}$$

$$= \mathbf{i}_r \frac{\partial \phi}{\partial r} + \mathbf{i}_\theta \frac{1}{r} \frac{\partial \phi}{\partial \theta} + \mathbf{i}_\varphi \frac{1}{r \sin \theta} \frac{\partial \phi}{\partial \varphi}$$

2) ベクトルの発散 (divergence)

微小な閉曲面を S とし, S によって囲まれる微小な体積を V とする. ベクトル $\mathbf{A}(\mathbf{r})$ の発散は, $\mathbf{A}(\mathbf{r})$ の流出積分の体積密度である.

$$\mathrm{div}\mathbf{A} = \nabla \cdot \mathbf{A} = \lim_{V \to 0} \frac{1}{V} \int_S \mathbf{A} \cdot \mathbf{n} \, dS$$

$$= \frac{\partial A_x}{\partial x} + \frac{\partial A_y}{\partial y} + \frac{\partial A_z}{\partial z} = \frac{1}{r} \frac{\partial r A_r}{\partial r} + \frac{1}{r} \frac{\partial A_\varphi}{\partial \varphi} + \frac{\partial A_z}{\partial z}$$

$$= \frac{1}{r^2} \frac{\partial r^2 A_r}{\partial r} + \frac{1}{r \sin \theta} \frac{\partial \sin \theta A_\theta}{\partial \theta} + \frac{1}{r \sin \theta} \frac{\partial A_\varphi}{\partial \varphi}$$

3) ベクトルの回転 (rotation)

微小な閉曲線を C とし, C によって囲まれる微小な面積を S とする. C に正の向きを定め, 右手系の約束にしたがって決まる S の正方向の単位法線ベクトルを $\mathbf{n}$ とする. ベクトル $\mathbf{A}(\mathbf{r})$ の回転はまたベクトルであって, その $\mathbf{n}$ 方向の成分は C に沿う循環積分の面積密度である.

$$(\mathrm{rot}\mathbf{A})_n = (\nabla \times \mathbf{A})_n = \lim_{S \to 0} \frac{1}{S} \int_C \mathbf{A} \cdot \mathbf{t} \, ds$$

これから, 各座標系で表した回転が以下のように求まる.

$$\nabla \times \mathbf{A}$$
$$= \begin{vmatrix} \mathbf{i}_x & \mathbf{i}_y & \mathbf{i}_z \\ \partial_x & \partial_y & \partial_z \\ A_x & A_y & A_z \end{vmatrix} = \frac{1}{r} \begin{vmatrix} \mathbf{i}_r & r\mathbf{i}_\varphi & \mathbf{i}_z \\ \partial_r & \partial_\varphi & \partial_z \\ A_r & rA_\varphi & A_z \end{vmatrix} = \frac{1}{r^2 \sin \theta} \begin{vmatrix} \mathbf{i}_r & r\mathbf{i}_\theta & r \sin \theta \mathbf{i}_\varphi \\ \partial_r & \partial_\theta & \partial_\varphi \\ A_r & rA_\theta & r \sin \theta A_\varphi \end{vmatrix}$$

ここで, ∂_x などは $\partial/\partial x$ などの略記である. また, 単位ベクトルにかかっている r や $\sin \theta$ は, 微分演算の結果にかかるものと約束する. したがって, たとえば極座標の φ 成分は

$$(\nabla \times \mathbf{A})_\varphi = \frac{1}{r} \frac{\partial r A_\theta}{\partial r} - \frac{1}{r} \frac{\partial A_r}{\partial \theta}$$

となる.

4) 演算子 ∇

勾配, 発散, および回転は, F をスカラまたはベクトルとして,

$$\nabla \circ F = \lim_{V \to 0} \frac{1}{V} \int_S \mathbf{n} \circ F \, dS$$

によって統一的に定義できる．ただし，∘ は F がスカラである場合はただの積を，ベクトルの場合は $\cdot$ または $\times$ を表す．

5) スカラのラプラシアン

$$
\begin{aligned}
\nabla^2 \phi &= \nabla \cdot \nabla \phi \\
&= \frac{\partial^2 \phi}{\partial x^2} + \frac{\partial^2 \phi}{\partial y^2} + \frac{\partial^2 \phi}{\partial z^2} \\
&= \frac{1}{r}\frac{\partial}{\partial r}\left(r \frac{\partial \phi}{\partial r}\right) + \frac{1}{r^2}\frac{\partial^2 \phi}{\partial \varphi^2} + \frac{\partial^2 \phi}{\partial z^2} \\
&= \frac{1}{r^2}\frac{\partial}{\partial r}\left(r^2 \frac{\partial \phi}{\partial r}\right) + \frac{1}{r^2 \sin\theta}\frac{\partial}{\partial \theta}\left(\sin\theta \frac{\partial \phi}{\partial \theta}\right) + \frac{1}{r^2 \sin^2 \theta}\frac{\partial^2 \phi}{\partial \varphi^2}
\end{aligned}
$$

6) よく用いる微分公式
   a) $\nabla(\phi \psi) = \phi \nabla \psi + \psi \nabla \phi$
   b) $\nabla(\mathbf{A}\cdot \mathbf{B}) = \mathbf{A}\times(\nabla\times\mathbf{B}) + \mathbf{B}\times(\nabla\times\mathbf{A}) + (\mathbf{B}\cdot\nabla)\mathbf{A} + (\mathbf{A}\cdot\nabla)\mathbf{B}$
   c) $\nabla\cdot(\nabla\phi) = \nabla^2 \phi$
   d) $\nabla\cdot(\nabla\times\mathbf{A}) \equiv 0$
   e) $\nabla\cdot(\phi\mathbf{A}) = \phi\nabla\cdot\mathbf{A} + \nabla\phi\cdot\mathbf{A}$
   f) $\nabla\cdot(\mathbf{A}\times\mathbf{B}) = \mathbf{B}\cdot(\nabla\times\mathbf{A}) - \mathbf{A}\cdot(\nabla\times\mathbf{B})$
   g) $\nabla\times(\phi\mathbf{A}) = \nabla\phi\times\mathbf{A} + \phi\nabla\times\mathbf{A}$
   h) $\nabla\times(\mathbf{A}\times\mathbf{B}) = \mathbf{A}\nabla\cdot\mathbf{B} - \mathbf{B}\nabla\cdot\mathbf{A} + (\mathbf{B}\cdot\nabla)\mathbf{A} - (\mathbf{A}\cdot\nabla)\mathbf{B}$
   i) $\nabla\times(\nabla\phi) \equiv 0$
   j) $\nabla\times(\nabla\times\mathbf{A}) = \nabla(\nabla\cdot\mathbf{A}) - \nabla^2 \mathbf{A}$

A.3　積　分　公　式

1) Gauss の定理

閉曲面 S によって囲まれる体積 V について，$\nabla \cdot \mathbf{A}$ を積分する．V を微小な体積に分割して，それぞれの体積の中で $\nabla \cdot \mathbf{A}$ が一定とみなせるようにすれば，

$$\int_V \nabla \cdot \mathbf{A}\, dv = \sum_m (\nabla \cdot \mathbf{A})_m v_m$$

となる．ここで，$(\nabla\cdot\mathbf{A})_m$ は m 番目の微小体積 v_m における $\nabla\cdot\mathbf{A}$ の値である．総和の中の各項は，発散の定義によって，v_m の表面 S_m での流出積分に等しい．よって，

$$\int_V \nabla \cdot \mathbf{A}\, dv = \sum_m \int_{\mathrm{S}_m} \mathbf{A}\cdot \mathbf{n}_m\, dS$$

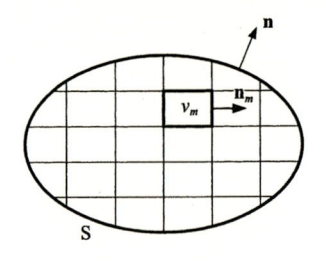

図 A.1 Gauss の定理の説明

となる．ただし，$\mathbf{n}_m$ は S_m の外向き単位法線ベクトルである．右辺の面積分のうち，V 内の隣り合う微小体積の境界からの寄与は，法線の方向が逆であるから，互いに打ち消す．このため，右辺は閉曲面 S についての積分となり，

$$\int_V \nabla \cdot \mathbf{A}\, dv = \int_S \mathbf{A} \cdot \mathbf{n}\, dS$$

となることがわかる．これを，Gauss の定理という．

2) Gauss の定理から導かれる体積分と面積分の関係

V を領域，S をその表面，$\mathbf{n}$ を外向きの単位法線ベクトルとして，

$$\int_V \nabla \circ F\, dv = \int_S \mathbf{n} \circ F\, dS$$

が成り立つ．

3) Stokes の定理

閉曲線 C を縁とする開いた曲面 S の上で $\nabla \times \mathbf{A}$ の法線成分を積分する．ただし，S の法線の向きと C の正の向きは，右手系の約束によって定める．S を微小な面分 S_m

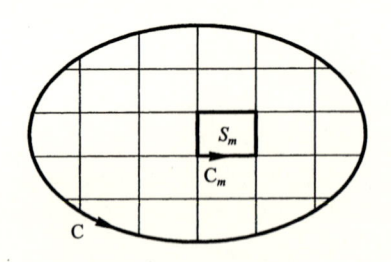

図 A.2 Stokes の定理の説明

に分割して，それぞれの面分の中で $\nabla \times \mathbf{A}$ が一定であるとみなせるようにすると，

$$\int_S \nabla \times \mathbf{A} \cdot \mathbf{n}\, dS = \sum_m (\nabla \times \mathbf{A})_m \cdot \mathbf{n}_m S_m$$

となる．右辺の総和の各項は，回転の定義によって，S_m の縁 C_m に沿う循環積分に等しい．よって，

$$\int_S \nabla \times \mathbf{A} \cdot \mathbf{n}\, dS = \sum_m \int_{C_m} \mathbf{A} \cdot \mathbf{t}_m\, ds$$

を得る．ただし，$\mathbf{t}_m$ は右手系の約束に従って決められた C_m の単位接線ベクトルである．右辺の線積分のうち，S 上の隣り合う微小面分の境界からの寄与は互いに打ち消す．このため，右辺で残るのは S の縁 C に沿う積分だけで，

$$\int_S \nabla \times \mathbf{A} \cdot \mathbf{n}\, dS = \int_C \mathbf{A} \cdot \mathbf{t}\, ds$$

であることがわかる．これを，Stokes の定理と呼ぶ．

4) Stokes の定理から導かれる面積分と線積分の関係

閉曲線 C を縁とする開曲面を S とし，C の単位接線ベクトル $\mathbf{t}$ と S の単位法線ベクトルの向きを右手系の約束に従って決める．このとき，

$$\int_S (\mathbf{n} \times \nabla) \circ F\, dS = \int_C \mathbf{t} \circ F\, ds$$

が成り立つ．

5) Green の公式

Gauss の定理において $\mathbf{A} = \phi \nabla \psi$ とおくと，

$$\int_V (\phi \nabla^2 \psi + \nabla \phi \cdot \nabla \psi)\, dv = \int_S \phi \frac{\partial \psi}{\partial n}\, dS$$

となる．これを，Green の第 1 公式という．この式で ϕ と ψ を入れ替え，得られた式ともとの式を辺々引くと，

$$\int_V (\phi \nabla^2 \psi - \psi \nabla^2 \phi)\, dv = \int_S \left(\phi \frac{\partial \psi}{\partial n} - \psi \frac{\partial \phi}{\partial n} \right) dS$$

となる．この関係を，Green の第 2 公式または単に Green の公式と呼ぶ．

B

問　題　略　解

第1章

1. 立方体の中心を原点とし，陵と平行に x, y, および z 軸をとる．$(a/2, a/2, a/2)$ にある電荷に働く力は，

$$F_x = F_y = F_z = \left(1 + \frac{\sqrt{2}}{2} + \frac{\sqrt{3}}{9}\right)\frac{q^2}{4\pi\varepsilon_0 a^2}$$

となる．他の電荷に働く力も同様に求められる．

4. $E_r(r) = \rho r/3\varepsilon_0 \, (r < a); \, = a^3\rho/3\varepsilon_0 r^2 \, (r > a)$

5. $E_r = 0 \, (r < a); \, = a\sigma_1/\varepsilon_0 r \, (a < r < b); \, = (a\sigma_1 + b\sigma_2)/\varepsilon_0 r \, (r > b)$

6. 1.11 節例 1 の解によって，$\mathbf{p}_2$ が $\mathbf{p}_1$ の作る電界

$$\mathbf{E}_1(\mathbf{r}_2) = \frac{1}{4\pi\varepsilon_0}\left[-\frac{\mathbf{p}_1}{|\mathbf{r}_2 - \mathbf{r}_1|^3} + \frac{3(\mathbf{r}_2 - \mathbf{r}_1)\mathbf{p}_1 \cdot (\mathbf{r}_2 - \mathbf{r}_1)}{|\mathbf{r}_2 - \mathbf{r}_1|^5}\right]$$

の中にあるときのエネルギーは，

$$U = \frac{1}{4\pi\varepsilon_0}\left[\frac{\mathbf{p}_1 \cdot \mathbf{p}_2}{|\mathbf{r}_1 - \mathbf{r}_2|^3} - \frac{3\mathbf{p}_1 \cdot (\mathbf{r}_1 - \mathbf{r}_2)\,\mathbf{p}_2 \cdot (\mathbf{r}_1 - \mathbf{r}_2)}{|\mathbf{r}_1 - \mathbf{r}_2|^5}\right]$$

となる．

12. $\mathbf{A}_1 = \nabla r^2/2$, $\mathbf{A}_2 = \nabla xyz$, $\mathbf{A}_4 = \nabla \tan^{-1}(x/y)$

第2章

1. 大きくなる．

2.

$$\frac{4\pi\varepsilon_0}{Q}\phi = \frac{1}{r}\,(r > c);\, \frac{1}{c}\,(c > r > b);\, = \frac{1}{c} + \frac{1}{r} - \frac{1}{b}\,(b > r > a);\, = \frac{1}{c} + \frac{1}{a} - \frac{1}{b}\,(a > r)$$

4. $a > b$ として，$\varepsilon_0 S(a - b)^{-1}\log(a/b)$

5. 線電荷からの距離を r_+ および r_- として, $\phi = (\lambda/2\pi\varepsilon_0)^{-1}\log(r_-/r_+)$. ϕ が一定値をとる点の軌跡は, x 軸上に中心を持つ円である.

6. 前問の結果を用いる. $\pi\varepsilon_0 \log a/(l - \sqrt{l^2 - a^2})$

7. $(2\sqrt{2} - 1)q^2/32\pi\varepsilon_0 a^2$

8. 板の外部ではもとの一様電界. 内部では, 大きさ $E_0\sqrt{\sin^2\theta + (\varepsilon_0/\varepsilon)^2\cos^2\theta}$, 法線となす角 $\tan^{-1}(\varepsilon\tan\theta/\varepsilon_0)$

9. 真空中の電位を ϕ_1, 誘電体中の電位を ϕ_2 とすると,
$$\phi_1(\mathbf{r}) = \frac{q}{4\pi\varepsilon_0}\left(\frac{1}{R} - \frac{\varepsilon - \varepsilon_0}{\varepsilon + \varepsilon_0}\frac{1}{R'}\right), \quad \phi_2(\mathbf{r}) = \frac{2q}{4\pi(\varepsilon + \varepsilon_0)}\frac{1}{R}$$
ただし, R は電荷から観測点までの距離, R' は鏡像点からの距離である.

10. $\varepsilon^2 SV^2/2\varepsilon_0 d^2$

11. 自由に動ける電荷は系のエネルギーを最小とするように分布し, その分布は S_m の内部を等電位にする. これを, 問の内容とあわせて, Thomson の定理または Thomson の原理という. 証明は, $U' - U$ を計算し, $|\nabla(\phi' - \phi)|^2$ の積分に帰着させればよい.

12. Gauss の法則だけを満たす電界を $\mathbf{E}'$ とし, これと静電界 $\mathbf{E}$ の差は $\mathbf{E}'' = \mathbf{E}' - \mathbf{E}$ とする. 導体表面で静電界の電位が一定なら, 2 つの界のエネルギーの差は $\mathbf{E}''$ のエネルギーである.

第 3 章

1. $(\varepsilon_1\sigma_2 - \varepsilon_2\sigma_1)V/(\sigma_1 d_2 - \sigma_2 d_1)$

2. $R_3 = R_1 R_2/(R_1 + R_2)$

3. $(2\pi l\sigma)^{-1}\log(b/a)$

4. $1/4\pi\sigma a$, $1/2\pi\sigma a$

第 4 章

2. $z > 0$ および $z < 0$ に対して, $H_x = \pm K/2$

4. $|x| \leq d$ では $H(x) = ix$, $|x| > d$ では $H(x) = \pm id$

5. この装置は Helmholtz コイルと呼ばれる. 原点付近では $H_z = (4/5)^{3/2}I/a + O(z^4)$ となる.

6. 円形コイルによる磁界の重ね合わせと考えればよい. 結果は $nI(\cos\theta_1 - \cos\theta_2)/2$. ただし, $\theta = \tan^{-1}(a/z \pm l)$.

7. (4.7) および (4.18) を用いる. 途中に生じる対称でない力は保存力である.

8. 半径 mv/qB, 角速度 qB/m の円運動. これを, サイクロトロン運動という.

9. 穴の内部の界を H' のように表すと, (1) の場合 $H' = B/\mu_0$, (2) では $H' = H$ である. これらは gap field および canal field と呼ばれる.

10. $H_1 \simeq 9(b/a)^3 H_0/2\mu_r[(b/a)^3-1]$. この磁界は H_0 よりかなり小さい．これを磁気遮蔽という．

11. 内部インダクタンス $L_i = 2U/I^2$ と外部インダクタンス $L_e = \Phi/I$ の和として求める．U は導線の単位長あたりの蓄積エネルギー．Φ は単位長あたりの鎖交磁束数である．$\pi^{-1}[\mu_0 \log(d/a) + \mu/4]$

12. $\pi a^2 n^2 \mu_0 (\sqrt{4l^2+a^2}-a) \simeq 2\pi a^2 n^2 \mu_0 l$. 磁界が一様とみなせない場合は，円形電流が任意の場所に作る磁界を使って計算する必要がある．これは楕円積分の計算に帰着され，結果はここで求めたものより小さくなる．両者の比を長岡係数と呼ぶ．

第 5 章

1. Lorentz の力によって考える．結果は $a^2\omega B/2$. この現象を，単極誘導という．

2. 磁界を z 方向，導体の幅を y 方向，移動の方向を x 方向とすると，静電界は y 方向を向き，その大きさは vB である．導体板の幅方向の電位差は vBl となる．

3. $(\omega\mu_0 I_m/2\pi) \sin\omega t \log(1/r)$

4. 磁界の変化を妨げる方向の電流が流れることに注意．これを，Lenz の法則という．

5. $\sqrt{2}V_e(N_2/N_1)\sin(\omega t + \phi)$

6. $-3\mu_0\pi a^2 b^2 I_a I_b d/2 \ (a^2+d^2)^{5/2}$

8. 飛び出した瞬間から他の極板に到達するまでの間，$-qv/d$ の電流が流れる．

11. $Z = V_e e^{j(\phi-\theta)}/I_e$, $P_c = V_e I_e e^{j(\phi-\theta)}$, $P = V_e I_e \cos(\phi-\theta)$, $P_r = V_e I_e \sin(\phi-\theta)$

第 6 章

1. $v = c/\sqrt{\varepsilon_r}$, $H_y = f(z-vt)/Z_0$, ただし $Z_0 = \sqrt{\mu_0/\varepsilon}$.

4. $\mathbf{S} = -\nabla\phi \times \mathbf{H}$ の法線成分を平面上で積分する．結果は VI.

6. $R = (Z_2 - Z_1)/(Z_2 + Z_1)$, $T = 2Z_2/(Z_2 + Z_1)$

7. $v_g = (\partial k/\partial \omega)^{-1}$. これを，群速度という．$k = \omega/c$ である平面波の場合，この値は c に等しい．

8. このような電磁波を transverse-electromegnetic wave, 略して TEM 波という．平面電磁波は TEM 波の一種である．TEM 波では断面内の電界のようすは 2 次元の静電界に一致する．等電位面で囲まれた電荷のない空間には静電界は存在しないから，TEM 波は z 軸に沿って置かれた中空の導体管（導波管）の内部を伝播することはできない．TEM 波が伝搬するには，無限に広い空間か，または伝搬方向に置かれた 2 本以上の導体が必要である．後者の場合，断面内の電位および導体間の電位差が一義的に定まり，線路の特性インピーダンス V/I を明確に定義できる．通常われわれが電気現象と認識していることがらは，すべて TEM 波の現象であると考えてよい．

索　引

ア　行

アンペア　ampere；A　2, 122
アンペアの力　Ampère force　116
アンペアの法則　Ampère's law　134
　　拡張された——　extended ——　184
　　微分形の——　——in differential form　133
アンペア-マクスウエルの法則→（拡張された）アンペアの法則

位相角　phase angle　204
位相速度　phase velocity　215, 230
位相定数　phase constant　234
一般座標　generalized coordinate　85
E波　E wave　240
インピーダンス　impedance　208

ウエーバ　weber；Wb　116
渦電流　eddy current　200
渦無しの法則　14
　　微分形の——　39

H波　H wave　240
s偏波→E波
枝（回路網の）　branch, edge　109
枝電圧　branch voltage　110
遠隔作用　action at distance　5

オーム　ohm；Ω　95
オームの法則　Ohm's law　96

カ　行

回路網→電気回路網

ガウス　gauss　116
ガウスの法則　Gauss's law　24
　　微分形の——　——in differential form　36
拡散の式　diffusion equation　197
角周波数　angular frequency　204
仮想変位　virtual displacement　85
過渡現象　transient phenomenon　206
完全導体　perfect (electric) conductor　100, 191
緩和時間　relaxation time　102

起磁力　magnetomotive force　154
起電力　electromotive force　94, 104, 204
逆インダクタンス係数　inverse inductance coefficient　177
逆起電力　counter electromotive force　201
キャパシタ→コンデンサ
球面波　spherical wave　238
境界値問題　boundary-value problem　45
鏡像電荷　image charge　59
鏡像法　method of image　59
キルヒホッフの法則　Kirchhoff's law　108
　　電流則，第1法則　108
　　電圧則，第2法則　109
近接作用　action through medium　5

グリーン関数　Green's function　49, 225
クーロン　coulomb；C　2
クーロンゲージ　Coulomb gauge　223
クーロンの法則　Coulomb's law　1, 171
　　磁気現象に関する——　113

ゲージ　gauge　223
結合係数　coupling coefficient　162

減磁率　demagnetization factor　153
減衰定数　attenuation constant　234

コイル　coil, inductor　202
合成抵抗　resultant resistivity　106
構成方程式　constitutive equations　188
交流回路　alternating-current circuit　200
交流電流　alternating current　202
交流理論　theory of alternating-current circuits　206
固有インピーダンス　intrinsic impedance　217
コンダクタンス　conductance　106
コンデンサ　condenser, capacitor　68, 202
　——の静電容量　capacitance　69

サ 行

鎖交　interlinkage　134
鎖交数　linking coefficient　134

磁位　magnetic potential　137
磁荷　magnetic charge　113
磁界　magnetic field　113, 159
磁界のエネルギー密度　energy density of magnetic field　159, 175
磁化電流密度　magnetization current density　147
磁化ベクトル　magnetization vector　146
磁化率　magnetic susceptibility　150
磁気回路　magnetic circuit　154
磁気双極子　magnetic dipole　139, 142
磁気抵抗　(magnetic) reluctance　154
磁気ベクトルポテンシャル→ベクトルポテンシャル
自己インダクタンス　self inductance　156
磁性体　magnetic substance　145
　強磁性体　ferromagnetic substance　145
　常磁性体　paramagnetic substance　145
　反磁性体　diamagnetic substance　146
磁束　magnetic flux　154

磁束密度　magnetic flux density　114, 116
実効値　effective value　204
シーメンス　siemens；S　95
集中定数回路　lumped-constant circuit　200
周波数　frequency　204
受動素子　passive element　201
ジュール熱　Joule heat　97
ジュールの法則　Joule's law　97
準静的電磁界　quasi-static electromagnetic field　195
準定常電流の界　field of quasi-stationary current　193, 194
真電荷　true charge　73
振幅　amplitude　204

ステラジアン　steradian；Sr　25
スネルの法則　Snell's law　241

正則（無限遠で）　regular (at infinity)　45
静電ポテンシャル→電位
静電容量　(electrostatic) capacity　61
絶縁体　insulator　95
節点（回路網の）　node, junction point　108
全電流密度　total current density　184
全反射　total reflection　242

双極子モーメント　dipole moment　8
　広義の——　——in wider sense　19
相互インダクタンス　mutual inductance　158
ソレノイド　solenoid　136

タ 行

第1種の境界値問題→ディリクレ問題
第2種の境界値問題→ノイマン問題
楕円偏波　elliptical polarization　233
ダランベールの方程式→波動方程式

遅延ポテンシャル　retarded potential　227
直線偏波　linear polarization　232

直流回路網　direct-current circuit　106
直列　series (connection)　106

TE 波→E 波
TM 波→H 波
抵抗　resistance　96, 201
抵抗率　resistivity　96
定常電流　stationary current　93
定常電流の保存則　conservation law of stationary current　95
ディリクレ問題　Dirichlet boundary value problem　45
テスラ　tesla；T　116
デルタ関数（Diracの）　Dirac delta function　49
電圧源　voltage source　204
電圧降下　voltage drop　201
電位　electric potential　14
電位係数　potential coefficient　64
電荷　charge, electric charge　1
　点電荷　point charge　1, 35
電界　electric field　5
電界のエネルギー密度　energy density of electric field　57, 80
電荷の保存　conservation of electric charge　93
電気影像法→鏡像法
電気回路網　electric circuit　106
電気感受率　electric susceptibility　74
電気双極子　electric dipole　8
電気抵抗→抵抗
電気伝導度→導電率
電気力線　electric line of force　22
電磁誘導　electromagnetic induction　167
電磁誘導の法則　167
電束電流→変位電流
電束密度　electric flux density　37
　誘電体中の——　75
伝搬定数　propagation constant　234
電流　electric current　91
電流源　current source　204
電流素片　current element　123
電流密度　current density　93
電力　electric power　97, 209

透過係数　transmission coefficient　240
透過波　transmitted wave　240
等価板磁石　equivalent magnetic shell　144
透磁率　magnetic permeability　150
　真空の——　permeability in vacuum　113
　比透磁率　relative permeability　150
導体　conductor　53, 95
導電率　electric conductivity　95
等電位面　equipotential surface　22
動電容量　motional capacitance　203

ナ　行

入射面　plane of incidence　240

ノイマンの公式　Neumann's formula　158
ノイマン問題　Neumann boundary value problem　45
能動素子　active element　201

ハ　行

波数　wavenumber　225
波数ベクトル　wave vector　23
波動インピーダンス　wave impedance　216
波動方程式　wave equation　214
反射係数　reflection coefficient　240
反射波　reflected wave　240
半導体　semiconductor　96

B-H 曲線　B-H curve (magnetization curve)　150
ビオ–サバールの法則　Biot-Savart's law　124
微小ダイポール　(oscillating) electric dipole　234
微小ダイポールのモーメント　236
ヒステリシス損　hysteresis loss　175
p 偏波→H 波
表皮効果　skin effect　200

表皮の厚さ　skin depth　199
表面電流密度　surface-current density　200

ファラデー・ノイマンの法則→電磁誘導の法則
ファラド　farad；F　2, 62
フェーザ表示→複素表示
複素振幅　complex amplitude　227
複素電力　complex power　210, 231
複素表示　complex representation　206, 227
フーリエ変換　Fourier transform　224
ブリュースター角　Brewster's angle　241
フレネルの公式　Fresnel's formulas　241
分極　polarization　73
分極電荷　polarization charge　73
分散式　dispersion equation　230

平均電力→有効電力
平面波　plane wave　215
並列　parallel (connection)　106
閉路（回路網の）　loop, closed path　109
ベクトルポテンシャル　vector potential　128
　──がみたす方程式　132
ヘルツダイポール→微小ダイポール
ヘルムホルツの定理　Helmholtz's theorem　130
ヘルムホルツの方程式　Helmholtz equation　225
変位電流　displacement current　185
変成器　transformer　203
偏波　polarization　232
ヘンリー　henry；H　121, 154

ポアソンの方程式　Poisson's equation　41
ポインティングのベクトル　Poynting's vector　219, 231
放射抵抗　radiation resistance　238
放射電磁界　radiation field　237

ボルト　volt；V　5, 14

マ　行

マクスウエルの方程式　Maxwell equations　187

密結合　closely coupled　162

無効電力　reactive power　210

ヤ　行

有効電力　effective power　210
誘電率　permittivity　2, 76
　真空の──　──of vacuum　2
　比誘電率　relative permittivity　2, 76
誘導係数　induction coefficient　64
誘電分極　polarization　73
湯川ポテンシャル　Yukawa potential　41
容量係数　capacity coefficient　64
横波　transverse wave　216

ラ　行

ラプラスの方程式　Laplace's equation　41
ランダウの記号　Landau's o-symbol　19
リアクタンス素子　reactive element　201
立体角　solid angle　25
連続の式　equation of continuity　93
ローレンツゲージ　Lorentz gauge　223
ローレンツの力　Lorentz force　119

ワ　行

ワット　watt；W　97

著者略歴

奥野 洋一（おくの・よういち）
　1948年　東京都に生まれる
　1978年　九州大学大学院工学研究科博士課程修了
　現　在　熊本大学工学部・電気システム工学科教授
　　　　　工学博士

小林 一哉（こばやし・かずや）
　1955年　東京都に生まれる
　1982年　早稲田大学大学院理工学研究科博士課程修了
　現　在　中央大学理工学部・電気電子情報工学科教授
　　　　　工学博士

入門電気・電子工学シリーズ 1
入門電気磁気学　　　　　　　定価はカバーに表示

2001年8月30日　初版第1刷
2013年3月25日　　　第5刷

　　　　　著　者　奥　野　洋　一
　　　　　　　　　小　林　一　哉
　　　　　発行者　朝　倉　邦　造
　　　　　発行所　株式会社 朝　倉　書　店
　　　　　　　　　東京都新宿区新小川町6-29
　　　　　　　　　郵便番号　１６２-８７０７
　　　　　　　　　電　話　０３（３２６０）０１４１
　　　　　　　　　ＦＡＸ　０３（３２６０）０１８０
　　　　　　　　　http://www.asakura.co.jp
〈検印省略〉

© 2001〈無断複写・転載を禁ず〉　　三美印刷・渡辺製本
ISBN 978-4-254-22811-3　C3354　　Printed in Japan

JCOPY　〈(社)出版者著作権管理機構　委託出版物〉
本書の無断複写は著作権法上での例外を除き禁じられています。複写される場合は、そのつど事前に、(社)出版者著作権管理機構（電話03-3513-6969, FAX 03-3513-6979, e-mail: info@jcopy.or.jp）の許諾を得てください。

好評の事典・辞典・ハンドブック

物理データ事典 　日本物理学会 編　B5判 600頁
現代物理学ハンドブック 　鈴木増雄ほか 訳　A5判 448頁
物理学大事典 　鈴木増雄ほか 編　B5判 896頁
統計物理学ハンドブック 　鈴木増雄ほか 訳　A5判 608頁
素粒子物理学ハンドブック 　山田作衛ほか 編　A5判 688頁
超伝導ハンドブック 　福山秀敏ほか 編　A5判 328頁
化学測定の事典 　梅澤喜夫 編　A5判 352頁
炭素の事典 　伊与田正彦ほか 編　A5判 660頁
元素大百科事典 　渡辺 正 監訳　B5判 712頁
ガラスの百科事典 　作花済夫ほか 編　A5判 696頁
セラミックスの事典 　山村 博ほか 監修　A5判 496頁
高分子分析ハンドブック 　高分子分析研究懇談会 編　B5判 1268頁
エネルギーの事典 　日本エネルギー学会 編　B5判 768頁
モータの事典 　曽根 悟ほか 編　B5判 520頁
電子物性・材料の事典 　森泉豊栄ほか 編　A5判 696頁
電子材料ハンドブック 　木村忠正ほか 編　B5判 1012頁
計算力学ハンドブック 　矢川元基ほか 編　B5判 680頁
コンクリート工学ハンドブック 　小柳 洽ほか 編　B5判 1536頁
測量工学ハンドブック 　村井俊治 編　B5判 544頁
建築設備ハンドブック 　紀谷文樹ほか 編　B5判 948頁
建築大百科事典 　長澤 泰ほか 編　B5判 720頁

価格・概要等は小社ホームページをご覧ください．